北京建筑大学学术著作出版基金资助出版

# 地面激光雷达与摄影测量三维重建

王晏民　黄　明　王国利　著

科学出版社

北　京

## 内 容 简 介

三维建模在文化遗产数字化保护、智慧城市建设与管理、建筑全生命周期管理、大型复杂钢结构建筑物建造、大型工业产品的生产等行业中的需求越来越迫切,激光雷达和摄影测量是最有效的三维数据获取手段,但单独使用均存在不可避免的缺陷。激光雷达与摄影测量三维重建的目的在于将二者有机结合,取长补短,实现复杂场景和对象的精细三维重建。本书系统介绍激光雷达点云获取、摄影测量影像匹配及二者配准融合的基本原理与方法,进一步介绍点云分割、几何建模与纹理建模的一般方法及三维重建软件的基本功能,最后给出典型的工程应用实例。

本书可作为工程测量、摄影测量、三维地理信息系统相关专业的本科教材,也可作为计算机图形学领域的研究开发人员、建筑遗产数字化保护的工程技术人员、相关专业教师和研究生的参考用书。

**图书在版编目(CIP)数据**

地面激光雷达与摄影测量三维重建/王晏民,黄明,王国利著.
—北京:科学出版社,2018.9

ISBN 978-7-03-058160-0

Ⅰ.①地··· Ⅱ.①王··· ②黄··· ③王··· Ⅲ.①地面雷达-激光雷达-地面摄影测量 Ⅳ.①P232

中国版本图书馆 CIP 数据核字(2018)第 140009 号

责任编辑:王彦刚 王会明/责任校对:马英菊
责任印制:吕春珉/封面设计:东方人华

*科学出版社* 出版
北京东黄城根北街 16 号
邮政编码:100717
http://www.sciencep.com

天津市新科印刷有限公司印刷
科学出版社发行 各地新华书店经销

\*

| 2018 年 9 月第 一 版 | 开本:787×1092 1/16 |
| 2024 年 8 月第四次印刷 | 印张:15 1/2 |
| 字数:355 000 | |

定价:88.00 元

(如有印装质量问题,我社负责调换)

销售部电话 010-62136230 编辑部电话 010-62135397-2021(BA02)

**版权所有,侵权必究**

# 前　言

20世纪中后期，三维激光扫描技术作为一种快速实景复制技术，是测绘领域继全球定位系统技术之后的又一次技术革新，它通过全景化的快速测量方法获取高分辨率、精细的地理空间对象表面的三维点云数据，为建立精细的三维实体模型提供了必备的数据基础。从应用领域来看，文化遗产数字化保护、智慧城市建设与管理、建筑全生命周期管理、大型复杂钢结构建筑物建造、大型工业产品的生产等行业对精细三维模型的需求越来越强烈，给测绘地理信息技术提出了新的挑战。

目前，激光雷达与摄影测量是最有效的三维数据获取手段，但单独使用均存在不可避免的缺陷。例如，激光点云边面特征信息明显，而边缘及角点信息不明显，摄影测量影像信息则正好相反。此外，三维激光扫描受作业环境的影响，不可避免地会出现扫描漏洞、数据疏密不一、精度不足等数据异常现象。本书将二者有机结合，取长补短，详细阐述激光雷达与摄影测量联合建模的原理与方法。

全书共分9章，内容如下：

第1章　绪论，介绍激光雷达测量、摄影测量的概念、原理及数据成果特点，并进一步阐述从两类数据实现三维建模的异同。

第2章　激光雷达点云，主要介绍激光雷达测量系统的组成及数据获取方式，在实际施测中控制网的布设及扫描方案的设计，以及点云噪声处理、平滑的基本实现方法。

第3章　摄影测量，首先介绍摄影测量影像获取的方法，然后介绍影像匹配的算法，最后介绍从影像生成点云的方法。

第4章　三维点云配准，从配准概念、原理入手，重点阐述基于几何特征配准、迭代最近点配准、多站整体配准及自动配准的原理与方法，最后介绍影像点云和激光点云两类点云配准的方法。

第5章　点云融合与分割，主要介绍去冗、抽稀、简化的概念、原理与常见方法，以及基于特征提取的点云分割方法。

第6章　几何重建，重点阐述几何重建的概念、规则几何体基本体素、从点云自动提取旋转体的方法、不规则体的三角网构建方法，以及结构实体几何模型的构造方法，最后介绍基于深度图像建模的方法。

第7章　纹理重建，从摄影测量角度介绍影像定向、点云与影像纹理映射的方法，基于深度图像的纹理映射方法，以及多张影像纹理映射的接边与纹理镶嵌的处理方法。

第8章　激光雷达与摄影测量三维重建软件，设计高内聚、低耦合的激光雷达与摄影测量三维重建系统，包括数据库管理、数据预处理、点云配准、三维几何重建和纹理重建及可视化平台、数据编辑、影像管理等。

第9章　工程应用，介绍激光雷达与三维重建技术在古建筑与现代建筑等领域的工程应用。

另外，本书中的部分图片增加了二维码，学生只需扫一扫书中的二维码，即可浏览彩图，从而更直观地了解相关内容。

本书研究成果受以下项目资助：北京市教育委员会科技计划一般项目"三维精细CSG-Brep 模型拓扑关系的研究"（2016 子项目 49）；国家行业公益性科研专项"多源遥感数据精细三维全景建模技术与系统——LiDAR 点云数据自动处理技术与多源数据联合精细建模关键技术研究"（项目编号：201512009）；973 项目"文化遗产数字化保护的理论与方法——复杂几何对象高精度数字化重建理论与方法"（项目编号：2012CB725300）；国家测绘局科技司科技发展项目"基于深度图像二三维集成空间数据模型的研究"（项目编号：2013-CH19）；北京市自然科学基金项目"古建筑精细化测绘关键技术研究"（项目编号：8142014）；北京市教育委员会科技发展计划项目面上项目（项目编号：KM201510016016，KM201810016013）；北京建筑大学科研基金（项目编号：KYJJ201724）；北京市属高校基本科研业务费项目（项目编号：X18050）。

本书根据作者近年来主持或参与的科研项目所取得的研究成果编著而成，在完成这些科研项目的过程中，代表性建筑与古建筑数据库教育部工程中心、北京建筑大学测绘与城市空间信息学院遗产数字化研究所的许多老师和硕士研究生做出了贡献，值此专著出版之际，谨向他们表示衷心的感谢。

本书第 1、2 章由王晏民、王国利、张瑞菊、胡春梅联合撰写，第 3、7 章由胡春梅撰写，第 4、9 章由王国利撰写，第 5、8 章由黄明撰写，第 6 章由黄明、张瑞菊、郭明、危双丰联合撰写，全书由王晏民统稿。

由于地面三维激光技术的不断发展，而作者受理论知识和实践工程经验的限制，因此本书所涉及的理论与关键技术及核心算法难免会有不妥和不足之处，甚至理论的不完备在所难免，恳请专家学者批评指正。

王晏民

2018 年 3 月

于北京

# 目　录

**第1章　绪论** ·············································································· 1
1.1　激光雷达测量的概念 ························································· 1
1.2　摄影测量的概念 ································································ 6
1.3　多源数据三维重建 ·························································· 15
1.4　激光雷达与摄影测量三维重建的比较 ································ 18
1.5　地面激光雷达与摄影测量三维重建的应用领域 ··················· 20
思考题 ······················································································ 21

**第2章　激光雷达点云** ································································· 22
2.1　地面激光雷达测量系统 ···················································· 22
2.2　地面激光雷达测量数据获取 ············································· 23
2.3　点云去噪 ········································································ 26
2.4　点云平滑 ········································································ 28
2.5　激光雷达测量数据 ·························································· 33
思考题 ······················································································ 34

**第3章　摄影测量** ······································································· 35
3.1　影像获取 ········································································ 35
3.2　影像匹配 ········································································ 42
3.3　影像点云 ········································································ 69
3.4　摄影数据 ········································································ 76
思考题 ······················································································ 77

**第4章　三维点云配准** ································································ 78
4.1　激光点云配准的概念 ······················································· 78
4.2　基于几何特征配准 ·························································· 80
4.3　迭代最近点配准 ······························································ 85
4.4　多站整体配准 ································································· 87
4.5　激光雷达点云自动配准 ···················································· 91
4.6　影像点云与激光点云配准 ················································ 96
思考题 ······················································································ 98

**第5章　点云融合与分割** ···························································· 99
5.1　点云去冗 ········································································ 99
5.2　点云抽稀 ······································································ 101
5.3　点云简化 ······································································ 106

5.4 点云分割 ·················································································· 110
思考题 ······························································································ 115

## 第6章 几何重建 ················································································ 116
6.1 几何重建的概念 ········································································· 116
6.2 基本体素 ·················································································· 116
6.3 旋转体 ····················································································· 118
6.4 不规则三角网 ············································································ 129
6.5 结构实体几何 ············································································ 142
6.6 深度图像 ·················································································· 154
思考题 ······························································································ 164

## 第7章 纹理重建 ················································································ 166
7.1 影像定向 ·················································································· 166
7.2 点云纹理 ·················································································· 169
7.3 基于深度图像的纹理映射 ····························································· 171
7.4 纹理接边 ·················································································· 173
7.5 纹理镶嵌 ·················································································· 176
思考题 ······························································································ 179

## 第8章 激光雷达与摄影测量三维重建软件 ················································· 180
8.1 软件总体构架 ············································································ 180
8.2 总体功能设计 ············································································ 181
8.3 数据管理与可视化 ······································································ 183
8.4 软件界面设计 ············································································ 198
思考题 ······························································································ 206

## 第9章 工程应用 ················································································ 207
9.1 国家体育场安装数字化测量与三维建模 ·········································· 207
9.2 天津西站站房工程三维建模 ························································· 213
9.3 故宫古建筑三维重建 ·································································· 221
9.4 后母戊鼎精细三维重建 ······························································· 231
思考题 ······························································································ 238

## 参考文献 ···························································································· 239

# 第1章 绪 论

地面激光雷达与摄影测量是目前空间目标三维数字化的两种主要前沿手段,基于两种数据的三维重建就是在两种数据相互融合的基础上,对融合数据进行几何上及纹理上的三维重建。本章作为全书内容的纲领,主要介绍两种三维数据获取手段的概念和发展趋势、激光雷达点云与摄影测量数据的特点及对比,以及地面激光雷达与摄影测量三维重建的应用领域等。本章学习重点是三维数据获取技术的发展,以及采用三维数据进行三维重建的目的及特点等内容,从宏观上了解三维测量的技术特点及其优势。

## 1.1 激光雷达测量的概念

激光雷达是以发射激光束探测目标的位置、速度等特征量的雷达系统(熊辉丰,1994),工作波段在红外线与可见光波段,一般由激光发射机、光学接收机、转台和信息处理系统构成。

本书中的激光雷达(light detection and ranging,LiDAR)是近年来发展起来的一项高新测量技术,可全天候、快速、直接、高精度地采集测量目标的三维几何信息,部分设备还能获取到目标的反射强度信息。

激光雷达最初只是用于一维测距,到 20 世纪末,激光雷达测量技术获得了巨大的发展,实现了激光测距从一维测距向二维、三维扫描发展,使测量数据(距离和角度)由传统人工单点获取变为连续自动获取数据。特别是近些年来,欧、美、加、日等国家和地区几十家高新技术公司开展了对三维激光扫描技术的研究开发,激光雷达硬件设备(三维激光扫描仪)发展迅速,在精度、速度、易操作性、轻便、抗干扰能力等性能方面逐步提升,而价格则逐步下降,这些因素都使激光雷达测量技术逐步成为快速获取空间数据的主要方式之一。到 20 世纪 90 年代中后期,三维激光扫描仪已形成了颇具规模的产业,其产品在精度、速度、易操作性等方面达到了很高的水平。国内在激光雷达硬件的研究起步于 20 世纪 90 年代中期,稍落后于西方。近些年来,三维激光扫描技术在我国已经逐步实现国产化,杭州中科天维科技有限公司及广州中海达卫星导航技术股份有限公司等都推出了国产激光扫描仪。

激光雷达测量技术的出现和发展,是测量技术的重大突破,掀起了一场立体测量技术的新革命。它克服了传统测量技术的局限性,能够对立体实物进行扫描,将立体世界的信息快速地转换成计算机可以处理的数据。它速度快、实时性强、精度高、主动性强、具有全数字特征、性能更强,可以极大地降低成本、节约时间。近年来,随着三维激光扫描技术在测量精度、空间解析度等方面的进步和价格的降低,以及计算机三维数据处理、计算机图形学、空间三维可视化等相关技术的发展和对空间三维场景模型的迫切需求，三维激光扫描测量技术越来越多地用于获取被测物体表面的空间三维信息，其应用领域日益广泛。

### 1.1.1 激光雷达基本原理

普通雷达一般放在飞机、卫星或山顶上，扫描的范围比较大，精度比较低，一般用于小比例尺测图和目标搜寻。人们通常把大范围、远距离的三维激光扫描看成激光雷达，而把近距离、小范围的激光雷达称为三维激光扫描，这是一种误解。实际上，普通雷达是无线电三维扫描，激光雷达是激光三维扫描，不存在距离远近和范围大小的区别。

激光雷达获取数据的仪器称为三维激光扫描仪，该仪器利用激光作为信号源，对三维目标按照一定的分辨率进行扫描。激光雷达测量由测距和测角两部分组成：在测距上，利用激光探测回波技术获取激光往返的时间差或相位差等，进而计算目标至扫描中心的距离 $S$；在测角上，由精密时钟控制编码器同步测量每个激光信号发射瞬间仪器的横向扫描角度观测值 $\alpha$ 和纵向扫描角度观测值 $\theta$。可由空间三维几何关系通过一个线元素和两个角元素计算空间点位的 $X$、$Y$、$Z$ 坐标，空间点位的关系如图 1.1 所示。

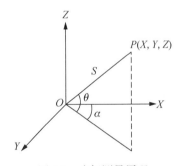

图 1.1 坐标测量原理

空间点位的计算模型如下：

$$\begin{cases} X = S\cos\theta\cos\alpha \\ Y = S\cos\theta\sin\alpha \\ Z = S\sin\theta \end{cases} \tag{1-1}$$

还有少部分激光扫描仪采用激光发射和接收两个装置与目标点构成的角度来测量距离，这类激光扫描仪主要用于短距离目标测量。激光扫描系统一般使用仪器自己定义的坐标系统，部分扫描仪器可以通过输入控制坐标来设定仪器坐标系（如 Leica 的 ScanStation 系列地面激光扫描仪）。

基于不同的测距原理，地面激光扫描仪存在较大差异，主流的地面激光扫描仪主要包含 3 种测距原理，即基于脉冲飞行时间差测距原理、基于相位差测距原理、基于三角测距原理。

**1. 基于脉冲飞行时间差测距原理**

此类三维激光扫描仪利用激光脉冲发射器周期地驱动一个激光二极管向物体发射

近红外波长的激光束,然后由接收器接收目标表面反射信号,利用一稳定的石英时钟对发射与接收时间差计数,确定发射的激光光波从扫描中心至被测目标往返传播一次需要的时间 $t$,又因为光的速度 $c$ 是常量,所以可由式(1-2)计算被测目标至扫描中心的距离 $S$,精密时钟控制编码器同步测量每个激光脉冲横向扫描角度观测值 $\alpha$ 和纵向扫描角度观测值 $\theta$(图1.2)。

$$S = \frac{1}{2}ct \tag{1-2}$$

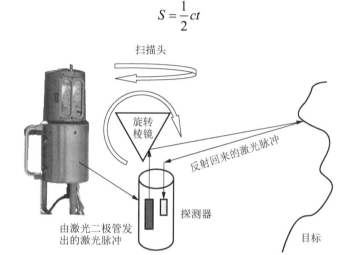

图 1.2 激光雷达扫描原理

由于采用的是脉冲式的激光源,通过一些技术可以很容易得到高峰值功率的脉冲,所以飞行时间法适用于超长距离的距离测量。其测量精度主要受到脉冲计数器的工作频率与激光源脉冲宽度的限制,精度可以达到米级。

2. 基于相位差测距原理

此类系统将发射光波的光强调制成正弦波的形式,通过检测调幅光波发射和接收的相位移来获取距离信息。正弦光波振荡一个周期的相位移是 $2\pi$,发射的正弦光波经过从扫描中心至被测目标的距离后的相位移为 $\varphi$,则 $\varphi$ 可分解为 $2\pi$ 的整数周期和不足一个整数周期的相位移 $\Delta\varphi$,即有

$$\varphi = 2N\pi + \Delta\varphi \tag{1-3}$$

正弦光波振荡频率 $f$ 为光波每秒的振荡次数,则正弦光波经过 $t$ s 振荡后的相位移为

$$\varphi = 2\pi ft \tag{1-4}$$

由式(1-3)和式(1-4)可解出 $t$ 为

$$t = \frac{2N\pi + \Delta\varphi}{2\pi f} \tag{1-5}$$

将式(1-5)代入式(1-2),可得从扫描中心至被测目标的距离 $S$ 为

$$S = \frac{c}{2f}\left(N + \frac{\Delta\varphi}{2\pi}\right) = \frac{\lambda_s}{2}\left(N + \frac{\Delta\varphi}{2\pi}\right) \tag{1-6}$$

式中,$\lambda_s$ 为正弦波的波长;$c$ 为光速。由于相位差检测只能测量 $0\sim2\pi$ 的相位差 $\Delta\varphi$,当

测量距离超过整数倍时，测量出的相位差是不变的，即检测不出整周数 $N$，因此测量的距离具有多义性。消除多义性的方法有两种：一是事先知道待测距离的大致范围；二是设置多个不同调整频率的激光正弦波分别进行测距，然后将测距结果组合起来。

由于相位以 $2\pi$ 为周期，所以相位测距法会有测量距离上的限制，测量范围数十米。由于采用的是连续光源，功率一般较低，所以其测量范围也较小。其测量精度主要受相位比较器的精度和调制信号的频率限制，增大调制信号的频率可以提高精度，但测量范围也随之变小，所以为了在不影响测量范围的前提下提高测量精度，一般设置多个调频频率。通常的测量精度达到毫米级。

### 3. 基于三角测距原理

基于三角测距的基本原理是一束激光经光学系统将一亮点或直线条纹投射在待测物体表面，由于物体表面形状起伏及曲率变化，投射条纹也会随着轮廓变化而发生扭曲变形，被测表面漫反射的光线通过成像物镜汇聚到光电探测器的光接收面上，被测点的距离信息由该激光点在探测器接收面上所形成的像点位置决定。当被测物体表面移动时，光斑相对于物镜的位置发生改变，相应的像点在光电探测器的光接收面上的位置也将发生横向位移。借助电荷耦合器件（charge-coupled device，CCD）摄像机撷取激光光束影像，即可依据 CCD 内成像位置及激光光束角度等数据，利用三角几何函数关系计算出待测点的距离或位置坐标等信息（图 1.3）。

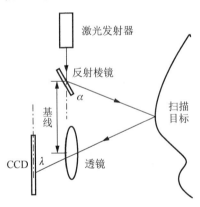

图 1.3 三角测距原理

采用该原理的三维激光扫描仪的精度可以达到微米级，但对于远距离测量，必须要加长发射器与接收器间的距离，所以三角测距不适于远距离测距。

### 1.1.2 激光雷达测量数据

通常将三维激光扫描仪所获得的三维空间的点集称为点云（point cloud），这类数据有如下特点。

1）数据量大。一站扫描得到的点云数据中可以包含几十万到上百万个扫描点。

2）密度高。扫描数据点的平均间隔在测量时可由仪器设置，一些仪器设置的最小平均间隔可达 1～2mm。

3)带有扫描物体光学特征信息。由于三维激光扫描技术可以接收反射光的强度,因此扫描得到的点一般具有反射强度信息,有些三维激光扫描仪还可以获得点的色彩信息。这些特点使三维激光扫描数据具有十分广泛的应用,同时也使数据处理变得复杂和困难。

依据扫描方式的不同,得到点云的分布情况也存在差异。根据点云的分布特征(如排列方式、密度等),可将点云分为以下4类(戴静兰,2006)。

1)散乱点云,其特点为没有明显的几何分布特征,呈散乱无序状态,如图1.4(a)所示。这是由于扫描过程中,扫描仪并非按照固定的线路或方法去获取三维数据得到点云,如由关节臂扫描仪或摄影测量方法生成的特征点点云。

2)扫描线点云,由一组扫描线组成,扫描线上的所有点位于扫描平面内,如图1.4(b)所示。

3)网格化点云,点云中所有点都与参数域中一个均匀网格的顶点对应,如图1.4(c)所示。许多地面激光扫描仪都采用空间球状网格划分策略,得到的点为空间网格阵列格式。

4)多边形点云,测量点分布在一系列平行平面内,用小线段将同一平面内距离最小的若干相邻点依次连接可形成一组有嵌套的平面多边形,如图1.4(d)所示,莫尔等高线测量、工业计算机断层扫描(computed tomography,CT)、层切法等系统的测量点云呈现多边形特征。

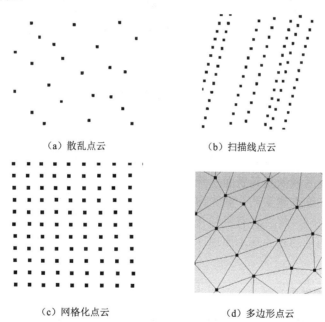

图1.4 不同样式的点云

激光雷达仪器根据设计的不同有不同的原始数据格式,包含极坐标系、球坐标系、柱坐标系等多种数据存储类型,一般显示采用反射强度影像或者点图像方式。

图1.5为反射强度影像示例,该图像由穹形地面激光扫描系统获得建筑内部数据,将阵列点云的反射强度按照一定的数学法则展开到矩形区域构成一幅全景的灰度影像。

图1.6为点图像示例,直接将三维点阵按照一定的投影法则输出到屏幕显示终端,一般三维点云数据处理采用此种显示方式。

图 1.5 反射强度影像

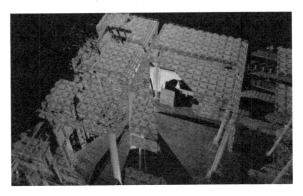

图 1.6 点图像显示

## 1.2 摄影测量的概念

激光雷达应用激光测距的原理,通过激光器发射的激光,主动获取对象表面一定分辨率的三维坐标,数据以点云的形式呈现。摄影测量应用立体视觉的原理,通过被摄对象二维影像的重叠区域恢复其表面三维信息,其数据主要是影像中的特征点集。摄影测量是一门传统的三维重建工艺,激光雷达是近现代先进的三维重建手段,但单独使用均存在不可避免的缺陷,将二者有机结合,取长补短,是目前三维重建最有效的方法。本节主要介绍摄影测量的相关基本原理,结合激光雷达的优缺点,讲述二者结合三维重建的必要性。

### 1.2.1 摄影测量的发展

19 世纪中叶,摄影技术一经问世,便应用于测量。摄影测量是从非接触成像系统通过记录、量测、分析与表达等处理,获取地球及其环境和其他物体的可靠信息。摄影测量通过有重叠的二维影像恢复被摄物体的三维信息,是三维重建的有效手段。

按照成像距离的不同,摄影测量可以分为航天摄影测量、航空摄影测量、低空摄影测量和近景摄影测量。

按照研究对象的不同,摄影测量可以分为地形摄影测量和非地形摄影测量。地形摄影测量的研究对象是地区表面的形态,最终根据摄影照片测绘出摄影区域的地形图。非地形摄影测量一般是指近景摄影测量,摄影机到摄影目标的距离较近,测量的精度要求较高,测量成果为对象一系列特征点的三维坐标值,即研究对象的数字模型,可绘制所摄物体的立面图、平面图和显示立体形态的等值图。随着各行各业对三维重建需求的提高,非地形摄影测量的测量成果慢慢地开始以密集的三维点云为主体。

按照数据处理手段的不同,摄影测量经历了模拟摄影测量、解析摄影测量和数字摄影测量 3 个阶段,如今摄影测量已经进入全数字的自动化时代。数字摄影测量是经典摄影测量与计算机科学的一门交叉学科,既充分利用了经典摄影测量的优点,又结合当前飞速发展的计算机科学与技术,形成了一套严密而完整的理论。综合而言,摄影测量的 3 个阶段产生于特定的背景,具有各自的特点。表 1.1 简要列出了摄影测量 3 个阶段的特点。

表 1.1 摄影测量 3 个阶段的特点

| 发展阶段 | 原始资料 | 投影方式 | 仪器 | 操作方式 | 产品 |
| --- | --- | --- | --- | --- | --- |
| 模拟摄影测量 | 照片 | 物理投影 | 模拟测图仪 | 作业员手工 | 模拟产品 |
| 解析摄影测量 | 照片 | 数字投影 | 解析测图仪 | 机助作业员操作 | 模拟产品、数字产品 |
| 数字摄影测量 | 照片、数字化影像 | 数字投影 | 计算机 | 自动化操作+作业员干预 | 模拟产品、数字产品 |

摄影测量作业全过程大体可分为两个阶段:获取被测物体影像的摄影摄像阶段,以及对影像进行再处理,以获取被测物体形状、大小或动态物体运动参数的摄影测量处理阶段。不同的承载平台、不同的摄影机、不同的后处理软件构成了不同的摄影测量系统。目前,摄影测量承载平台主要包括卫星、航空飞机、低空无人机、遥控直升机、旋翼机、升降机等,如图 1.7 所示;摄影机主要包括传统光学照相机和数码照相机,其中数码照相机又被分为量测数码照相机和非量测数码照相机。

(a)航空飞机、低空无人机

(b)遥控直升机、旋翼机、升降机

图 1.7 不同承载平台

目前，非量测数码照相机是近景摄影影像获取的主要工具，其以价格低廉、获取影像速度快、操作灵活方便、可更换不同的焦距、没有底片变形问题等优点而得到广泛应用，如 Canon 5D 和 Canon 5D II 等。图 1.8 为目前常用的几款非量测数码照相机。在摄影测量数据处理方面，非量测数码照相机已从最初的 Virtuozo、JX4 等发展到近几年出现的 DPGrid、PixelGrid、LensPhoto、PhotoScan 和 ContextCapture 等。

（a）哈苏 H4D-60　　　　（b）Canon 5D Mark II　　　　（c）Nikon D2H

图 1.8　非量测数码照相机

近年来国际测绘领域发展起来的一项高新技术——倾斜摄影测量技术，打破了以往正射影像只能从垂直角度拍摄的局限，通过在同一飞行平台上搭载多台传感器，同时从垂直、前方、后方、左侧、右侧 5 个不同的角度采集影像（图 1.9 和图 1.10），将用户引入了符合人眼视觉的真实直观世界，相应的数据处理软件如像素工厂、Smart3D 等能够全自动地建立真彩色三维模型。

（a）正射影像　　　　　　　　　　　　（b）倾斜影像

图 1.9　倾斜影像与正射影像对比

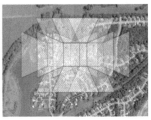

图 1.10　倾斜摄影数据采集与排列形式

## 1.2.2 摄影测量的定义

摄影测量的本质是通过摄影进行测量,对于测绘学科而言,摄影测量来自于普通测量中的前方交会、后方交会。如图 1.11 所示,在 1、2 两已知点上安置经纬仪,对未知点 $A$ 测定水平角和垂直角,进行前方交会,测量位置点 $A$ 的坐标 $(X, Y, Z)$。

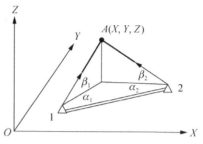

图 1.11 前方交会示意图

摄影测量的过程如图 1.12 所示,在两个已知点上摄取两张影像,量测影像上同名点的坐标 $a_1(x_1, y_1)$、$a_2(x_2, y_2)$,通过解算,求得对应空间点 $A$ 的坐标 $(X, Y, Z)$。依据上述描述,摄影测量是通过量测两张影像上的同名点确定对应空间点的三维坐标的,它的一个重要特点是可以测定影像上所有点的空间信息,是从二维影像到三维空间的一门学科。

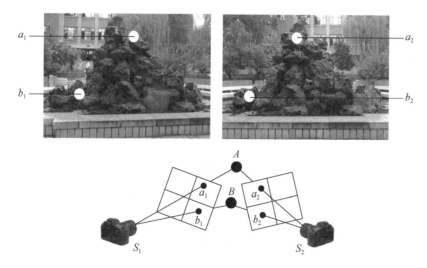

图 1.12 摄影测量示意图

从解析的角度讲,摄影测量包含两个最重要的关系:第一个是对应关系,即测量同名点,如图 1.12 中的物方点 $A$、$B$ 对应的像方同名点 $(a_1, a_2)$,$(b_1, b_2)$;第二个是几何关系,如图 1.13 所示,欲准确交会出 $A$、$B$ 物方点的坐标,除同名点条件外,还要已知两个摄影站点的物方坐标及摄影光线束的姿态。对于以上两种关系,在不同的阶段处理方式不同。在当下的数字摄影测量阶段,同名点的对应关系应用影像自动匹配的方式来获取,几何关

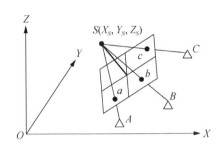

图 1.13 影像外方位元素（摄影测量的几何关系）

系通过计算机进行区域网平差来测定，这些理论将在后续的章节中进行详细的介绍。

### 1.2.3 摄影测量的基本原理

**1. 影像的内、外方位元素**

（1）影像的内方位元素

确定摄影机镜头中心相对于影像位置关系的参数，称为影像的内方位元素。内方位元素包括以下3个参数：像主点（主光轴在影像面上的垂足）相对于影像中心的位置 $x_0$、$y_0$ 及镜头中心到影像面的垂距 $f$，如图1.14所示。对于航空影像，$x_0$、$y_0$ 即像主点在框标坐标系中的坐标。

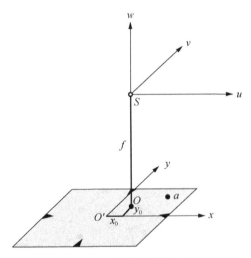

图 1.14 影像的内方位元素

（2）影像的外方位元素

影像或摄影光束在摄影瞬间的空间位置和姿态参数，称为影像的外方位元素，如图 1.15 所示中摄影照片 $p$ 及其投影中心 $S$ 在摄影测量坐标系（$O\text{-}XYZ$）中的位置 ($X_S, Y_S, Z_S$) 和方向 $\varphi\text{-}\omega\text{-}\kappa$ 的元素。图 1.15 是以 $Y$ 轴为主轴的 $\varphi\text{-}\omega\text{-}\kappa$ 系统：以 $Y$ 轴为主轴旋转 $\varphi$ 角，然后绕 $X$ 轴旋转 $\omega$ 角，最后绕 $Z$ 轴旋转 $\kappa$ 角。如果已知影像的外方位元素，就可以通过两张照片的同名点，前方交会获取像点对应的物方点的三维坐标。

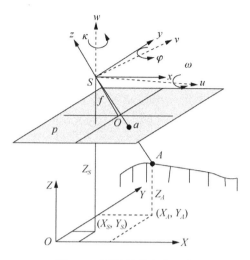

图 1.15　影像的外方位元素

**2. 共线条件方程**

在理想情况下,摄影瞬间像点、投影中心、物点应位于同一条直线上,如图 1.16 所示,描述这三点共线的数学表达式称为共线条件方程。从图 1.17 中可以看出,像方坐标系($S\text{-}xyz$)、物方坐标系($O\text{-}XYZ$)与中间坐标系($S\text{-}uvw$)之间的变换正是影像外方位角元素的旋转和外方位线元素的平移,其原理如图 1.18 所示。

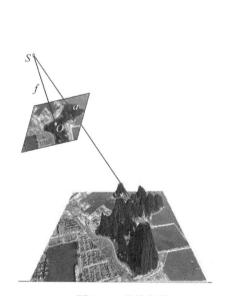

图 1.16　共线条件

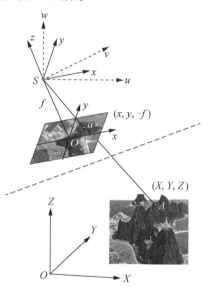

图 1.17　像方坐标系与物方坐标系

在图 1.18 中,$S$ 为摄影中心,在某一规定的物方空间坐标系中其坐标为($X_S, Y_S, Z_S$),$A$ 为任一物方空间点,它的物方空间坐标为($X, Y, Z$)。$a$ 为 $A$ 在影像上的构像,相应的像空间和像空间辅助坐标分别为($x, y, -f$)和($X_a, Y_a, Z_a$)。摄影时 $S$、$a$、$A$ 这 3 个点位于一条直线上,那么像点的空间辅助坐标与物方空间坐标系之间有以下关系:

$$\frac{u}{X-X_S} = \frac{v}{Y-Y_S} = \frac{w}{Z-Z_S} = k \tag{1-7}$$

则

$$u = k(X-X_S), \quad v = k(Y-Y_S), \quad w = k(Z-Z_S) \tag{1-8}$$

像空间坐标$(x,y,-f)$与像空间辅助坐标$(u,v,w)$有下列关系：

$$\begin{bmatrix} x \\ y \\ -f \end{bmatrix} = \begin{bmatrix} a_1 & b_1 & c_1 \\ a_2 & b_2 & c_2 \\ a_3 & b_3 & c_3 \end{bmatrix} \begin{bmatrix} u \\ v \\ w \end{bmatrix} \tag{1-9}$$

将式（1-9）展开[考虑到像主点的坐标$(x_0,y_0)$]即为共线方程的基本公式：

$$\begin{cases} x-x_0 = -f\dfrac{a_1(X-X_S)+b_1(Y-Y_S)+c_1(Z-Z_S)}{a_3(X-X_S)+b_3(Y-Y_S)+c_3(Z-Z_S)} \\ y-y_0 = -f\dfrac{a_2(X-X_S)+b_2(Y-Y_S)+c_2(Z-Z_S)}{a_3(X-X_S)+b_3(Y-Y_S)+c_3(Z-Z_S)} \end{cases} \tag{1-10}$$

式中，$x$、$y$为像点的像平面坐标；$x_0$、$y_0$、$f$为影像的内方位元素；$X_S$、$Y_S$、$Z_S$为摄站点的物方空间坐标；$a_i$、$b_i$、$c_i$为影像的3个外方位角元素组成的方向余弦。

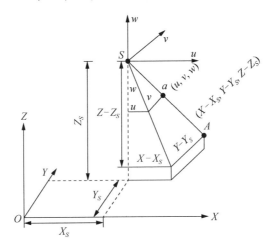

图1.18 共线几何关系

共线方程在摄影测量中的应用主要有：
1）单向空间后方交会和多像空间前方交会。
2）解析空间中三角测量光束法平差中的基本数学模型。
3）构成数字投影的基础。
4）计算物方点的像点坐标。
5）利用数字高程模型（digital elevation model，DEM）与共线方程制作正射影像。
6）利用DEM与共线方程进行单幅影像测图等。

3. 后方交会

如果我们知道每幅影像的6个外方位元素，就能确定被摄物体与航摄影像的关系。

因此，如何获取影像的外方位元素，一直是摄影测量工作者所探讨的问题。可利用雷达、全球定位系统（global position system，GPS）、惯性导航系统（inertial navigation system，INS）及星象摄像机来获取影像的外方位元素；也可利用影像覆盖范围内一定数量的控制点的空间坐标与影像坐标，根据共线条件方程，反求该影像的外方位元素，这种方法称为单幅影像的空间后方交会。

单幅影像空间后方交会的基本思想：以单幅影像为基础，从该影像所覆盖地面范围内若干控制点的已知地面坐标和相应点的像坐标量测值出发，根据共线条件方程，求解该影像在航空摄影时刻的外方位元素 $X_S$、$Y_S$、$Z_S$、$\varphi$、$\omega$、$\kappa$。由于空间后方交会所采用的数学模型的共线方程是非线性函数，因此为了便于外方位元素的求解，需首先对共线方程进行线性化。

利用共线方程进行单像空间后方交会的计算机程序框图如图 1.19 所示，空间后方交会的求解过程如下。

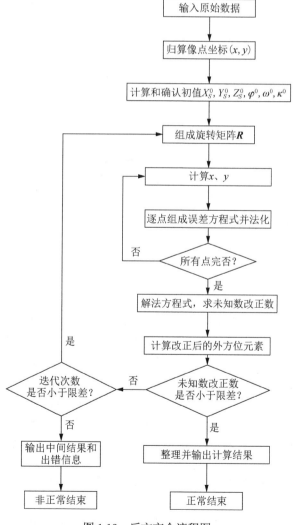

图 1.19 后方交会流程图

1)获取已知数据。从摄影资料中查取影像比例尺 $1/m$,平均摄影距离(航空摄影的航高),内方位元素 $x_0$、$y_0$、$f$,并获取控制点的空间坐标 $(X_t, Y_t, Z_t)$。

2)量测控制点的像点坐标并进行必要的影像坐标系统误差改正,得到像点坐标。

3)确定未知数的初始值。单幅影像空间后方交会必须给出待定参数的初始值,在竖直航空摄影且地面控制点大体对称分布的情况下,可按如下方法确定初始值:

$$Z_S^0 = H = mf + \frac{1}{n}\sum_{i=1}^n Z_{ti}$$

$$X_S^0 = \frac{1}{n}\sum_{i=1}^n X_{ti}$$

$$Y_S^0 = \frac{1}{n}\sum_{i=1}^n Y_{ti}$$

$$\varphi^0 = \omega^0 = \kappa^0 = 0$$

式中,$Z_S^0$、$X_S^0$、$Y_S^0$ 分别为 $Z_S$、$X_S$、$Y_S$ 的初始值;$H$ 为摄影高度;$m$ 为摄影比例尺分母;$f$ 为照相机主距;$n$ 为控制点个数;$X_{ti}$、$Y_{ti}$、$Z_{ti}$ 为第 $i$ 个控制点的坐标值;$\varphi^0$、$\omega^0$、$\kappa^0$ 分别为 $\varphi$、$\omega$、$\kappa$ 的初始值,$\kappa^0$ 可在航迹图上找出,或根据控制点坐标通过坐标正反变换求出。

4)计算旋转矩阵 $\boldsymbol{R}$。利用角元素近似值计算方向余弦值,组成 $\boldsymbol{R}$ 矩阵。

5)逐点计算像点坐标的近似值。利用未知数的近似值按共线条件计算控制点像点坐标的近似值 $x$、$y$。

6)逐点计算误差方程式的系数和常数项,组成误差方程式。

7)计算法方程的系数矩阵 $\boldsymbol{A}^\mathrm{T}\boldsymbol{A}$ 与常数项 $\boldsymbol{A}^\mathrm{T}\boldsymbol{L}$,组成法方程式。

8)解求外方位元素。根据法方程,按式 $\boldsymbol{X} = (\boldsymbol{A}^\mathrm{T}\boldsymbol{A})^{-1}\boldsymbol{A}^\mathrm{T}\boldsymbol{L}$ 解求外方位元素改正数,并与相应的近似值求和,得到外方位元素新的近似值。

9)检查计算是否收敛。将所求得的外方位元素的改正数与规定的限差比较,通常对 $\varphi$、$\omega$、$\kappa$ 的改正数 $\Delta\varphi$、$\Delta\omega$、$\Delta\kappa$ 给予限差,这个限差通常为 $0.1'$,当 3 个改正数均小于 $0.1'$ 时,迭代结束。否则用新的近似值重复步骤 4)~步骤 8)的计算,直到满足要求为止。

4. 前方交会

利用单幅影像空间后方交会求得影像的外方位元素后,欲由单幅影像上的像点坐标反求相应地面点的空间坐标,仍然是不可能的。因为,根据单个像点及其相应影像的外方位元素只能确定地面点所在的空间方向,而使用立体像对上的同名像点,就能得到两条同名射线在空间的方向,这两条射线在空间一定相交,其相交处必然是该地面点的空间位置,如图 1.20 所示。从共线方程式也可说明这个问题。在未知点的两个联立方程式中有 3 个未知数,即地面坐标 $(X, Y, Z)$,由未知点在一幅影像上的像点坐标 $(x, y)$ 只能列出两个方程,使用立体像对上两同名像点的坐标 $(x_1, y_1)$、$(x_2, y_2)$ 即可列出 4 个方程式,从而求出 3 个未知数。

由立体像对左右两影像的内、外方位元素和同名像点的影像坐标量测值来确定该点的物方空间坐标(某一暂定三维坐标系中的坐标或地面测量坐标系中的坐标),称为立体像对的空间前方交会。下面给出利用共线方程的严格解法进行空间前方交会法

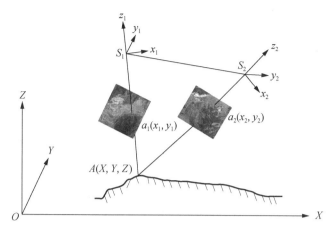

图 1.20 前方交会示意图

的数学模型。

共线方程决定了摄影中心点、像点和物点间严格的关系。由共线方程式可得

$$(x-x_0)[a_3(X-X_S)+b_3(Y-Y_S)+c_3(Z-Z_S)]=-f[a_1(X-X_S)+b_1(Y-Y_S)+c_1(Z-Z_S)]$$
$$(y-y_0)[a_3(X-X_S)+b_3(Y-Y_S)+c_3(Z-Z_S)]=-f[a_2(X-X_S)+b_2(Y-Y_S)+c_2(Z-Z_S)]$$

整理可得

$$\begin{cases} l_1X+l_2Y+l_3Z-l_x=0 \\ l_4X+l_5Y+l_6Z-l_y=0 \end{cases} \quad (1\text{-}11)$$

式中，

$$l_1=fa_1+(x-x_0)a_3, \quad l_2=fb_1+(x-x_0)b_3, \quad l_3=fc_1+(x-x_0)c_3$$
$$l_4=fa_2+(y-y_0)a_3, \quad l_5=fb_2+(y-y_0)b_3, \quad l_6=fc_2+(y-y_0)c_3$$
$$l_x=fa_1X_S+fb_1Y_S+fc_1Z_S+(x-x_0)a_3X_S+(x-x_0)b_3Y_S+(x-x_0)c_3Z_S$$
$$l_y=fa_2X_S+fb_2Y_S+fc_2Z_S+(y-y_0)a_3X_S+(y-y_0)b_3Y_S+(y-y_0)c_3Z_S$$

对左右影像上的一对同名点，可列出 4 个上述的线性方程式，而未知数个数为 3，故可以用最小二乘法求解。若 $n$ 幅影像中含有同一个空间点，则可由总共 $2n$ 个线性方程式求解 $X$、$Y$、$Z$ 这 3 个未知数。这是一个严格的、不受影像数约束的空间前方交会方法，因为是解线性方程组，所以也不需要空间坐标的初值。

## 1.3 多源数据三维重建

### 1.3.1 三维重建概述

三维重建是指对三维物体建立适合计算机表示和处理的数学模型，是在计算机环境下对其进行处理、操作和分析其性质的基础，也是在计算机中建立表达客观世界的虚拟现实的关键技术。三维物体的对象非常广泛，有以数字城市为目的的城市环境模型重建，建筑物、文物或艺术品的模型重建，以及大型室内环境的模型重建和医学图像的三维表面模型重建等。重建出的三维模型具有高精度的几何信息和真实感的颜色信息，在虚拟现实、城市规划、地形测量、文物保护、三维动画游戏、电影特技制作及医学等领域有着广泛的应用前景。

三维重建一直是计算机辅助几何设计、计算机视觉、计算机图形学、计算机动画、人工智能、模式识别、科学计算和虚拟现实、数字媒体创作、医学图像处理和地理信息系统等领域的研究热点。早期，人类用图形、符号、文字等来描述客观世界。随着科学技术的不断发展，人类认识和表现现实事物的方式也日益更新。计算机出现以后，人们希望能够利用计算机强大的功能来描述和研究现实事物。于是，数码照相机、数码摄像机、图像采集卡、平面扫描仪等二维数字化仪器应运而生。但二维数字化仪器获取的只是物体一个局部的、侧面的信息，在信息采集和记录过程中丢失了深度信息。随着信息技术研究的深入及数字地球、数字城市、虚拟现实等概念的出现，尤其在当今以计算机技术为依托的信息时代，人们对空间三维信息的需求更加迫切，已不满足于在计算机中看到只有宽度和高度的二维图形和图像，更希望计算机能展现三维的现实世界，并以日常生活惯用的方式在这个仿真环境中与计算机交互，真正达到人机的交融，三维重建技术便应运而生。三维重建技术的发展，使以一定方式记录的三维信息经过整理，即可转化成计算机能识别的数据，并在计算机中进行处理，将三维物体数据结构中蕴含的几何信息恢复成图形、图像显示出来，由此可以方便、快速地对物体进行定量的分析、显示和处理等。相对于二维图形图像数据，三维模型允许用户从各个角度观察事物，其可信度要远远高于二维空间中的信息分析，有助于模型的形态分析和几何量测等。近年来，随着相关技术的发展，三维模型的应用吸引了越来越多的目光，如数字场景漫游、工业制造、文化遗产保护、医学、城市规划、游戏、电影特效等，建模对象从小型的零件、商品，到人体、雕塑，再到大型的建筑、街道甚至城市，三维建模技术已逐步从科学研究发展进入到了人们日常生活的领域。

### 1.3.2 常见三维模型

三维重建的模型按照对几何信息和拓扑信息的描述及存储方法的不同可划分为线框模型、表面（曲线）模型、实体模型。线框模型的优点是仅通过顶点和棱边来描述形体的几何形状与特点，数据结构简单、信息量少，占用的内存空间小，对操作的响应速度快，通过对投影变换可以快速生成三视图，生成任意视点和方向的视图和轴侧图，并能保证各视图正确的投影关系；缺点是定义的形体存在多义性，没有包含全部的信息，不能计算面积、体积等物理量，不适用于真实感显示（不能处理物体的侧影轮廓线，也不能生成剖面图、消隐图、明暗色彩图等），应用范围很有限。表面（曲面）模型对物体各个表面或曲面进行描述，其特点是表面模型增加了面、边的拓扑关系，因而可以进行消隐处理，剖面图的生成、渲染，求交计算，数控刀具轨迹的生成，有限元网格划分等操作，但表面模型仍缺少体的信息及体、面间的拓扑关系，无法区分面的哪一侧是体内，哪一侧是体外，仍不能进行物性计算和分析。三维模型中的表面模型根据描述方式不同又分为非均匀有理 B 样条（non-uniform rational B-spline，NURBS）曲面模型、隐式曲面模型、网格模型等，NURBS 曲面适用于创建光滑和流线型的表面，隐式曲面是用隐式函数来描述一个曲面，表达形式简单，易于改变曲面的拓扑结构，但是它难以表达复杂的拓扑结构，且隐式曲面形状的交互调整是使用隐式曲面建模的一个难点。网格模型因其存储简单和表达形式统一简洁，且能表达复杂的拓扑关系，易于调整其拓扑关系，模型的编辑和算法的开发相对容易些，图像渲染工具包都直接支持三角形的绘制，所以可广泛应用于各个领域，成为主流的三维几何模型表现形式。实体模型不仅描述了实体全部的几何信息，而且定义了所有的点、线、面、体的拓扑信息，可对实体信息进行全面完整的描述，能够实现消隐、剖切、有限元分析、数控加工、对实体着色、光照及纹理处理、外形计算等各种处理和操作，但在显示、应用范围、编辑等方面也有一定的劣势。

在计算机内生成物体三维模型主要有两类方法：一类是通过一定的手段获取真实物体的几何形状，在计算机中实现真实三维物体的逼真再现；另一类是使用几何建模软件通过人机交互方式生成人为控制下的物体三维几何模型，这种实现技术已经十分成熟，现有若干软件支持，如 3D MAX、Maya、AutoCAD、UG 等，它们一般使用具有数学表达式的曲线、曲面表示几何形状。在虚拟现实、地形测量、文物保护、城市规划等应用中更多的是利用前者，这也是本书探讨的重点。根据利用不同传感器所采集的测量信息的不同，三维重建所需要的数据主要包括激光雷达数据和摄影测量数据两大方面。激光雷达采用非接触主动测量方式直接获取高精度三维数据，能够对任意物体进行扫描，且没有白天和黑夜的限制，可快速将现实世界的信息转换成计算机可以处理的数据，它具有扫描速度快、实时性强、精度高、主动性强、全数字特征等特点，可以极大地降低成本、节约时间，而且使用方便，其输出格式可直接与计算机辅助设计（computer aided design，CAD）、三维动画等工具软件接口。摄影测量基于计算机视觉理论利用数字摄像机作为图像传感器，综合运用图像处理、视觉计算等技术进行非接触三维测量，用计算机程序获取物体的三维信息，其优势在于不受物体形状限制，重建速度较快，可以实现全自动或半自动建模等，是三维重建的一个重要发展方向，但在由三维客观世界转换为二维影像的过程中，不可避免地会丧失部分几何信息，因此从二维影像出发理解三维客观世界存在自身的局限性。因此，激光雷达和摄影测量等多种获取空间信息手段相辅相成、互为补充，可为三维重建提供充分的数据源。

点云数据成为现实世界数字化的重要数据源。反映实体精确空间几何信息的数据一般记录了三维实体表面在离散点上的各种物理参量，它包括的最基本的信息是物体的各离散点的三维坐标，其他还可以包括物体表面的颜色、透明度、纹理特征等，又称点云。激光雷达直接获取实体表面高密度的点云数据，摄影测量基于计算机视觉理论用于从多幅影像中恢复三维点云的多视立体几何技术也取得重大进展。然而这些设备或方法往往不是在高度约束可控的情况下采集点云数据，这样获取的数据往往存在多种质量缺陷，如包括大面积的数据缺失、不同区域点云密度的急剧变化及噪声等。为三维重建提供精确、可靠的点云模型，需要点云数据去噪平滑、配准融合等相关的预处理。目前，基于点云数据的三维重建也取得了很大成果，其采用基于距离函数的零水平集方法、基于泊松重建的隐函数曲面构建方法、基于三维 Delaunay 的方法、基于三维 alpha-形状的方法、基于细分的方法等构建不规则三角网（triangulated irregular network，TIN）模型，也可以采用样条曲面拟合的方法构造实体曲面模型，还可以采用拟合出的基本体素通过布尔运算利用构造实体几何（constructive solid geometry，CSG）表示实体模型，或利用拟合的基本体素构建深度图像等。从计算机实现的角度来说，利用外部传感器往往可获得大量原始数据，在三维重建过程中，处理这些数据通常会占用大量的内存资源和中央处理器（central processing unit，CPU）时间，所以开发良好、鲁棒的算法来完成模型重建是三维重建能够在实际应用中得到普及的关键。三维重建过程所涉及的算法还应该具有尽可能小的空间复杂度和时间复杂度，另外还需要尽量提高重建过程的自动化程度。由于实际场景的复杂性，所获得的数据量庞大，如果需要太多的人工操作往往会造成误差甚至错误，所以应使重建过程减少人工的干预。

## 1.4　激光雷达与摄影测量三维重建的比较

激光雷达与摄影测量都是三维数据获取的手段，地面激光雷达通过激光测距原理直接获取三维信息，近景摄影测量从二维影像重建三维信息。两种技术在应用方面都取得了很多的成果，但是从数据获取方式、数据处理过程、数据成果形式、成果应用等方面来看，两种技术各有优势和不足。

### 1.4.1　激光雷达技术的特点

1. 激光雷达数据的优势

1）主动性强。激光雷达属于主动性遥感，获取数据时不需要光源，对扫描环境要求较低。

2）操作方便。激光雷达放置在相应平台上即可扫描，并且可以快速获取被扫描物体的表面均匀、密集的三维信息。

3）信息量大。激光雷达点云的每个点不仅具有三维空间信息，而且具有反射强度信息，可方便数据的直接可视化，拓宽科学研究的思路。

4）建模速度快。根据激光雷达获取的点云可直接建立三角网模型、曲面模型和线框模型等，较之传统方法，其在模型精细度和速度上都大有提升。

2. 激光雷达技术的劣势

1）缺少纹理信息。大多数激光雷达不配置照相机，即使有内置的照相机，也主要是应用于对扫描范围的选取或者简单的浏览，其摄影方式、影像分辨率、定向精度等都不能达到要求。

2）分辨率较低。点云分辨率主要是由扫描仪决定的，激光的发射频率和水平、竖直转动的角度决定了扫描的分辨率，目前激光雷达分辨率最高能达到亚毫米级，较之影像其相分辨率较低。

3）边缘精度较差。在激光雷达分辨率、扫描角度和扫描距离的影响下，激光束往往不能获取到对象的边缘信息，相应的点云模型、三角网模型等边缘精度有限。

4）数据存在漏洞。对于一些大型复杂场景或复杂对象，有很多区域是激光雷达所不能扫描到的区域，从而造成了对象点云数据漏洞，影响了数据的完整性和数据的精度。

## 1.4.2 摄影测量技术的特点

**1. 摄影测量技术的优势**

1）纹理信息丰富。应用高分辨率的照相机对物体进行摄影，可以通过二维影像建立物体的三维信息，结果同时具备影像纹理信息，有利于目标的量测和三维模型的可视化等。

2）分辨率较高。随着摄影机硬件的发展，摄影影像的分辨率越来越高，提高了摄影测量数据的几何精度和纹理精度。

3）边缘精度较高。摄影测量通过对影像点、线特征的提取和匹配，生成三维几何信息，边缘信息丰富，边缘几何精度高。

4）设站灵活方便。目前，近景摄影测量应用非量测数码照相机，并且将其搭载在遥控机、旋翼机、升降机、摄影杆等载体上，可以对场景进行无死角摄影。

**2. 摄影测量技术的劣势**

1）被动式遥感。摄影数据的获取是被动式的，需要光源，并且摄影时对环境的要求较高。

2）需要大量的控制点。为了后续的数据处理，摄影测量需要大量的控制点信息，增加了作业的工作量。对于很多大型复杂的近景物体，特别是文化遗产，在其上设置控制点不容易实现，有很大的局限性。

激光雷达技术引起了一场三维测绘的技术革命，它与传统测量及摄影测量等学科密切相关，它本身属于遥感领域，相对于传统测量技术有巨大的优势，能够为地理信息系统、快速三维建模及相关应用领域提供快速密集且精确的三维信息（郭明等，2017）。

## 1.4.3 两种三维获取技术的综合比较

1）激光雷达技术获取的是实体的三维点云数据，而摄影测量技术获取的是实体的影像照片，两者的数据格式不相同。

2）激光雷达技术对多视点云的拼接一般采用的是坐标匹配方式，而摄影测量数据拼接采用对影像照片进行相对或绝对定向方式，其拼接方法不一。

3）解析方法不一、测量精度不同。激光雷达直接获取的点位精度高于摄影测量中基于影像的解析获得的点位精度，且精度分布相对均匀。

4）测量外界环境的要求不同。激光雷达测量对白天和黑夜等无条件要求，而摄影测量对光线、温度等要求高。

5）获取实体纹理信息的方式不同。激光雷达技术获取纹理信息是通过反射的激光信号强度来匹配与真实色彩相类似的颜色，或从内置或外置的数码照相机获取的影像中提取，而摄影测量技术是直接利用影像照片获得真实的色彩信息。

单一数据源的三维重建都存在一定的缺点和局限性，通过分析激光雷达和摄影测量各自的优缺点不难发现，如将两种技术结合起来，取长补短，即可满足目前快速、高精度三维重建的需求。本书正是从这个理念出发，介绍两种技术的数据处理、数据融合、几何重建和纹理重建等相关方面的原理，达到精细三维重建的目的。

## 1.5 地面激光雷达与摄影测量三维重建的应用领域

随着三维激光扫描技术在测量精度、空间解析度等方面的进步和价格的降低,以及计算机三维数据处理技术、计算机图形学、空间三维可视化等相关技术的发展和对空间三维场景模型的迫切需求,三维激光扫描仪越来越多地用于获取被测物体表面的空间三维信息,其应用领域日益广泛,逐步从科学研究发展进入了人们日常生活的领域。

1)制造业。基于三维激光扫描仪数据的快速原型法为产品模型设计开发提供了另一种思路,缩短了设计和制造周期,降低了开发费用,极大地满足了工业生产的需求。它与虚拟制造(virtual manufacturing)技术一起被称为未来制造业的两大支柱技术,目前已成为各国制造科学研究的前沿学科和研究焦点。

2)数字城市建模。通过三维激光扫描数据可以直接对城市进行精细三维建模,为城市的数字化管理、分析及智慧城市的建设提供基础数据。

3)医学领域。在牙齿矫正和颅骨修复等医疗领域可利用三维激光扫描技术进行三维数据重构和造型。

4)电脑游戏业。制作者尽量追求游戏的真实和画面的华丽,于是三维游戏应运而生。从人物到场景,三维游戏利用三维激光扫描仪获取数据构建三维场景,不但具有很好的视觉效果和冲击力,而且人物设计及豪华的 3D 场景刻画极为精致细腻,对比以前比较呆板的 2D 游戏,其在真实性和吸引力上的优势是显而易见的。

5)电影特技制作。演员、道具等由扫描实物建立计算机三维模型后,许多危险的镜头只需要在计算机前操作鼠标就可以完成,而且制作速度快、效果好。最近几年,三维建模技术运用于电影制作取得了令人惊异的进展。三维激光扫描技术的介入促进了应用领域的发展,同时应用领域的大量需求也成为研究的动力。

6)文物保护。三维激光扫描测量技术在文物保护领域具有非常广阔的应用前景和研究价值。就文化遗产保护来说,人类有着珍贵而丰富的自然、文化遗产,但由于年代久远,很多文物难以保存或者易被腐蚀,再加上现代社会人类活动的影响,这些遗产遭受破坏的程度与日俱增,因此很难满足人们研究和参观欣赏的需求。利用先进的科学技术来保护这些宝贵的遗产成为迫在眉睫的全球性问题。利用三维激光扫描技术将珍贵文物的几何、颜色、纹理信息记录下来,构建虚拟的三维模型,不仅可以使人们通过虚拟场景漫游,仿佛置身于真实的环境中,可以从各个角度去观察欣赏这些历史瑰宝,而且还可以为这些历史遗迹保存一份完整、真实的数据记录,一旦遭受意外破坏,也还可以根据这些真实的数据进行修复和完善。

7)现代施工测量。例如,在进行某项工程设计中,如果建立计算机仿真平台,则可通过这个平台的仿真来验证设计方案的可行性及对此操作的成功率指标进行评估。另外,通过仿真还可以对设计方案和有关参数进行验证和修正,不仅可以提高设计计划的成功率,而且可以节省设计的时间和资金。又如,三维激光技术在厂矿竣工测量、精密变形监测等方面均有应用。

8)建筑领域。在建筑领域,一个建筑物如果用普通二维图片(如照片)表示,对于普通人来说,这样表现出来的建筑物很不直观,对某些细节部位或内部构造的观察也很不方便。而建造时使用的图样虽然包含了大量的信息,但对于非专业人士来说却不容易看懂。如果使用三维建模的方法重建出这个建筑的三维模型,那么就可以直接观察这个建筑的各个侧面及整体构造,甚至内部的构造,这无论对于建筑师观看设计效果,还是对于客户观看都是很方便的。

9)网络应用。随着互联网的普及,网络购物成为一种新型的购物形式。我们可以将某些商品建成可视化的模型,人们在选购的时候可以用鼠标和键盘对模型进行各种操作,从而用更直观、更便捷的方法来了解商品的性能,而不是对着大篇幅的数字指标发呆。

10)城市设计规划与管理。在城市设计规划与管理中,当我们打算新建一幢高楼、新开一条道路或者对城市进行其他方面的规划时,可以通过对城市的场景建模模拟新建筑对周围环境的影响,决定如何规划用地。

11)虚拟现实。利用获取的三维数据可建立相应的虚拟环境模型,从而展现一个逼真的三维空间世界。而且,场景的三维信息可以帮助人们更加安全、有效地管理。准确地掌握场景的构造,可以有效地避免安全隐患。如果一旦发生地震、火灾等突发事件,也能及时找出逃生和施救的方案。

# 思 考 题

1. 目前主流的获取三维空间数据的手段有哪些?这些手段有哪些特点?
2. 激光雷达获取三维点云的原理是什么?
3. 摄影测量获取三维数据的基本原理是什么?简述其流程。
4. 主流激光雷达都有哪些不同类型?依据不同指标进行阐述。
5. 什么是三维重建?试描述常见三维重建的模型数据类型及特点。
6. 简述激光雷达技术与摄影测量技术在数据获取、数据处理方面的区别与联系。

# 第 2 章  激光雷达点云

激光雷达类型多样，不同类型地面激光雷达数据获取方式差异较大，数据特点及处理方式也不同。本章主要介绍地面激光雷达系统、点云的获取及其预处理，其中预处理主要包含点云的去噪及平滑。本章学习重点为激光雷达系统的分类及特点、采用地面激光雷达系统获取数据的一般流程及方法，激光雷达点云数据的去噪及平滑方法。

## 2.1  地面激光雷达测量系统

利用地面激光雷达系统获得对象三维信息，需要经过测角、测距、扫描、定位 4 个环节，其中测距原理可分为三角测距法、脉冲测距法、相位测距法。测角分为水平测角和垂直测角，测距传感器在电动机带动下，在水平和竖直方向转动，以预定的扫描方法，在目标对象上做连续有规律运动，从而测得整个目标表面点的信息，当扫描仪成型以后，也就确定了一个起始扫描方向和局部自定义坐标系，这个坐标系是一个三维空间的极坐标系。

可根据三维激光扫描系统特性及指标的不同，将其划分为不同类型，如可根据承载平台、扫描距离、扫描视场、扫描方式、测距原理等指标进行划分，表 2.1 对目前三维激光扫描测量系统依据不同的指标进行了概略的划分。

表 2.1  三维激光扫描系统主要仪器类型

| 划分指标 | 仪器类型 | | | |
|---|---|---|---|---|
| 承载平台 | 机载 | 车载 | 站式 | 手持 |
| 扫描距离/m | 远程（>300） | 中程（100～300） | 短程（10～100） | 超短程（<10） |
| 扫描视场 | 矩形 | | 环形 | 穹形 |
| 扫描方式 | 振镜 | | 转镜 | |
| 测距原理 | 飞行时间差 | | 相位差 | 三角测量 |

在表 2.1 中，指标"扫描方式"是指电动机控制反射激光束的棱镜旋转方式，振镜是指扇形旋转方式，如 Leica ScanStation 系列扫描仪；转镜则是指环形旋转方式，如 Leica HDS6000，这种方式获取数据速度较快。"扫描视场"则是指空间扫描的窗口类型。

当前，国际上比较知名的地面激光雷达设备生产商有 Riegl、Leica、Trimble、Optech、Topcon、Faro、Metrics 等。近年来，国内也出现了一些品牌，主要有中科天维、海达数云等。部分地面激光雷达及其部分性能指标见表 2.2。

表 2.2 部分地面激光扫描仪参数指标

| 项目 | Leica HDS6200 | Leica ScanStation C10 | Riegl VZ 1000 | TW-Z1000 |
|---|---|---|---|---|
| 测距原理 | 相位 | 脉冲 | 脉冲 | 脉冲 |
| 扫描速度/(万点/s) | 100 | 5 | 30 | 10 |
| 扫描距离/m | 1～79 | 1～300 | 5～600 | 5～1200 |
| 范围（V×H） | 360°×300° | 360°×270° | 360°×110° | 360°×300° |
| 点位精度 | ±5mm@50m | ±5mm@50m | ±2mm@100m | ±10mm@50m |
| 仪器外观 | 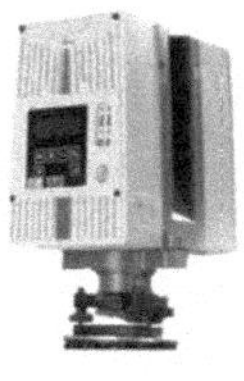 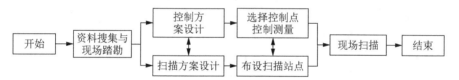 |  | 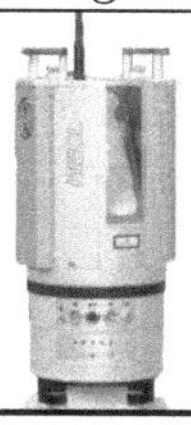 |  |

## 2.2 地面激光雷达测量数据获取

地面激光雷达点云获取包含资料搜集与现场踏勘、控制方案设计、扫描方案设计及现场扫描等过程，地面激光雷达获取数据的一般流程如图 2.1 所示。

图 2.1 激光雷达外业流程图（王国利，2010）

### 2.2.1 控制方案设计

扫描控制方案主要为外业扫描服务，其目的主要包含两个：其一是实现不同控制坐标系之间的转换；其二是实现不同视角，尤其是涉及不通视或者相邻扫描数据重叠度低的时候，不同坐标系扫描数据的拼接。对于小的目标形体也可以省略布置控制网。

扫描控制方案主要包含资料搜集与现场踏勘、控制网布设。

1. 资料搜集与现场踏勘

外业资料搜集主要包括搜集与扫描对象相关的图样、文献及相关的测量资料等；充分了解扫描对象和目标，包括扫描对象的尺度、精度要求及其他数字化相关的测量需求。去实际扫描场地踏勘扫描对象及其环境，初步确定扫描站点及控制点的分布并绘制草图。

2. 控制网布设

下面一些情况需要布设控制网：
1）扫描对象空间跨度大，需要多站连接才能完全覆盖。
2）扫描对象有隔断，需要控制传递。

3）扫描要求数据精度很高，必须通过控制网来连接。

4）扫描对象需要与设定坐标系（包含测量坐标系）对接。

控制网布设原则：点位尽量精简，能够控制主要扫描连接站，易于保存量测，以便检核。具体控制网精度要求根据使用要求来设定。

### 2.2.2 扫描方案设计

扫描方案应包含控制网（如果包含）、扫描设备选择、站点布设图、扫描顺序、拟站点扫描密度等。下面主要介绍扫描设备的选择。

扫描设备主要参数包含最远扫描范围、角度分辨率及点位精度、扫描速度、激光安全等级、反射率等，下面逐一介绍其关键参数及意义。

#### 1. 扫描范围

扫描范围一般包含扫描最远距离及扫描视窗两项。

每一款激光扫描仪的最大扫描距离都与光线的强弱、由此所引起的物体反射率的变化、垂直扫描角度的大小等相关。光打到物体反射率越高的物体，所反射回来的光信号越多，强度越高，因此，激光扫描仪的射程也越远。设备标称的最大射程一般是出厂时对高反材料（反射率大于90%）且入射角度好的时候测试的最远距离。但是，大多数的地面、建筑物的反射率为40%~50%，大多数树木的反射率为30%~70%，煤和沥青路面的反射率为15%~25%，因此在实际应用中，要对设备的最大射程打折。

在扫描视窗上，早期的扫描仪有矩形视窗或者环形视窗，扫描范围有限，如Optec系列地面激光扫描仪早期就为矩形视窗，范围较小，Leica的ScanStation系列采用双视窗设计，弥补了天顶数据不足，目前大部分地面激光扫描设备能够获取到全景视角的数据。

#### 2. 点位精度

设备的点位精度与其测距精度、角度分辨率有关，测距精度和角度分辨率越高，设备的点位精度也越高。一般情况下设备获取的点云精度是不均匀的，对于中远程扫描设备，基于脉冲测距原理的设备一般精度衰减得要慢，而相位式设备点位精度下降较快；短程扫描设备点位精度与设备的姿态、扫描环境等相关，一般点位精度较为均匀。

#### 3. 扫描速度

扫描速度与激光发射频率有关，一般发射频率越高，单位时间内发射获取激光点数量越多，扫描速度也越快。其中脉冲式一般发射频率较低，用于远距离扫描，如 Leica ScanStation 的发射频率为2000~5000Hz，Riegl 的 LMSZ-Z 系列的发射频率为27000Hz；相位式扫描仪发射频率一般较高，目前最快的发射频率（如德国Z+F系列扫描仪）一般可达120万点/s。

#### 4. 激光安全等级

激光安全等级一般是根据激光对人体的危险度来分类的，在光束内以对眼睛的最大可能的影响（maximal possible effect，MPE）做基准，可分为Ⅰ~Ⅳ级，具体见表2.3。

表 2.3 激光安全等级分类

| 激光安全等级 | 危害程度 | 主要用途 |
|---|---|---|
| Ⅰ | 无损害 | 激光打印机、CD 播放器、CD ROM 设备、地质勘测设备及实验分析设备 |
| Ⅱ | 损害人的眼睛 | 教室演示、激光指示器、瞄准装置及距离测量设备 |
| ⅢA | 非常危险，不可直视 | 激光指示器、激光扫描设备 |
| ⅢB | 中等能量，非常危险 | 光谱测量仪、激光扫描仪、立体摄影及娱乐抛光灯 |
| Ⅳ | 高功率激光器，非常危险 | 外科手术、调查研究、切割、焊接及纤维机械加工 |

早期的激光雷达产品，脉冲式设备采用Ⅰ级居多，相位式及部分短程激光扫描设备采用Ⅱ及Ⅲ级居多。现在许多厂商新型相位扫描设备也多采用最高安全等级的激光（Ⅰ）。

5. 其他参数

除了上述几个主要参数之外，其他设备参数还包含激光光斑大小、工作电压、数据通信方式、是否含数码照相机等，根据具体需求做参考即可。

在仪器选择方面，一般需要考虑效率和精度两方面，测量精度优先。当测量范围大时，选择中远程扫描仪；当测量范围小时，则选择近程扫描仪。有时需要多种仪器结合起来，以保证外业扫描的效率。

（1）扫描密度设定

根据需要不同，设置不同的扫描密度，用扫描点间距 $d$ 衡量，一般将扫描分为 4 个密度：

1）稀疏密度，$d \geq 10cm$，用于地形测量。

2）适中密度，$1cm < d \leq 10cm$，用于测量相对较大的建筑结构或者体积估算等宏观测量。

3）高密度，$0.1cm < d \leq 1cm$，用于常规尺度较为细致的结构或者纹理测量。

4）超高密度，$d \leq 0.1cm$，用于精细结构纹理测量，如微雕、精密仪器零件检验等。

在扫描仪中实际点云密度由扫描距离和点间距两个因素来确定，一般情况下距离扫描站点中心越远，则点密度越小。当扫描设定距离为仪器中心到扫描目标中心的距离时，扫描点间距为设定点间距。

（2）扫描站点分布

扫描站点布设的关键在于扫描与控制的结合，控制方案是为扫描服务的，因此站点的选择和扫描方案要结合起来综合考虑，同时在现场布设也要将两者相互结合以方便数据的统一，提高数据精度。在控制网布设方面，点位应尽量精简，能够控制主要扫描连接站，易于保存量测，以便检核。具体控制网精度要求根据用户和实际测量要求来设定。在扫描站点布设上，需要遵循如下几点。

1）多站点视角尽量覆盖全部目标，不留死角，单一站点尽量正对相应扫描部位。

2）相邻站点之间保证一定的数据重叠度。

3）控制站点至少保证有 4 个以上控制条件能与已知坐标系联测。

（3）扫描环境及要求

作业适宜气温为 0～34℃，浓雾阴雨天气不适宜室外作业。扫描仪一般比较贵重且外形大，扫描中应按科学的操作顺序进行，扫描中注意仪器及操作人员安全，操作人员不要远离仪器。扫描环境中不得存在人员杂乱或者非人为因素干扰（如风、局部振动等），要定期检查仪器和布设的控制标靶或者其他控制标识，如发生变动需要做相应调整措施。根据国际电工委员会标准，对于少数激光安全等级大于Ⅳ级的激光扫描仪，操作人员应注意激光辐射，在工作区周围应设立警戒标识。

（4）扫描区域设置

一般扫描仪都有预览环境的功能，通过图片或通过预扫描获得稀疏点云来预览，然后划定扫描区域。划定扫描区域一般要比目标对象大些，以防漏缺数据。目前速度最快的相位式扫描仪可以在短短几分钟内完成除仪器底部以外的360°全景扫描。一般为节省外业时间不划定扫描区域（默认全区域），当某些地方需要细致扫描时再进行划区域精细扫描。

## 2.3 点 云 去 噪

三维激光扫描仪进行数据采集时，采集的点云数据不可避免要包含各种因素产生的噪声，依据扫描过程中产生噪声机制的不同，可以将噪声分为系统噪声、目标噪声和环境噪声3类。系统噪声是指数据采集过程中激光雷达旋转引起的抖动、接收信号的信噪比、激光束宽度、激光发散、激光波长、接收器反应、电子钟准确度等引起的数据噪声；目标噪声则是指因目标表面材料反射激光信号差而导致的噪声，还有一部分噪声产生因素在于扫描到对象边界时产生的小角度回波不稳定或经过多次反射接收到的信号（多路径效应）；环境噪声则是指扫描过程中，杂散光和背景光干扰、运动目标的干扰、非扫描目标混杂在扫描目标中等因素引起的数据噪声。

点云的噪声去除是点云预处理的关键操作之一，噪声去除的目标即是要去除不相关目标，得到"干净"的目标点云。一般来说，系统噪声跟扫描仪相关，主要由扫描仪厂商通过扫描设备内置软件进行修正去除。本节重点介绍点云的环境噪声与目标噪声去除。

在实际数据处理中，一般按照不同尺度的噪声进行滤除，首先按照顺序将数据环境噪声去除，环境噪声去除后可以降低分析数据的范围和数据量，然后再去除目标噪声即可。

### 2.3.1 环境噪声去除

在环境噪声去除中，绝大多数是依靠手工去除的办法来进行的。Hawkins（1980）给孤立点集做了一个粗略的定义：观测值如果偏离其他观测值，则会判定为噪声，它是由不同的机制产生的。激光点云的噪声就类似于扫描数据中的孤立点集。在大场景目标扫描时，一般对象数据和环境噪声数据都会在空间上有一定的距离分隔，形成不同尺度集合的孤立点集，这些可以通过空间栅格分析来进行自动化噪声过滤（王国利等，2015）。实际上，一切与扫描目标不相干的点集都是扫描过程的"副产品"，这些点集都可以视为噪声。

没有任何一种通用的算法可以直接过滤掉所有的目标噪声，本节采用由远及近、由小到大的策略进行半自动化噪声滤除。首先,扫描对象边缘远处的目标返回点,通过距离阈值来进行滤除;其次,对扫描区域内数据做空间栅格划分并聚类点集,将小尺度目标去除,对于扫描区域内的移动目标(此类点集一般是线性特征),采用孤立线性点集的自动滤除算法来实现。

对于比较明显的噪声数据(如突起点或孤立点,这些点一般都孤立于点云数据之外),可采取手工删除的方法剔除,如可利用矩形框选或任意多边形选择工具剔除这些点(图2.2)。

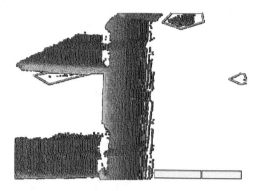

图 2.2 手动删除噪声数据

### 2.3.2 目标噪声去除

由于三维激光扫描仪获取的点云数据量比较大且目标噪声一般在目标点云的表面,所以一般可利用系统自动判断的方法进行处理。目前自动消除噪声数据的常用方法是曲率法、弦高法和距离值法等。它们共同的思路是基于给定的阈值,大于阈值的点数据则判断为异常点;不同的是它们选取的度量值不同,曲率法采用点与相邻点之间的矢量夹角判断 [图 2.3(a)],弦高法采用点到相邻点连线的距离判断 [图 2.3(b)],距离值法采用点到利用相邻点拟合的直线段或平面之间的距离进行判断 [图 2.3(c)]。

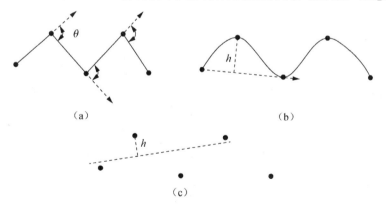

图 2.3 自动去噪度量值定义示意图

在软件中一般采用敏感点分析或者相关算法实现,图 2.4 为 Geomagic 中对一栋建筑进行表面椒盐噪声分析的结果。

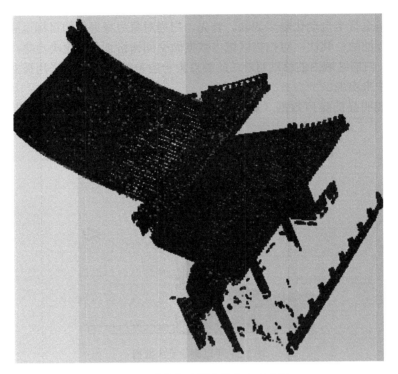

图 2.4 系统自动剔除噪声点示意图

## 2.4 点云平滑

点云数据在采集时可能产生少量的随机误差，可采用平滑方法对随机误差进行平均，得到比较光滑分布的点云。图 2.5 为点云数据平滑前后对照图。

图 2.5 点云数据平滑前后对照图

由于平滑算法对原始扫描点做变动，所以如果控制不当会使某些模型的重构产生失真现象。此类平滑算法主要有平均值法、投影法、高斯算法等。

1) 平均值法是用点的相邻点三维坐标的平均值取得原来的点。假设 $X_i$ 有 $n$ 个邻近点，记为 $X_{ij}$，其中 $j$ 表示 $X_i$ 的第 $j$ 个邻近点，则平滑后的点 $X_i'$ 为

$$X_i' = \sum_{j=1}^{n} X_{ij}$$

2) 投影法是用点到相邻点拟合的平面的投影点取代原来的点。
3) 高斯算法是用高斯滤波器将高频的噪声滤除达到平滑的效果。

模型重建后，如果前期的点云数据噪声滤除不很完善，模型中不可避免地会存在一

些尖锐特征，使模型不那么平滑。这就需要对三维模型进行平滑处理，目前比较流行的平滑方法有拉普拉斯（Laplacian）平滑方法、Taubin（1995）提出的 $\lambda|\mu$ 方法和 Desbrun（1999）提出的基于平均曲率流的平滑方法。

1. 拉普拉斯平滑方法

用 $L(P)$ 记为拉普拉斯算子，通过集成时间维，平滑过程的传播等式可写为

$$\frac{\partial P}{\partial t} = \lambda L(P) \tag{2-1}$$

式中，$\lambda$ 为一个小的正数调节因子，且 $0<\lambda<1$，控制网格平滑的速度。通过这个传播方程，可平滑含噪声的点云数据。在三角网模型中，对于每个点，其拉普拉斯算子可近似为

$$L(P) = \frac{\sum_{i=1}^{m} w_i P_i}{\sum_{i=1}^{m} w_i} - P \tag{2-2}$$

式中，$P_i$ 表示 $P$ 点的第 $i$ 个邻域点，共有 $m$ 个邻域点；$w_i$ 表示权重。离散形式下，三角网格模型中平滑传播方程的更新规则为式（2-3），这就是经常被提及的拉普拉斯平滑方法。

$$P^{(j+1)} = P^{(j)} + \lambda L(P^{(j)}) \tag{2-3}$$

式中，$P^{(j)}$ 表示第 $j$ 次平滑去噪后点 $P$ 的空间位置。

三角网模型利用拉普拉斯平滑方法时，点集递归移动到其邻域点重心位置。这里，权的选择也有多种，如权可以为 1，也可以是边 $PP_i$ 长度的倒数。操作运算在时间和空间上是线性的，所以速度比较快。但如果 $\lambda$ 不够小，可能会使模型表面产生振荡。当对比较大的三角网模型平滑时，平滑操作比较费时。而且，如果初始模型不是规则采样，拉普拉斯平滑后可能会产生不期望的变形，如导致表面收缩等。

2. $\lambda|\mu$ 平滑方法

Taubin 引入信号处理的知识，通过对二维离散表面信号进行典型离散傅里叶分析，提出一种加权的拉普拉斯平滑方法实现高斯滤波，其具有两个符号相反的比例系数，且负值的范数较大一些。此方法通过增加一个负收缩因子，将拉普拉斯平滑引起的负收缩因子再放大回去，在一定程度上控制了调整后模型的变形。离散形式下的更新函数如下：

$$P^{(j+1)} = P^{(j)} - (\mu - \lambda)L(P^{(j)}) - \mu\lambda L^2(P^{(j)}) \tag{2-4}$$

这里，$\mu > \lambda > 0$，$L^2(P)$ 为

$$L^2(P) = \frac{\sum_i w_i L(P)}{\sum_i w_i} - L(P) \tag{2-5}$$

虽然这种方法克服了拉普拉斯平滑方法的缺陷，但这种方法仍然存在一些不足，如缺少局部形状控制策略，有时可能会平滑掉一些细小特征。而且，在不规则采样时，平滑时可能会导致几何变形和计算不稳定。

### 3. 基于平均曲率流的平滑方法

Desbrun 于 1999 年提出了一种基于平均曲率流的平滑方法。他指出，在连续状态下，基于平均曲率流的平滑方法是以速度等于平均曲率沿表面法方向平滑表面，表达式为

$$\frac{\partial P}{\partial t} = -H(P)\boldsymbol{n}(P) \tag{2-6}$$

式中，$H(P)$ 为 $P$ 点的平均曲率；$\boldsymbol{n}(P)$ 为 $P$ 点的法向量。

式（2-6）经离散化后，平滑传播方程为

$$P^{(j+1)} = P^{(j)} - H(P^{(j)})\boldsymbol{n}(P^{(j)}) \tag{2-7}$$

如果初始三角网格模型中含有尖锐边，则采用这种各向同性的方法去噪将平滑掉这些几何特征。为保存重要特征不会平滑掉，Desbrun（2000）根据主曲率判断边缘特征，对基于平均曲率流的平滑方法进行改进，平滑传播方程变为

$$P^{(j+1)} = P^{(j)} - wH(P^{(j)})\boldsymbol{n}(P^{(j)}) \tag{2-8}$$

这里权重 $w$ 的定义方法如下：

$$w = \begin{cases} 1, & |\kappa_1| \leqslant \tau, |\kappa_2| \leqslant \tau \\ 0, & |\kappa_1| > \tau, |\kappa_2| > \tau, K > 0 \\ \kappa_1/H, & |\kappa_1| = \min(|\kappa_1|, |\kappa_2|, |H|) \\ \kappa_2/H, & |\kappa_2| = \min(|\kappa_1|, |\kappa_2|, |H|) \\ 1, & |H| = \min(|\kappa_1|, |\kappa_2|, |H|) \end{cases}$$

式中，$\tau$ 为预先给定的阈值；$K$ 为高斯曲率；$H$ 为平均曲率；$\kappa_1$ 为最大主曲率；$\kappa_2$ 为最小主曲率。虽然这种方法效果好于拉普拉斯平滑方法，而且它独立于采样点频率，但它可能会产生过渡平滑。因此，在此基础上，很多学者又对此方法进行改进。

总体来说，每种平滑方法都有它的优缺点，在实际应用中，应根据数据的特点，选用相应的平滑策略。一种好的平滑策略应在平滑噪声的同时保持有效几何特征，尤其是细小特征。在兼顾效率和速度两个方面，张瑞菊在基于平均曲率流方法的基础上，提出了带权张量平滑去噪方法（张瑞菊，2006），即用带权张量取代平均曲率，它以速度等于带权张量沿着表面法方向平滑表面，相应的传播等式为

$$\frac{\partial P}{\partial t} = \lambda F(P)\boldsymbol{n}(P) \tag{2-9}$$

离散化后即为

$$P^{(j+1)} = P^{(j)} + \lambda F(P^{(j)})\boldsymbol{n}(P^{(j)}) \tag{2-10}$$

$F(P)$ 为由点 $P$ 至所有邻近点的向量在它法向量上的张量计算，即

$$F(P) = \sum_{i=1}^{m} w_i (P_i - P)\boldsymbol{n}(P) \tag{2-11}$$

为防止一些特征被平滑掉，如尖锐特征等，这里定义了线段曲率的概念，如图 2.6 所示，线段曲率为两点法向角度的变化与线段长度的比值，即

$$k(PP_i) = \frac{n(P)n(P_i)}{\|P_i - P\|} \tag{2-12}$$

式（2-11）中，权重 $w_i$ 满足 $\sum_{i=1}^{m} w_i = 1$，它的选取与线段曲率有关，线段曲率越大，权值越小，反之亦然。

图 2.6 线段曲率概念示意图

基于平均曲率流的平滑方法最大的一个缺点就是在平滑过程中没有一种判断机制，可能会产生过渡平滑。本节增加了一个平滑条件，防止过渡平滑，即

$$\max \left| F(P^{(j)}) \right| < \varepsilon \tag{2-13}$$

式中，$\varepsilon$ 为一指定阈值，如果第 $j$ 次平滑后，最大带权张量的绝对值小于 $\varepsilon$，则停止平滑，否则继续进行第 $j+1$ 次平滑操作。

图 2.7 为点云经三角网格化后未经平滑去噪处理的数据，图 2.8 为点云经拉普拉斯平滑方法处理后的数据，图 2.9 为点云经带权张量平滑方法处理后的数据。

还有一些学者采用模型细分的方法提高模型的平滑度（Volino et al., 1998）。图 2.10 为细分方法平滑模型效果图。

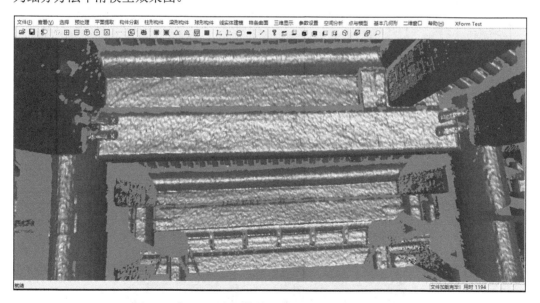

图 2.7 点云经三角网格化后未经平滑去噪处理的数据

图 2.8 点云经拉普拉斯平滑方法处理后的数据

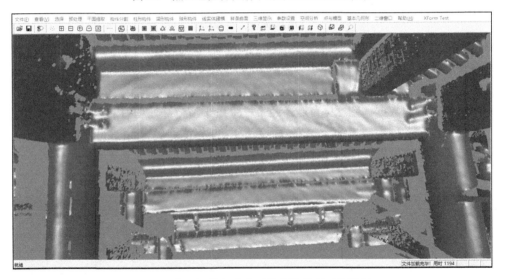

图 2.9 点云经带权张量平滑方法处理后的数据

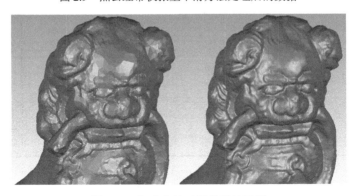

图 2.10 细分方法平滑模型效果图

## 2.5 激光雷达测量数据

地面激光雷达系统作为一种主动非接触式遥感手段，所获取的点云数据具有以下特点。

1. 海量特性

目前，地面激光雷达系统能够以每秒高达百万点的扫描速度对目标对象进行数据采集，即使以一般密度扫描，单站数据一般也在数千万级别。而由于遮挡等因素的存在，要获得目标对象的完整信息，一般需要经过多视扫描，配准后完成，其点云数据往往也以亿计量。以故宫太和殿数字化重建项目为例：以 Leica HDS6000 高分辨率进行数据采集，建筑内外共 400 多站，配准后对象数据体为数百吉字节。

2. 栅格特性

仅从空间位置上看，扫描后的单站点云数据的分布是不规则的、离散的，无明显分布特征，数据点间也没有必然的拓扑关系。由于地面激光雷达设备一般以阵列式扫描完成目标对象的数据采集，因此，所采集的原始单站数据具有规则栅格结构，这也给地面激光雷达点云数据的处理带来了一定的好处。

3. 多维特性

利用地面激光雷达技术获取目标对象空间信息的同时，一般还可以获取对象的强度信息。另外，激光雷达系统一般也随机携带了数码照相机，可获得光谱信息。因此，单站扫描所获得的信息包括 $X$，$Y$，$Z$，Grey（灰度），R（红），G（绿），B（蓝），因此为多维信息。

4. 不均匀特性

单站点云数据虽然具有规则栅格结构，但是，随着目标表面距离扫描仪中心远近的变化，相邻点之间间距变化较大，密度变化较大。另外扫描仪固有的扫描特性，即以固定的经差和纬差作为扫描间隔，使单站数据中靠近天顶位置处数据行列密度比较大，靠近赤道方向数据行列间距较为均匀，由此造成点云数据的不均匀性。

5. 不完整特性

地面激光雷达系统在获取建筑物等目标对象表面数据时，建筑物自身各部件间、树木、车辆、人员遮挡等因素，造成建筑物对象细节丢失，不利于后期建模及信息提取。另外由于视角、质量控制等因素，对象一般分多站扫描完成。因此，单站扫描所获取的数据是不完整的。

6. 数据含有噪声

在场景扫描时，往往有许多干扰因素。例如，在古建或遗址扫描时，经常有游人或植被遮挡等因素；在建筑施工时，经常有施工机械或者钢架的遮挡等环境噪声。这些数据往往混杂在目标中，难以去除，从而增加了后期数据处理的工作量，也影响数据质量。

## 思 考 题

1. 地面激光扫描仪主要有哪些关键性能指标参数？
2. 目前地面激光扫描仪中，外业扫描主要的注意事项有哪些？
3. 哪些情况在做地面扫描时候需要用到控制网？
4. 如何设置激光扫描的外业点间距和密度？这两者之间存在什么关系？
5. 点云的一般预处理有哪些过程？各有什么特点？
6. 产生点云噪声的原因有哪些？为什么要进行点云去噪处理？点云噪声一般有哪些类型？针对这些噪声都有哪些典型的去噪方法？各有什么特点？
7. 为什么要进行点云平滑处理？点云平滑的本质是什么？与点云去噪有何差异？一般有哪些典型的点云平滑方法？

# 第3章 摄影测量

多站激光雷达点云通过对同名特征的配准、去噪和融合生成完整单层点云模型，但是由于设站的局限性，点云模型会有漏洞存在，同时由于激光点云的边缘精度差、缺少纹理信息等问题，激光雷达重建点云并不能满足三维重建在几何和纹理上的需求。鉴于此，本章提出基于影像的精细三维重建，并通过后续与激光点云的配准，生成具有精细边缘及纹理信息的高精度三维彩色模型。本章主要介绍影像点云的生成原理和方法，主要包括影像获取、影像匹配和影像点云三部分。影像获取包括影像获取平台及影像获取方法；影像匹配主要介绍影像滤波方法、影像特征提取算法、影像匹配算法、影像密集匹配策略；影像点云主要介绍具有边缘精细特征的密集点云生成过程。本章重点学习不同影像的获取方法、影像匹配算法、影像密集匹配策略、具有精细边缘的影像点云生成过程等内容。

## 3.1 影像获取

对于地面激光雷达测量对象，其影像数据属于近景影像，本节首先介绍激光雷达影像获取的主要平台，包括无人直升机、旋翼机及升降机；然后介绍不同形式的影像获取方法，包括单张影像的获取方法及序列影像的获取方法；最后介绍倾斜摄影影像的获取方法。

### 3.1.1 影像的获取平台

目前的低空摄影平台以无人机为主流，主要进行地形摄影测量，在主控方面设计好飞行参数，无人机搭载的照相机会自动完成拍摄工作。但是对于非地形摄影测量，摄影对象的体量不一、形态各异，普通的地形摄影测量无人机只能获取垂直地面的顶面数据，且分辨率有限，不能满足高精度重建的要求，所以，要把照相机搭载在能够满足室内室外，能够获取任意方位、任意高度、任意分辨率的多类型、高灵活性的平台上，才能满足对非地形对象的摄影测量高精度三维重建的需求。目前，满足上述需求的影像获取平台主要包括无人直升机、旋翼机、升降机等。

1. 无人直升机

无人直升机即可以远距离控制飞行的直升机，无人直升机分电动和油动两类，飞机的飞行高度与飞行距离是由遥控设备的安全遥控距离和目视距离所决定的，飞行的时间多少主要是由动力系统决定的，随着技术的不断推进，其续航时间在不断增加。一般的遥控飞机有两个控制系统，一个控制照相机拍照的位置，另一个控制照相机拍照的方向，拍摄过程中尽量垂直于对象进行拍摄。图3.1为LS-H20电动无人直升机，适合作为应急突发事件空中安全监控、侦察飞行的平台使用，也可用于一般的空中景观摄影和摄像、农作物长势监测与估产、自然灾害监测与评估、飞行表演等用途,最大荷载为 2kg,续航时间为 20min。图 3.2 为 LS-H80 油动无人直升机,适用于低空对地观测和遥感数据获取、数字城市建设、国土资源监察、生态环保监测、农作物长势监测与估产、自然灾害监测与评估、空中科学试验、石油管线监控、电力线路巡检和架线作业、专业影视航拍和实况转播、日常警务的空中安全监控、应急事件的空中侦察和指挥等用途,最大荷载为 4kg,续航时间为 55min。

图 3.1　LS-H20 电动无人直升机　　图 3.2　LS-H80 油动无人直升机

二者的技术参数见表 3.1。

表 3.1　电动无人直升机和油动无人直升机技术参数

| 类型 | 型号 | 起飞质量/kg | 最大荷载/kg | 续航时间/min | 最大速度/(km/h) | 爬升速度/(m/s) |
| --- | --- | --- | --- | --- | --- | --- |
| 电动无人直升机 | LS-H20 | 11.6 | 2 | 20 | 72 | 2~10 |
| 油动无人直升机 | LS-H80 | 34 | 4 | 55 | 80 | 4~10 |

2. 旋翼机

与传统的直升机不同,旋翼机的旋翼不与发动机传动系统相连,发动机不是以驱动旋翼为飞机提供升力,而是在旋翼机飞行的过程中,由气流吹动旋翼旋转产生升力来实现各种动作。旋翼机是一种垂直起降机,因此非常适合静态和准静态条件下飞行,通常的旋翼式直升机具有倾角可以变化的螺旋桨,进而改变四旋翼直升机的姿态和位置。旋翼机的安全性好、稳定性强、价格便宜,应用较广泛,在地震应急、国土测绘、数字城市、规划设计、铁道交通、地矿电力、环保、石油石化等行业都有相应的应用。目前应用比较多的是四旋翼和八旋翼,如图 3.3 所示。在旋翼机上搭载照相机,可以通过设置航线进行低空摄影工作,也可通过手动操控拍摄任意可到达位置、任意角度的影像。这样对于任意复杂的场景对象,在影像获取困难的区域,都可以通过旋翼机获取。

图 3.3　四旋翼和八旋翼

3. 升降机

升降机是在垂直上下通道上载运人或货物升降的平台或半封闭平台的提升机械设备和装置,是由平台及操纵用的设备、电动机、电缆和其他辅助设备构成的一个整体(图3.4)。对于处于禁飞区的对象,为了获取高分辨率投影,需要把照相机搭载在升降机或者升降架上,可以在升降机上安置云台,控制照相机拍照的方向,获取垂直于对象的影像。

图 3.4 多种升降摄影设备

摄影升降机是一种在拍摄时能做升降移动的摄影专用机械。其主要由带轮子的底座和悬出的升降臂组成,臂端上安装有摄影工作平台。升降臂在拍摄中根据需要做上、下、左、右升降,摄影工作平台始终处于水平位置。摄影升降机有大型和小型之分。在摄影升降机上拍摄时,可获得俯瞰全景的画幅与中近景画幅的连续变换。

摄影升降机的结构一般包括底部移动车、中心立柱、主回转臂和工作平台等几部分。中小型摄影升降机一般均由人力操纵,其底部移动车的结构和摄影移动车相似。某些大型摄影升降机的底部移动车是由汽车改装而成的。中心立柱安装在底部移动车的台面上,它支持主回转臂并可以围绕本身的垂直轴线旋转 360°。主回转臂可以围绕与中心立柱铰接的水平回转轴在一定角度内上下摆动。在工作平台上装有一块可围绕中心垂直轴线回转 360°的底盘，在此底盘上装有摄影云台及供导演、摄影师等使用的座位。工作平台的高度和底部移动车的位置可在拍摄过程中随意调节，从而使电影摄影机完成所需要的运动。大型摄影升降机的工作平台可升高到离地面约 8m 的高度。某些特殊的摄影场合，需要使用带有电视取景器和遥控装置的摄影升降机。

### 3.1.2 影像的获取方法

应用数码照相机获取对象完整的、高分辨率的数码影像，通过摄影测量处理，确定每张影像的方位元素，应用纹理映射技术生成彩色仿真模型。根据纹理重建模型还可以生成正射影像、立面线图、等值线图等数字产品。以文化遗产为例，大体量的如古建筑、石窟、寺庙等，小体量的主要是馆藏文物、壁画等。对于纹理重建，根据应用目的的不同，可以以两种方式获取影像。一种是单张影像获取，该种获取方式主要是为了获取对象的纹理，影像之间只要没有纹理漏洞即可，根据影像分辨率和摄影距离，确定影像的数量，一般摄影数量较少。另一种是序列影像获取，该种获取方式的目的有两个方面：第一，可以获取对象表面的纹理；第二，通过摄影测量数据处理生成影像点云，可以精细化激光雷达数据的边缘，还可以补充激光雷达数据的漏洞。

#### 1. 摄影距离的确定

在对激光雷达扫描对象进行纹理建模时，根据需要会设定一个摄影分辨率。在地面激光扫描技术中，摄影分辨率与扫描分辨率一般为 1∶10 的关系，当然也可以根据需要设置更高级别的影像分辨率。例如，扫描分辨率为 3mm，摄影分辨率一般为 0.3mm。一旦确定了影像分辨率，就要根据现有的照相机 CCD 的大小、照相机的分辨率、镜头主距的大小等确定摄影距离。

根据照相机成像的原理，摄影分辨率（$m$）、照相机 CCD 实际宽度（$u$）、照相机宽方向分辨率（$r$）、镜头主距（$f$）与摄影距离的（$s$）关系为

$$s = \frac{mfr}{u} \quad (3\text{-}1)$$

同时，若确定了摄影分辨率，即可根据照相机分辨率，大概确定一个像幅所能获取的实际范围，根据摄影分辨率（$m$）和照相机宽方向分辨率（$r$），一个像幅对应的实际宽度（$w$）的计算公式为

$$w = mr \quad (3\text{-}2)$$

#### 2. 单张影像的获取方法

如果只对对象进行纹理重建，即可以采用单张影像摄影的方式获取影像。首先，根据对象周围的实际情况和拍摄条件，如果只能近距离拍摄，可以选择短焦镜头，如果只能远距离拍摄，则要选择长焦镜头拍摄，但无论选择何种镜头，都要保持摄影分辨率基本一致。

有些激光雷达扫描对象几何特征非常复杂，纹理特征又非常丰富，如古建筑，其摄影范围包括外立面、外顶部、内立面、天花、彩画、门廊等部位。在摄影时，对不同的部分，尽量采用正直摄影，照相机可以设置在直升机、旋翼机、升降机等载体上。对于几何特征比较规整的部分，如古建筑的东、西、南、北四面，根据摄影分辨率和摄影距离，确定摄影距离及像幅的实际大小，相邻影像之间要有一定的重叠度以保证影像纹理的完整性。图 3.5 为故宫太和门南面单张影像获取分布图。

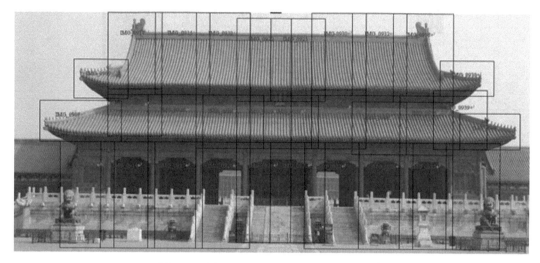

图 3.5　故宫太和门南面单张影像获取分布图

从图 3.5 中可以看出，影像获取一般按条带式获取，重叠度大致相等，并要对影像按照扫描对象进行记录和绘图，以便于影像的分类、入库及后续的应用。

对于几何复杂和摄影条件差的对象，如摄影距离有限、空间狭小等，摄影时以全面获取数据为主，影像的摄影距离可能有变化，以满足影像分辨率为主要依据。

3. 序列影像的获取方法

序列影像是高重叠度影像，目的是通过摄影测量数据处理的手段生成具有精细边缘的密集影像点云模型，并通过与激光雷达数据的配准，精细化激光雷达数据的边缘，修补激光雷达数据的漏洞，并进行激光雷达数据的纹理模型重建。

根据摄影对象的体量、摄影条件和影像分辨率，确定镜头的主距。在前进方向，影像重叠度一般要达到 65% 以上，80% 重叠度效果更佳；在旁向方向，影像重叠度要在 35% 以上。根据镜头主距、摄影距离和重叠度确定摄影对象的摄影条带数和每个条带内的影像数，并绘制草图，进行相关信息的记录，以便于后续影像的入库和数据处理。图 3.6 为后母戊鼎一面一个条带拍摄的序列影像。

若针对建筑物进行拍摄，则应遵循以下要求。

1）规定范围内的所有建筑必须全部采集，对主体建筑、附属建筑、附属数据必须采集完整。建筑物拍摄需进行多角度实地拍摄，要对建筑物每一侧面进行整体和局部的分别拍摄，拍摄照片应清晰表现建筑物的结构特点和门窗结构。

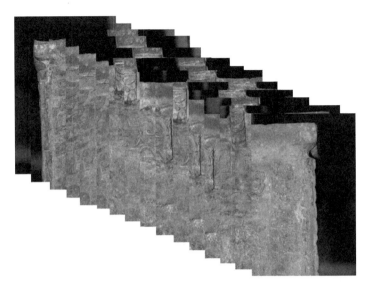

图 3.6　后母戊鼎序列影像

2）每栋建筑要求有远景、有近景，有整体、有局部。拍摄时遵循先拍整体，再拍局部的顺序。拍摄局部时也应按照上下的顺序进行，不能无规律随意拍摄。建筑物的每个面都要求尽量正面拍摄，这样得到的贴图质量较高，最终效果较好。建筑各个面都要拍摄，不要漏拍。有回廊结构的建筑拍摄时应注意建筑内侧纹理是否完整。每栋建筑都要按顺时针或逆时针方向拍摄一周，相邻两张照片间的重叠度不能低于20%。

3）拍摄建筑结构时同样应遵循先主要结构后次要结构的顺序进行，以确保建筑的每个结构都表达清楚。对于结构复杂的建筑物需拍摄多张建筑物整体照片，使内业人员可以清晰地看清建筑物结构，方便作业。有的建筑长度过长或高度过高，应先整体远景，后局部近景分段拍摄，要保证分段拍摄的照片每两张都有重叠的位置，方便衔接。对没有合适采集角度的地方，应尽量获取相应的纹理信息，为后期处理提供尽可能全面的信息。

### 3.1.3　倾斜摄影影像的获取方法

倾斜摄影技术是国际测绘领域近些年发展起来的一项高新技术，它打破了以往正射影像只能从垂直角度拍摄的局限，通过在同一飞行平台上搭载多台传感器，同时从1个垂直、4个倾斜5个不同的角度采集影像，将用户引入了符合人眼视觉的真实直观世界。倾斜摄影主要用于城市建筑中大型高层建筑侧面和顶面结构影像获取。如有需要，利用倾斜影像的拍摄方式可在建筑高空拍摄鸟瞰影像，如图3.7所示。在能够拍摄鸟瞰影像的位置进行拍摄时，一定要尽可能将能够拍摄的地方都进行拍摄，包括临近建筑侧面及建筑底部。倾斜影像可以与鸟瞰影像结合，在角度上更趋于一致，效果更加匹配。倾斜摄影的照相机配有多个镜头，一般为3个或5个，可同步获取同一地物东、南、西、北及顶部方向的影像，因此可得到同一地物多视角的影像及详尽的侧面信息，而后将这些影像通过区域网联合平差、多视影像匹配、数字表面模型（digital surface model，DSM）生成、真正射纠正、三维建模等流程，形成最终产品。

图 3.7 倾斜摄影

倾斜摄影技术不但在摄影方式上区别于传统的垂直航空摄影,而且其后期数据处理及成果也大不相同。倾斜摄影技术的主要目的是获取地物多个方位（尤其是侧面）的信息并可供用户通过多角度浏览、实时量测、三维浏览等获取多方面的信息。倾斜摄影数据的获取是通过不同种类的飞行器,搭载不同型号的倾斜照相机来进行采集,从而实现覆盖高、中、低空的,满足不同面积、比例尺和分辨率需求的影像采集。

数据的获取系统主要分为三大部分：

1）飞行平台,如小型飞机或者无人机。

2）机组成员和专业航飞人员或者地面指挥人员（无人机）。

3）仪器部分,如传感器（多头照相机、GPS 定位装置获取曝光瞬间的 3 个线元素 $x$、$y$、$z$）和姿态定位系统（记录照相机曝光瞬间的姿态,3 个角元素 $\varphi$、$\omega$、$\kappa$）。

倾斜摄影的航线采用专用航线设计软件进行设计,以保证其相对航高、地面分辨率及物理像元尺寸满足三角比例关系。

还有一种鸟瞰的拍摄方法,与独立建筑的拍摄基本相同,按同一方向 360°环拍,要求有远景、有近景,照片之间有重叠的位置,如图 3.8 所示。

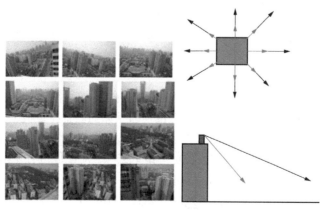

图 3.8 鸟瞰摄影

鸟瞰的拍摄方法一般需满足以下要求。

（1）遇遮挡时的拍照要求

拍照距离应距离建筑物 30～50m，如建筑物间距离过近或出现大面积遮挡（如树木、围栏或其他建筑物遮挡等），可根据实际情况调近拍照距离，选取局部或建筑物侧面整体拍照。如遮挡距离过近，可选用侧视角度或仰视角度拍照，但应注意侧视或仰视角度不能过大，否则对照片进行正射校正后，会出现模糊、拉伸等现象而不满足贴图要求。

（2）拍照时的取景要求

拍摄建筑物时每张照片应有其侧重点和表现对象，不能出现照片表现对象不明或多种表现对象同时出现但无任何对象表现完整清晰的情况。拍照取景时需表现建筑物各面靠近地面处和建筑底部主要的纹理特征，对于建筑物单元门应予以表现，单元门应完整表示至与地面接触处。取景时还应对局部细节进行拍照，拍摄完整的窗户和墙面纹理。拍照时要求光线均匀，不能出现同张照片内光线明暗变化过大或光线过强、过暗引起的建筑物拍照不清晰情况。对于建筑物门窗的拍照选择，要尽量选择没有围栏且关闭、干净的窗户采集。

倾斜摄影测量技术以大范围、高精度、高清晰的方式全面感知复杂场景，通过高效的数据采集设备及专业的数据处理流程生成的数据成果能直观反映地物的外观、位置、高度等属性，为真实效果和测绘级精度提供了保证；同时有效提升了模型的生产效率，采用人工建模方式1～2年才能完成的一个中小城市建模工作，通过倾斜摄影建模方式只需要3～5个月时间即可完成，大大降低了三维模型数据采集的经济代价和时间代价。目前，国内外已广泛开展倾斜摄影测量技术的应用，倾斜摄影建模数据也逐渐成为城市空间数据框架的重要支撑。

## 3.2 影像匹配

影像三维重建有两个基本关系，一个是同名关系，一个是几何关系，确定了这两个关系即可生成三维信息，如果能够得到密集的匹配点，即能生成影像点云。目前，相邻两张影像的同名关系都是通过影像匹配获取同名点对，从而进行三维重建。本节主要介绍影像匹配的过程和方法，主要包括影像滤波、特征提取、影像匹配算法及影像密集匹配。

### 3.2.1 影像滤波

在影像数据采集过程中，由于受多种噪声的影响，图像往往比较模糊，不利于分析与处理。一般情况下，图像具备局部连续性特征，即相邻的像素在数值上具有近似连续性，表现出相近，而噪声往往不会改变图像的这种性质，在噪声点处才会表现跳跃性。为抑制噪声、改善图像质量所进行的处理称为图像平滑或去噪。对图像进行平滑需要一个特定的滤波器。目前最常用的是线性滤波器，其输出像素是输入像素的加权和。如下式所示：

$$g(i,j) = \sum_{k,l} f(i+k, j+l) h(k,l) \qquad (3\text{-}3)$$

式中，$f(i+k, j+l)$ 为输入像素值；$g(i,j)$ 为输出像素值；$h(k,1)$ 为加权系数，也称为核。其他常用的滤波器还有归一化滤波器、中值滤波器、双边滤波器及高斯滤波器等。

其中，归一化滤波器是最简单的一种滤波器，经过其处理后的图像，得到的像素值是核窗口内对应像素值的平均值，并且所有像素的加权系数一致；中值滤波器是用待处理像素邻域内的像素的中值来代替当前像素值；双边滤波器为了避免在平滑过程中把图像边缘磨掉，为每一个邻域像素分配了一个加权系数，类似于高斯滤波器。

1. 高斯滤波

高斯滤波器相比其他滤波器而言，具有十分明显的优势，它既不是使待处理像素邻域各像素权相等，也不是取邻域内像素的中值，而是根据邻域各个像素距中心像素的距离赋予不同的权重。离中心点远的点，权重渐渐减小，因此可以保证中心点像素看上去与它距离更近的点更加接近。因此，高斯滤波实际是将输入图像的每一个像素与高斯内核进行卷积运算，并将卷积和作为输出像素的像素值。

对于二维高斯函数，形式如下：

$$G(x,y) = K \exp\left\{-\left[\frac{-(x-u_x)^2}{2\sigma_x^2} + \frac{-(y-u_y)^2}{2\sigma_y^2}\right]\right\} \tag{3-4}$$

式中，$K$ 表示高斯曲率；$u_x$、$u_y$ 分别表示两个变量的均值；$\sigma_x$、$\sigma_y$ 分别表示两个变量的标准差。在空间域中对图像进行高斯滤波，参照二维高斯函数的形式，产生了高斯模板。根据实际处理的需要，采用不同大小的高斯模板与图像进行卷积运算，对于窗口大小为 $(2k+1) \times (2k+1)$ 的模板，模板（核）中的每个元素都可以通过下式求得：

$$A(i,j) = \frac{1}{2\pi\sigma} \exp\left[-\frac{(i-k-1)^2 + (j-k-1)^2}{2\sigma^2}\right] \tag{3-5}$$

式中，$A(i,j)$ 表示高斯模板中的各个元素值；$\sigma$ 表示标准差。经过高斯滤波后的图像，图像变得模糊（图3.9），但噪声明显减少了，并且图像的边缘得到了非常好的保持。

（a）原始图像

（b）高斯滤波后图像

图 3.9 高斯滤波前后对比

2. Wallis 滤波

相对一般的滤波器来说，Wallis 滤波器是一种极有特点的滤波器。它一方面可以对待处理影像的反差进行增强；另一方面也具备一般滤波器的共同特征，即抑制噪声。同时，经过 Wallis 滤波后，不同尺度下的影像纹理模式也可以得到极大的增强。因此，在对影像进行特征提取前先进行 Wallis 滤波，一方面可以大大提高特征点提取的数量与质量，另一方面也提高了匹配结果的精度与可靠性，在影像匹配中具有十分重要的作用。该滤波器的目的是将影像的灰度均值和方差（即影像灰度的动态范围）映射到给定的灰度均值和方差值。实际上，Wallis 滤波是对图像做的一种局部变换，使在不同位置的像素在灰度方差与均值两个值上都近似相等，即对影像各区域的反差做相反的调整，最终增强影像在各个局部区域非常微小的灰度变化信息。

Wallis 滤波器的一般形式为

$$g_c(x,y) = \frac{[g(x,y) - m_g](Cs_f)}{cs_g + \frac{s_f}{C}} + bm_f + (1-b)m_g \tag{3-6}$$

或者

$$g_c(x,y) = g(x,y)r_1 + r_0 \tag{3-7}$$

式中，

$$\begin{cases} r_1 = (Cs_f)/(Cs_g + s_f/C) \\ r_0 = bm_f + (1-b)m_g \end{cases} \tag{3-8}$$

参数 $r_1$、$r_0$ 分别为乘性因子和加性因子。分析可知，当 $r_1 > 1$ 时，此变换相当于对图像进行高通滤波（突出边缘）；而当 $r_1 < 1$ 时，此变换相当于对图像进行低通滤波（消除噪声）。$m_g$ 为影像某一位置的像素在一定邻域范围内的灰度均值；$s_g$ 为影像某一位置的像素在一定邻域范围内的灰度方差；$m_f$ 为影像均值的目标值，它应选择为影像动态范围的中值；$s_f$ 为影像方差的目标值，该值决定着影像的反差，一般情况下该值越大越好；$C$ 为影像反差扩展常数，它的取值范围为[0,1]，该系数应随着处理窗口的增大而增大；$b$ 为影像亮度系数，它的取值范围为[0,1]，当 $b$ 趋于 1 时，影像的均值被强制转为 $m_f$，而当 $b$ 趋于 0 时，影像的均值被强制转为 $m_g$，因此，为了尽量保持原始影像的灰度均值，应使用较小的 $b$ 值。

Wallis 滤波器以其特殊的处理效果，在处理低反差图像或者反差变化不均匀的图像时具有十分重要的作用。与其他滤波器一样，Wallis 滤波器在计算过程中也使用特定的平滑算子，在抑制噪声的基础上增强图像中有价值的信息，使所处理影像的信噪比得到提高，从而增强影像中极为模糊的纹理区域。

Wallis 滤波的实际处理步骤如下：

1）根据实际情况将影像划分为相互独立的区域（一般为矩形）。

2）根据上一步区域的划分，依次计算各区域对应的像素灰度的均值及方差。

3）对各区域灰度均值的目标值及方差的目标值进行设定，前者可为 130 左右，后者的范围可设为[40,70]，并且方差的目标值应与各区域尺度的变化一致，即同时增大或同时减小，目的是尽量减少像素落于区间[0,255]以外的概率，使这些像素灰度值被饱和；然后根据式（3-8）分别计算乘性因子 $r_1$ 与加性因子 $r_0$。

4）根据式（3-6）计算出处理后各像素对应的新灰度值。

经过 Wallis 滤波器处理后的图像看上去仿佛一幅噪声十分严重的图像（图 3.10），但是在影像的特征提取与匹配过程中，作用十分显著，处理效果也较为理想。

(a) Wallis 滤波前影像　　　　　　　　　　(b) Wallis 滤波后影像

图 3.10　Wallis 滤波前后对比

### 3.2.2　特征提取

在进行特征匹配之前要进行特征的自动提取，对于三维重建来说，主要提取影像的点、线（边缘）特征。下面对常用的点、线特征提取方法进行介绍。

**1. 点特征提取**

点特征主要是指那些明显的特征点，如角点或圆点。对特征点进行提取的算子称为兴趣算子。特征点的提取是摄影测量和计算机视觉应用的基础，如影像匹配、影像定向、三维建模、物体识别等。摄影测量领域中常用的立体匹配算子有 Moravec 算子（Moravec，1977）、Harris 算子（Harris，1988）、Förstner 算子（Förstner，1994）、SUSAN（system utilizing signal-processing for automatic navigation，自动导航实用信号处理系统）算子（Smith et al.，1997）等，其中 SUSAN 算子主要提取角点特征，Harris 算子及 Förstner 算子主要提取角点特征和圆状特征。

(1) Harris 算子

Harris 算子是 Harris 和 Stephens 在 1998 年提出的一种基于信号的点特征提取算子。这种算子是以信号处理中自相关函数为基础，得到与自相关函数相联系的矩阵 $M$。$M$ 矩阵的特征值是自相关函数的一阶曲率，如果两个曲率值都高，则该点被认为是特征点。其中 $M$ 矩阵的描述为

$$M = G(\tilde{s}) \otimes \begin{bmatrix} g_x & g_x g_y \\ g_x g_y & g_y \end{bmatrix} \tag{3-9}$$

$$I = \det(\boldsymbol{M}) - k\mathrm{tr}^2(\boldsymbol{M}), \quad k = 0.04 \tag{3-10}$$

式中，$g_x$ 为 $x$ 方向的梯度；$g_y$ 为 $y$ 方向的梯度；$G(\tilde{s})$ 为高斯模板；det 为矩阵的行列式，tr 为矩阵的迹；$k$ 为默认常数。

Harris 算子提取的步骤如下：

1）对图像上的每个点计算其纵横两个方向的一阶导数，然后计算二者的乘积，得到 3 幅图像，分别为 $g_x$、$g_y$、$g_xg_y$。

2）对上述 3 幅图像分别进行高斯滤波，计算原图像上每个点的兴趣值 $I$。

3）局部极值点的选取。Harris 认为，特征点是局部范围内的极大兴趣值对应的像素点。所以，对于各个点的兴趣值，要对所有局部兴趣值进行排序，取局部兴趣值最大点作为特征值。

4）特征点数目的选取。根据排序的结果和要提取的特征点的数目提取相应的点为特征点。

对影像进行分网格提取，以每个网格内的兴趣值最大点为特征点，图 3.11 是后母戊鼎一张近景影像被分成均匀格网提取和全局提取特征点的结果，表 3.2 为该影像的一些基本信息和提取速度对比。

特征提取对比图

（a）均匀格网提取　　　　　　（b）全局提取

图 3.11　特征提取对比图

表 3.2　特征提取对比

| 影像大小/像素 | 是否分网格提取 | 特征点个数 | 时间/ms |
| --- | --- | --- | --- |
| 5616×3744 | 是（75×75） | 3226 | 2008 |
|  | 否 | 3250 | 7684 |

从图 3.11 中可以看出，分网格提取的特征点很均匀，从表 3.2 中的数据可以看出，分网格提取的效率要高于全局提取的效率。

Harris 算子是一种有效的点特征提取算子，应用范围很广，它具有以下优点：

1）计算速度快。Harris 算子中只用到灰度的一阶差分及滤波，计算简单，速度快。

2）提取的特征点合理。在纹理丰富的区域提取出的特征点数量多，在纹理贫乏的区域提取出的特征点数量少。

3）提取量可定。可根据所需的特征点个数，对所有局部极值点排序，根据所需的数量提取出最优点。

4）稳定。即使图像存在旋转、灰度变化、噪声和视点的变化，它也是一种稳定的点特征提取算子。

Harris 算子只能达到整像素级的定位精度，为了提高匹配的精度，应对 Harris 特征点进行精确定位。下面介绍一种高精度定位算子。

（2）Förstner 算子

Förstner 算子是摄影测量界著名的定位算子，其定位速度快，定位精度高。对角点定位分为最佳窗口选择和在最佳窗口内加权重心化两个步骤。最佳窗口由 Förstner 算子确定，设最佳窗口内任意一个像元$(c, r)$的边缘直线 $l$ 的方程为

$$\rho = c\cos\theta + r\sin\theta$$

式中，$\rho$ 为原点到直线 $l$ 的距离；$\theta$ 为直线 $l$ 的梯度角；$\tan\theta = g_r/g_c$，$g_r$、$g_c$ 为该点的 Robert 梯度。

设角点坐标为$(c_0, r_0)$，以原点到直线的距离作为观测值，梯度模的平方为权，则在$(c, r)$ 处可列误差方程式：

$$\begin{cases} v = x_0\cos\theta + y_0\sin\theta - x\cos\theta + y\sin\theta \\ w(x,y) = |\nabla g|^2 = g_x^2 + g_y^2 \end{cases} \quad (3\text{-}11)$$

式中，$v$ 为误差方程；$w(x,y)$ 为权重；$|\nabla g|$ 为梯度的模；$g_x$、$g_y$ 分别为在 $x$ 和 $y$ 方向上的梯度。

应用最小二乘法可解得角点坐标$(x_0, y_0)$，其结果就是窗口内像元的加权重心。该算子的定位精度能够达到亚像素级。

（3）Harris 和 Förstner 结合算子

Harris 算子计算简单，稳定性好，可快速提取出稳定的特征点，但其精度只能达到整像素级；而 Förstner 算子定位精度高，可达子像素级，但需要确定阈值，因此受图像灰度、对比度变化的影响。因此可将二者结合起来，即用 Harris 算子提取出一定数量的特征点，然后用这些特征点作为 Förstner 的最佳窗口的中心点，在窗口内进行加权重心化，以精确定位特征点。

**2. 边缘特征提取**

边缘与特征点一样是数字图像的一个重要特征，而对图像边缘的研究一直都是计算机图形学、数字图像处理等领域研究的热点。根据图像边缘可以对图像进行分割，以及通过图像边缘实现对特定对象的自动识别，因此图像边缘提取对于图像的分析与理解具有十分重要的作用。

边缘是指图像一定范围内的像素灰度存在特定的变化，如阶跃变化或似屋顶状的变化，发生这些变化的所有像素连接起来形成的集合便是图像的边缘。图像的边缘根据图像的成分，可以分为目标与背景间的边缘、目标间的边缘、区域间的边缘及图像基元间

的边缘。沿图像边缘提取往往能得到物体的大致轮廓，如果图像质量高并且提取效果理想，甚至可以得到非常精细的边缘。因此，研究如何提取出可靠性强、精度高、数量可观的图像边缘意义重大。

根据当前的研究，图像的边缘主要分为两类，即阶跃型与屋顶型，如图 3.12 所示。前者一般存在于两侧的像素有着显著变化的位置，而后者则存在于两侧的像素灰度变化较为缓和的区域。

（a）阶跃型　　　　　　　　　　（b）屋顶型

图 3.12　图像边缘

一般采用灰度的一阶导数与二阶导数来对图像的边缘进行提取。这是因为位于图像边缘上的像素灰度，一阶导数的数值较大，而其二阶导数的数值接近于零，并且在边缘两边的灰度一阶导数符号相异。从数学角度分析，一阶导数变化最大的位置也就对应着二阶导数的零点。因此，在图像处理中，主要利用梯度幅值的最大值与二阶导数的零点作为判断图像边缘点的依据。经过各专家、学者们数年来的研究，已经产生了许多边缘提取的算法。根据两种提取方法划分，一阶微分算子主要有 Roberts 算子、Prewitt 算子、Sobel 算子和 Canny 算子；二阶微分算子主要为拉普拉斯算子。

（1）一阶微分算子

计算图像某个像素的一阶导数，实际是通过模板计算梯度。Roberts 算子主要通过沿图像某一区域的对角线上相邻两个像素的灰度差来进行计算。一般采用的模板如下：

$$\begin{bmatrix} -1 & 0 \\ 0 & 1 \end{bmatrix} \begin{bmatrix} 0 & -1 \\ 1 & 0 \end{bmatrix}$$

即 $x$ 方向梯度为

$$f_x = f(x+1, y+1) - f(x, y) \tag{3-12}$$

$y$ 方向梯度为

$$f_y = f(x+1, y) - f(x, y+1) \tag{3-13}$$

对于复杂程度高的图像，使用 Roberts 算子往往得不到理想的边缘提取结果。此时使用 Prewitt 算子与 Sobel 算子能得到较好的边缘提取效果，二者都是使用三阶的模板来进行梯度计算的。其中 Prewitt 算子在检测边缘情况下，还对噪声进行了减少，同样在水平与竖直方向分别使用两个不同的模板进行计算，Prewitt 算子一般使用的模板为

$$\begin{bmatrix} -1 & 0 & 1 \\ -1 & 0 & 1 \\ -1 & 0 & 1 \end{bmatrix} \begin{bmatrix} -1 & -1 & -1 \\ 0 & 0 & 0 \\ 1 & 1 & 1 \end{bmatrix}$$

其中 $x$ 方向梯度为

$$f_x = f(x+1, y-1) - f(x-1, y-1) + f(x+1, y) - f(x-1, y)$$
$$+ f(x+1, y+1) - f(x-1, y+1) \tag{3-14}$$

$y$ 方向梯度为

$$f_y = f(x-1, y+1) - f(x-1, y-1) + f(x, y+1) - f(x, y-1)$$
$$+ f(x+1, y+1) - f(x+1, y-1) \tag{3-15}$$

Sobel 算子与 Prewitt 类似，不同之处在于它是对邻域各像素赋予不同的权重来进行计算，在某些情况下，提取效果较 Prewitt 算子更好，能进一步对噪声进行抑制，但是得到的边缘往往较宽。一般采用的模板为

$$\begin{bmatrix} -1 & 0 & 1 \\ -2 & 0 & 2 \\ -1 & 0 & 1 \end{bmatrix} \begin{bmatrix} -1 & -2 & -1 \\ 0 & 0 & 0 \\ 1 & 2 & 1 \end{bmatrix}$$

其中 $x$ 方向梯度为

$$f_x = f(x+1, y-1) - f(x-1, y-1) + 2f(x+1, y) - 2f(x-1, y)$$
$$+ f(x+1, y+1) - f(x-1, y+1) \tag{3-16}$$

$y$ 方向梯度为

$$f_y = f(x-1, y+1) - f(x-1, y-1) + 2f(x, y+1) - 2f(x, y-1)$$
$$+ f(x+1, y+1) - f(x+1, y-1) \tag{3-17}$$

（2）二阶微分算子

一阶微分算子计算速度较快，但是所提取的边缘在某些情况下不均匀，因此为了改善这一情况，可以用二阶微分算子来进行计算。前已叙及，图像二阶导数的零点一般便为边缘点，但有些情况也可能不是边缘点，类似于高等数学中的极值点求取的相关知识，如图 3.13 所示。

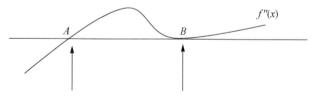

图 3.13 二阶导数的零点

图 3.13 中 $A$ 点是实际边缘点，而 $B$ 点虽然是二阶导数的零点，但不是边缘点。对于图像边缘的像点，其二阶导数一定为零，但是如果要剔除掉不是边缘点的二阶导数零点，则根据高等数学中的知识，还必须进一步查看零点两侧像素的一阶导数是否异号，而在图像处理中，需要对待求点周围的像素进行计算、比较。

拉普拉斯算子作为一种二阶微分算子，通过计算二阶微分来提取边缘，分式如下：

$$\nabla^2 f(x, y) = \frac{\partial^2 f(x, y)}{\partial x^2} + \frac{\partial^2 f(x, y)}{\partial y^2} \tag{3-18}$$

对于实际的数字图像而言，由于图像的离散性，故对于任意一张影像 $f(x, y)$，二阶差分的形式如下：

$$\nabla^2 f(x,y) = \Delta_x^2 f(x,y) + \Delta_y^2 f(x,y) \qquad (3\text{-}19)$$

式中，等号右侧的第一部分为影像在 $x$ 方向上的二阶差分，第二部分为影像在 $y$ 方向上的二阶差分。实际常采用的模板如下：

$$\begin{bmatrix} 0 & -1 & 0 \\ -1 & 4 & -1 \\ 0 & -1 & 0 \end{bmatrix}$$

拉普拉斯算子与前面介绍的一阶微分算子相比，其对噪声敏感度更强，如果图像噪声大，则检测出的边缘并不理想。因此，在使用该算子之前，一般需要对图像进行平滑处理，与其结合较好的是高斯滤波器，由此 Marr 等提出了高斯拉普拉斯算子（Laplacian of Gassian，LOG）算子，其边缘提取效果更为理想，提取结果也更加可靠。

（3）Canny 算子

除了上述算子外，还有一种特殊的边缘提取算子，虽然也为一阶微分算子，但是其边缘提取结果非常可靠，该算子为 Canny 算子。Canny 算子是麻省理工学院的 Canny 于 1986 年提出的。它是目前使用最为广泛的边缘提取算子，是集滤波、增强及边缘检测于一体的高性能算子，因此常常被研究者作为与改进算子进行性能高低比较的参照标准。Canny 提出了如下 3 条评价边缘提取算子最优的标准。

1）检测效率高。对于任何一种边缘检测算子，应该只能对图像的真正边缘进行响应，不能出现错误的检测结果，同时也不能遗漏存在的任何一条边缘信息。

2）定位精度高。检测出来的边缘要尽可能地接近实际边缘的中心位置，也就是与真正边缘中心的距离应最大程度地接近，使最终得到的边缘不至于过宽。

3）响应明确性强。每一条边缘响应次数应尽可能低，甚至于只能出现一次响应，只得到一个精确的边缘点，并且对于虚假边缘要进行最大程度的抑制。

Canny 算子之所以被公认为最优算子，是因为它很好地满足了上述 3 条标准。该算子在一阶微分算子的基础上进行了进一步的扩展，因此克服了其他一阶微分算子的弊端。主要改进为增加非极大值抑制与双阈值约束。使用 Canny 算子进行边缘检测一般可按如下步骤进行：

1）图像平滑去噪。如前所述，高斯滤波器一般去噪效果良好，故通常采用高斯函数先对图像进行平滑滤波。对于离散的图像而言，仍旧采用适当的高斯模板与图像进行卷积运算。例如，将方差设为 1.4，通过 3.2.1 节中的高斯模板计算公式，可以得到 5×5 的模板如下：

$$M = \frac{1}{159} \begin{bmatrix} 2 & 4 & 5 & 4 & 2 \\ 4 & 9 & 12 & 9 & 4 \\ 5 & 12 & 15 & 12 & 5 \\ 4 & 9 & 12 & 9 & 4 \\ 2 & 4 & 5 & 4 & 2 \end{bmatrix}$$

2）两个方向的梯度解算。分别在 $x$ 方向与 $y$ 方向对去噪平滑后的图像进行梯度分量 $f_x$ 与 $f_y$ 的计算，并且求出各个位置梯度的方向角。此处计算梯度，可对图像采用前面介绍的 Sobel 算子模板进行卷积运算。当所有像素的梯度方向角值求出来以后，还需对所有的梯度角进行归并，即将 0°～360° 的梯度角归并至 0°、45°、90° 及 135° 4 个方向。具体策略为：将 180° 角置为 0°，将 225° 角置为 45°，经过类似的处理，则位于[-22.5, 22.5]与[157.5, 202, 5]区间的角度都归化到了 0° 角，其他区间的角度推算类似，如图 3.14 所示。

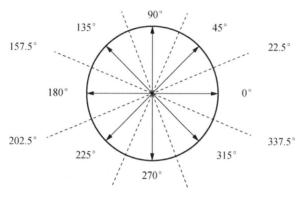

图 3.14  4 个方向的角度范围

从图 3.14 可以看出，45° 角的区域为 [22.5°, 67.5°] 与 [-157.5°, -112.5°]；90° 角的区域为 [67.5°, 112.5°] 与 [-112.5°, -67.5°]；135° 角的区域为 [-67.5°, -22.5°] 与 [112.5°, 157.5°]。

3）对非极大值进行抑制。根据前面关于评判最优边缘提取算子的 3 条标准，最终得到的边缘应是精确定位的，故只能允许有一个像素的宽度，如果使用 Sobel 滤波，则边缘的精细不均匀。梯度的最大值一般出现在边缘的中心位置，并且随着梯度方向距离值的增加，梯度值也会逐渐变小。非极大值抑制的目的就是只保留在梯度方向上具有最大梯度值的像素，并把此类像素作为边缘，而去除其他的像素。

因此，结合第二步的梯度方向角划分，对于某个像素 8 邻域所有像素的检查，则在 0° 角方向，只需检查像素本身与左侧及右侧 3 个像素；在 45° 方向，只需检查像素本身与左下角及右上角 3 个像素；在 90° 方向，只需检查像素本身与正上方及正下方 3 个像素；在 135° 方向，只需检查像素本身与左上角及右下角 3 个像素。每次检查 3 个像素，如果当前像素在各个方向都比另两个像素的梯度值大，则该像素便被标记为边缘点，否则便剔除。

4）采用双阈值进一步约束。此步骤也称为滞后阈值化，因为图像噪声的影响，会使本来应该连续的边缘出现间断的现象。滞后阈值化便是设定两个阈值，一个作为上限，一个作为下限，如果当前边缘上的检查点响应值大于上限值，则被标记为边缘点；反之，如果响应值小于下限值，但是在其 4 邻域或 8 邻域范围内有已被标记为边缘点的像素，则该像素也被标记为边缘点。该过程进行反复迭代，最后孤立的像素视为噪声去除。

对上述几种算子进行对比实验，结论如下：

1）Robert 算子无论是对于水平方向，还是垂直方向，都具有较好的检测效果，并且能够较为精确地定位出影像边缘。但是因为没有对影像进行平滑处理，对于噪声严重的影像处理效果较差，并且容易漏掉一些边缘。

2）Prewitt 算子与 Sobel 算子具有相似的特性，二者都是计算像素相邻点灰度加权差，通过取极值进行边缘检测；同时，因为二者都对图像进行了平滑处理，噪声得到较大的抑制，因而可以较为精确地检测出边缘的位置并且标明边缘的方向；缺点在于检测的结果中存在许多虚假边缘，并且对精确定位边缘仍显不足。

3）LOG 算子是一种带平滑的算子，但是在平滑噪声的过程中会使一些边缘也一并被平滑，使最终的边缘提取结果中丢失了一部分边缘，也就是边缘不完整。

4）Canny 算子是一种最优思想的算子，但是在平滑的过程中也会丢失掉一部分真实边缘，使最终的检测结果不完整。但是其提取的边缘轮廓清晰，而且封闭性好，不易受误差影响。

5）在 Canny 算子对边缘进行提取的过程中，在进行滞后阈值化处理时，一般高低阈值的比在 2∶1～3∶1。经过反复实验，本节将高低阈值设为 3∶1 时，得到了较为理想的边缘提取结果。以后母戊鼎为例，边缘提取结果如图 3.15 所示。

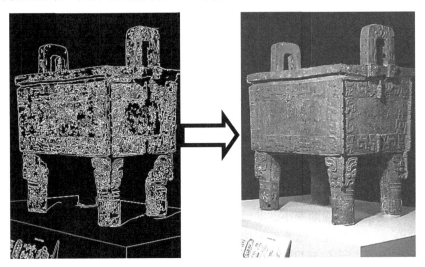

图 3.15　后母戊鼎边缘提取结果

### 3.2.3　影像匹配算法

影像匹配实际上就是通过一定的匹配算法在两张或多张影像间搜索同名点的过程，早期的研究一般采用影像相关，即利用不同影像上两个信号的相关函数来解决影像匹配的问题。对于一个立体像对而言，要搜索左像点在右像上对应的同名点，常用的匹配方法主要分为两种：一种为基于灰度的影像匹配，常用的算法有相关系数法、相关函数法、差平方和法、协方差函数法、差绝对值法、最小二乘法等；另一种为基于特征的影像匹配，常见的算法有尺度不变特征变换（scale invariant feature transform，SIFT）算法、金字塔多级影像匹配等。本节在研究过程采用了相关系数匹配、最小二乘匹配与 SIFT 特征匹配，故下面主要对这 3 种算法进行介绍。

1. 相关系数匹配

对于一个立体像对而言，采用相关系数法搜索左像点在右像上对应同名点，实际是通过选定一个一定大小的窗口，计算左像点所在区域与右像上某个位置相同邻域的相关系数，通过比较相关系数的值来判断两点是否匹配。例如，以左像点上的某个目标点为中心，选取 5×5 的窗口作为目标窗口，为了在右像上成功搜索到对应的同名点，通过预先估计，在搜索图像上确定一个搜索区域，假定为 $m \times n$ 个像素的灰度阵列，依次从搜索窗口中取出同样为 5×5 个像素的灰度阵列，计算两个窗口的相关系数，如图 3.16 所示。

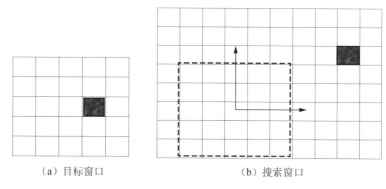

（a）目标窗口　　　　　　　（b）搜索窗口

图 3.16 相关系数匹配示意图

假设目标图像为 $g(x,y)$，搜索图像为 $g'(x',y')$，则计算公式一般为

$$\rho(c,r) = \frac{\sum_{i=1}^{m}\sum_{j=1}^{n}(g_{i,j}-\bar{g})(g'_{i+r,j+c}-\overline{g'_{r,c}})}{\sqrt{\sum_{i=1}^{m}\sum_{j=1}^{n}(g_{i,j}-\bar{g})^2 \sum_{i=1}^{m}\sum_{j=1}^{n}(g'_{i+r,j+c}-\overline{g'_{r,c}})^2}} \quad (3\text{-}20)$$

式中，$g_{i,j}$ 表示在图像 $(i,j)$ 位置的灰度值；$(c,r)$ 为搜索窗口中心坐标；$\bar{g}$ 为窗口灰度均值；$g'_{i+r,j+c}$ 为搜索区域的灰度值。

$$\bar{g} = \frac{1}{mn}\sum_{i=1}^{m}\sum_{j=1}^{n}g_{i,j}$$

$$\overline{g'_{r,c}} = \frac{1}{mn}\sum_{i=1}^{m}\sum_{j=1}^{n}g'_{i+r,j+c}$$

为了计算方便，往往将式（3-20）化为下式：

$$\rho(c,r) = \frac{s_{gg'}-s_g s_{g'}/N}{\sqrt{(s_{gg}-s_{g^2})-(s_{g'g'}-s_{g'^2}/N)}} \quad (3\text{-}21)$$

式中，

$$s_{gg'} = \sum_{i=1}^{m}\sum_{j=1}^{n}g_{i,j} \cdot g'_{i+r,j+c}$$

$$s_{gg} = \sum_{i=1}^{m}\sum_{j=1}^{n}g_{i,j^2}$$

$$s_{g'g'} = g'^2_{i+r,j+c}$$

$$s_g = \sum_{i=1}^{m}\sum_{j=1}^{n} g_{i,j}$$

$$s_{g'^2} = s_{g'g'}$$

$$N = mn$$

$$s_{g'} = \sum_{i=1}^{m}\sum_{j=1}^{n} g'_{i+r,j+c}$$

当给定一个用于判断相关性的相关系数值 $\rho$ 时，如果 $\rho(c,r)$ 大于该值，则认为两点为匹配点，否则就不是匹配点，继续进行搜索。

2. 最小二乘匹配

最小二乘匹配（least squares image matching，LSM）是由德国教授 Ackermann 在 20 世纪 80 年代提出的。由于在匹配过程中最大程度地利用了匹配窗口的信息进行平差计算，因此该方法的匹配精度可达到 1/10 像素，甚至到 1/100 像素，故被公认为影像匹配中的高精度算法（Ackermann，1984）。在摄影测量中，做一般的处理都是利用经典的几何条件如共线、共面方程，以及获取的一些控制点三维坐标，最小二乘匹配可以非常灵活地将这些理论条件与数据引入，因而使整体平差能够方便地进行。并且该算法在匹配过程中还使用了检测粗差的策略，因此在最大程度上也提高了影像匹配的可靠性。最小二乘匹配的诸多优点，使其一经出现，便得到了广大学者的重视，并且应用越来越广，发展也极为迅速。

在影像灰度匹配过程当中，一般的相关性测度都没有考虑影像灰度中存在的系统误差，而只考虑了其中的随机误差，也就是随机噪声。但是严格来说，对于影像灰度而言，存在两个主要方面的系统变形，一种为几何畸变，另一种为辐射畸变。几何畸变一方面会由拍摄时照相机方位改变引起，同时地形坡度也会造成一定影响；辐射畸变则一般有多种因素的影响，其中包括被摄体辐射面方向的改变与照明度的波动、拍摄条件的差异、地球大气和照相机内部构造带来的变化，以及在后期对影像做进一步处理过程当中引入的误差等。最小二乘匹配的基本思想便是将上述的系统形变参数加入计算，并通过最小二乘的准则解算出这些参数。

一般只考虑一次几何畸变，对于单点最小二乘匹配而言，计算原理如下：

假定 $g_1(x,y)$、$g_2(x,y)$ 分别为两个相关的灰度序列，则二者的线性畸变关系式为

$$g_1(x,y) + n_1 = h_0 + h_1 g_2(x,y) + n_2 \tag{3-22}$$

式中，$n_1$、$n_2$ 分别为随机噪声；$h_0$、$h_1$ 分别为线性畸变参数。可得最小二乘匹配的数学模型：

$$v = h_0 + h_1 g_2 - (g_1 - g_2) \tag{3-23}$$

由一次畸变模型：

$$\begin{cases} x_2 = a_0 + a_1 x + a_2 y \\ y_2 = b_0 + b_1 x + b_2 y \end{cases} \tag{3-24}$$

顾及右影像相对于左影像的灰度线性畸变为

$$g_1(x,y) + n_1(x,y) = h_0 + h_1 g_2(a_0 + a_1 x + a_2 y, b_0 + b_1 x + b_2 y) + n_2(x,y) \tag{3-25}$$

线性化后，得

$$v = c_1 \mathrm{d}h_0 + c_2 \mathrm{d}h_1 + c_3 \mathrm{d}a_0 + c_4 \mathrm{d}a_1 + c_5 \mathrm{d}a_2 + c_6 \mathrm{d}b_0 + c_7 \mathrm{d}b_1 + c_8 \mathrm{d}b_2 - \Delta g \tag{3-26}$$

式中，$\mathrm{d}h_0$，$\mathrm{d}h_1$，…，$\mathrm{d}b_2$ 为待定参数的改正数，初值一般按顺序设为 0，1，0，1，0，0，0，1；$\Delta g$ 为观测值对应像素的灰度差，则误差方程的各项系数如下：

$$\begin{cases} c_1 = 1 \\ c_2 = g_2 \\ c_3 = \dfrac{\partial g_2}{\partial x_2} \dfrac{\partial x_2}{\partial a_0} = (\dot{g}_2)_x = \dot{g}_x \\ c_4 = \dfrac{\partial g_2}{\partial x_2} \dfrac{\partial x_2}{\partial a_1} = x \dot{g}_x \\ c_5 = \dfrac{\partial g_2}{\partial x_2} \dfrac{\partial x_2}{\partial a_2} = y \dot{g}_x \\ c_6 = \dfrac{\partial g_2}{\partial y_2} \dfrac{\partial y_2}{\partial b_0} = \dot{g}_y \\ c_7 = \dfrac{\partial g_2}{\partial y_2} \dfrac{\partial y_2}{\partial b_1} = x \dot{g}_y \\ c_8 = \dfrac{\partial g_2}{\partial y_2} \dfrac{\partial y_2}{\partial b_2} = y \dot{g}_y \end{cases} \tag{3-27}$$

对于具体的数字图像而言，各像素灰度按格网排列，采样间隔为一常数，故作为单位长度处理，因此以上方程组中的偏导数可用差分来进行替代，即

$$\dot{g}_y = \dot{g}_J(I,J) = \frac{1}{2}[g_2(I,J+1) - g_2(I,J-1)] \tag{3-28}$$

$$\dot{g}_x = \dot{g}_I(I,J) = \frac{1}{2}[g_2(I,J+1) - g_2(I-1,J)] \tag{3-29}$$

式中，$I$、$J$ 分别为图像中某个像素对应的列号与行号。再根据式（3-28）与式（3-29）对各个像元依次建立误差方程，组成误差方程组，矩阵形式为

$$\boldsymbol{V} = \boldsymbol{CX} - \boldsymbol{L} \tag{3-30}$$

式中，

$$\boldsymbol{V} = (\mathrm{d}h_0, \mathrm{d}h_1, \mathrm{d}a_0, \mathrm{d}a_1, \mathrm{d}a_2, \mathrm{d}b_0, \mathrm{d}b_1, \mathrm{d}b_2)^{\mathrm{T}} \tag{3-31}$$

列误差方程过程中，可以将目标区域中心作为坐标原点建立一个局部坐标系，进行反复迭代，直到满足终止条件，则迭代结束。实际匹配的步骤一般如下：

1）对几何变形进行改正。根据几何变形各改正参数，按式（3-24）将左影像窗口内的像素坐标变换至右影像中。

2）对匹配窗口内的像素进行重采样。由于经上步变换的坐标在右影像中不可能都是整行整列的，因此必须通过重采样来整数化，得到采样后的灰度序列 $g_2(x_2, y_2)$。一般使用双线性内插的方法进行。

3）对影像的辐射畸变加以改正。经过最小二乘匹配后，可以得到影像的辐射畸变参数，可对采样后的像素利用公式 $h_0 + h_1 g_2(x_2, y_2)$ 进行辐射畸变的改正。

4）计算左影像窗口内的灰度序列与经过修正后的右影像序列的相关系数，通过判断相关系数的数值决定是否继续进行迭代。

5）根据最小二乘匹配策略，解算各个未知参数的改正数。

6）解算各形变参数。

7）计算最佳匹配点位。

最小二乘匹配方法的匹配精度较高，且匹配结果也非常可靠，但是直接使用该算法进行匹配计算量大，而相关系数匹配计算较为简单，但是匹配精度不如最小二乘匹配，因此本书在使用匹配的过程当中，采用了将相关系数粗匹配结果作为最小二乘匹配的初值再进行精匹配的匹配策略。

3. SIFT 特征匹配

早在 1987 年 David 教授便提出了从二维影像中对三维物体进行识别，基于此项研究 David 又于 1999 年提出 SIFT 算法，并且在 2001 年、2004 年对其又分别加以完善。SIFT 算子是应用非常广泛的一种特征匹配算子，特别是影像匹配与模式识别等领域。由于该算法已经广为众多学者研究，并且有大量的介绍，此处就不再做详细介绍。该算法的优点在于：

1）作为图像的一种局部特征，对影像的旋转、尺度缩放或亮度发生变化都能保持很好的不变性，并且对于视角改变、仿射变化、影像噪声等方面也能保持一定的稳定性。

2）匹配独特性好，并且匹配的信息量丰富，能在大量的特征中完成准确、快速的匹配。

3）匹配数量可观，即便是较少的几个对象也能得到丰富的 SIFT 特征向量。

4）优化空间大，经过合理的优化可以大大提高匹配速度。

SIFT 匹配的主要步骤有以下 5 步：尺度空间的极值检测、关键点的精确定位、确定关键点的主方向、关键点的描述、关键点的匹配。SIFT 匹配流程如图 3.17 所示。

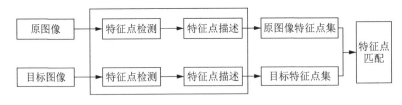

图 3.17　SIFT 匹配流程

（1）尺度空间的极值检测

极值点的检测使用级联滤波的方法，这种方法使用有效的算法来检测候选点的位置，然后通过更细节的方式确定。极值点检测的第一步就是确定关键点的位置和尺度，而且即使物体视图改变，位置和尺度仍然不变。检测出的关键点的位置不因图像的尺度变化而改变，是通过使用一个被称为尺度空间的尺度连续函数并且在所有可能的尺度寻找稳定的特征实现的（Witkin，1983）。

1）尺度空间。尺度空间的思想最早是在 1962 年由 Lijima 提出来的（Lijima，1962），到 20 世纪 80 年代该方法才开始得到发展壮大。尺度空间的基本思想：在对图像信息进行处理时，在处理的数学模型中加入一个参数，这个参数代表图像的尺度，在改变这个参数的时候图像的尺度也在不断改变，我们就能得到不同的参数下的图像信息，将这些信息进行综合就可以挖掘出图像的本质（孙剑等，2005）。

Koenderink（1984）与 Lindeberg（1994）证明，在各种合理的假设下，高斯函数是唯一可能的尺度空间核。因此，可以用下式表示一幅图像的尺度空间：

$$L(x,y,\sigma) = G(x,y,\sigma) * I(x,y) \tag{3-32}$$

二维高斯函数的定义如下：

$$G(x,y,\sigma) = \frac{1}{2\pi\sigma^2} e^{-(x^2+y^2)/2\sigma^2} \tag{3-33}$$

式中，$(x,y)$ 是图像上像素的坐标；$\sigma$ 为尺度参数，这个值越小说明图像的细节特征就越明显，反之，这个值越大则被平滑得越多，细节就不明显。

2）高斯差分（difference of gaussian，DOG）算子。为了更加准确地确定关键点的位置信息，Lowe 提出使用 DOG 函数与图像进行卷积：

$$\begin{aligned}D(x,y,\sigma) &= (G(x,y,\kappa\sigma) - G(x,y,\sigma)) * I(x,y) \\ &= L(x,y,\kappa\sigma) - L(x,y,\sigma)\end{aligned} \tag{3-34}$$

式（3-34）即为 DOG 算子。

选择这个函数有以下原因：首先，这个算子计算效率很高，利用不同的 $\sigma$ 对图像进行高斯卷积生成平滑图像，然后将相邻的影像相减就能生成 DOG 图像；其次，DOG 经过尺度归一化的"高斯-拉普拉斯"函数（LOG 算子：$\sigma^2\nabla^2 G$）的近似（Lindeberg，1994）。通过详细的实验对比，Mikolajczyk（2002）发现 $\sigma^2\nabla^2 G$ 的最大值和最小值处可以产生出最稳定的特征，跟其他很多算子相比（如 Hessian 算子、Harris 角点检测算子），提取的特征更多且更可靠。

DOG 与 $\sigma^2\nabla^2 G$ 之间的关系可以近似为

$$\sigma\nabla^2 G = \frac{\partial G}{\partial \sigma} \approx \frac{G(x,y,\kappa\sigma) - G(x,y,\sigma)}{\kappa\sigma - \sigma} \tag{3-35}$$

$$G(x,y,\kappa\sigma) - G(x,y,\sigma) \approx (\kappa - 1)\sigma^2\nabla^2 G \tag{3-36}$$

式中，$(\kappa-1)$ 是所有尺度的一个常数，不会影响每个比例尺空间的极值检测。当 $\kappa$ 近似等于 1 时，式（3-36）的近似误差为 0，实际上近似误差对极值检测的稳定性和极值的位置并不会产生什么影响，即使尺度变化很大的情况下也是这样。

3）DOG 尺度空间的生成。图 3.18 显示了 DOG 尺度空间图像的生成过程。原始图像与不同尺度因子的高斯函数不断进行卷积，生成一系列的图像，并且生成的这一组图像作为金字塔影像的第一层，如图 3.18（a）所示。将尺度空间的每一组分成 $s$ 层，则 $\kappa = 2^{1/s}$，必须生成 $s+3$ 幅影像才能使最后检测到的极值覆盖所有组的影像。图 3.18（b）是将相邻的高斯金字塔图像相减后得到的 DOG 图像。当一个组的影像完全处理完以后，将第一组高斯影像降采样 2 倍生成下一组尺度空间的影像，第二组的第一幅图像由第一组的尺度为 $2\sigma$ 的图像进行降采样 2 倍得到，降采样的精度与 $\sigma$ 有关。

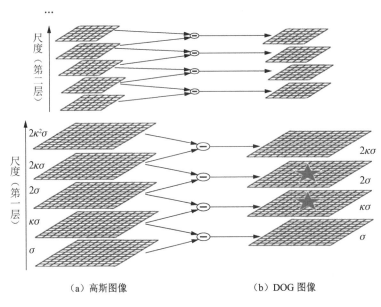

(a) 高斯图像　　　　　(b) DOG 图像

图 3.18　DOG 尺度空间图像的生成

4）在差分金字塔上探测极值点。为了检测出 $D(x,y,\sigma)$ 局部区域的最大、最小值，每个采样点都要与它所在的同一层比例尺空间的 8 个临近点和相邻上下两个比例尺空间的相应位置的 9×2 个点进行比较，如图 3.19 所示。把一个点判定为关键点的条件是这个点的值是所有参与比较的点的最值。因为在最开始检测的时候就能够把大量的点去除掉，因此这个检测的效率还是比较高的。图 3.19 中×表示当前采样点，○表示当前采样点周围 26 个用来进行对比的点。同时，要对金字塔所有层的 DOG 图像都检测完毕才算完成极值点检测这一过程。

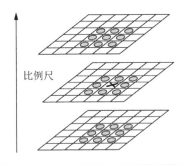

图 3.19　DOG 尺度空间局部极值检测

（2）关键点的精确定位

对关键点进行精确定位主要是靠拟合三维二次函数，通过这一步，定位精度可以达到子像素精度（David，2004）。同时还要去除一些不符合要求的点，包括对比度比较低的和不稳定的边缘响应点，这样可以增强匹配的性能，使匹配的结果更加稳定，抗噪能力增强。

将 DOG 函数 $D(x,y,\sigma)$ 在关键点处用泰勒展开式得到

$$D(X) = D + \frac{\partial D^{\mathrm{T}}}{\partial X}X + \frac{1}{2}X^{\mathrm{T}}\frac{\partial^2 D}{\partial X^2}X \quad D \to D_0 \tag{3-37}$$

式中，要在采样点处求得 $D$ 及 $D(x, y, \sigma)$ 在关键点处的导数的值，$X = (x, y, \sigma)^{\mathrm{T}}$ 为极值点的偏移量。极值的位置 $\hat{X}$ 的确定是通过对 $D(X)$ 求导并使导数为零得到的，下面给出极值位置的公式：

$$\hat{X} = -\frac{\partial^2 D^{-1}}{\partial X^2}\frac{\partial D}{\partial X} \tag{3-38}$$

若偏移量 $X$ 的极值 $\hat{X}$ 在任一个方向都大于 0.5，说明这个关键点在离另外一个候选点很近的位置，这时用插值的结果取代该关键点的位置，关键点加上 $\hat{X}$ 作为关键点的精确位置。

极值处的函数值 $D(\hat{X})$ 可以用来衡量特征点的对比度。将式（3-38）代入式（3-37）中得到

$$D(\hat{X}) = D + \frac{1}{2}\frac{\partial D^{\mathrm{T}}}{\partial X}\hat{X} \quad D \to D_0 \tag{3-39}$$

根据经验，将所有检测到的极值点中 $|D(\hat{X})|<0.03$ 的点去除（假设图像的像素值在 $0\sim1$）。

同时，由于 DOG 函数在边缘区域会有比较强的响应，所以还要去除低对比度的边缘响应点，以增强匹配的稳定性，提高它的抗噪能力。就算是小噪声也要尽量去除，因为它会使结果不稳定。

这一步主要是根据函数极值曲率的特点进行的。在计算主曲率的时候可以在关键点所在的位置和尺度通过一个 2×2 的 Hessian 矩阵 $H$ 求出，Hessian 矩阵 $H$ 由下面公式得到：

$$H = \begin{bmatrix} D_{xx} & D_{xy} \\ D_{yx} & D_{yy} \end{bmatrix} \tag{3-40}$$

矩阵中的每个导数可以通过相邻的采样点的差值得出。Hessian 矩阵 $H$ 的特征值与 DOG 函数的主曲率是成比例的，可以避免确切地计算特征值，因为我们仅仅对它们的比率感兴趣。令 $\alpha$ 为最大的特征值，$\beta$ 为最小的特征值，可以根据数学中特征值与行列式和迹之间的关系得到下式：

$$\mathrm{tr}(H) = D_{xx} + D_{yy} = \alpha + \beta \tag{3-41}$$

$$\det(H) = D_{xx}D_{yy} - (D_{xy})^2 = \alpha\beta \tag{3-42}$$

当 $\det(H)<0$ 时，曲率是一正一负的情况，这种情况下要把该点去除，令 $\gamma$ 为最大特征值和最小特征值的比值，有 $\alpha = \gamma\beta$，则有

$$\frac{\mathrm{tr}(H)^2}{\det(H)} = \frac{(\alpha+\beta)^2}{\alpha\beta} = \frac{(r\beta+\beta)^2}{r\beta^2} = \frac{(r+1)^2}{r} \tag{3-43}$$

式（3-43）的值仅依赖于特征值的比值而与最大特征值和最小特征值无关，当最大特征值 $\alpha$ 与最小特征值 $\beta$ 相等时，$\frac{(r+1)^2}{r}$ 最小，并且这个值随着的 $\gamma$ 增大呈增大趋势。因此

计算下式成立与否就能判断出主曲率是否小于某个阈值 $\gamma$：

$$\frac{\text{tr}(\boldsymbol{H})^2}{\det(\boldsymbol{H})} < \frac{(r+1)^2}{r} \qquad (3\text{-}44)$$

$\gamma$ 的经验值为 10。

（3）确定关键点的主方向

这一步骤的主要作用是针对旋转不变性的。基于局部图像的特征为每一个关键点确定一个主方向，对关键点的描述就可以加入这个方向信息，而且有了方向以后，即使图像旋转，这个方向信息也不会变，因此其对图像旋转具有不变性。将这种方法与 Schmid 等（1997）提出的方向不变描述子算法进行了对比，结果发现后者虽然也是基于旋转不变量的，但是它的不足之处是描述子不需要基于一致旋转的测量才能够使用，从而造成了一些图像信息的丢失。

下面这个式子是关于梯度大小和方向的，事实证明，其结果比较稳定：

$$m(x,y) = \sqrt{[L(x+1,y)-L(x-1,y)]^2 + [L(x,y+1)-L(x,y-1)]^2} \qquad (3\text{-}45)$$

$$\theta(x,y) = \arctan\frac{L(x+1,y)-L(x-1,y)}{L(x,y+1)-L(x,y-1)} \qquad (3\text{-}46)$$

式中，高斯平滑图像 $L$ 的尺度为关键点所在尺度，因此所有的计算都是在尺度不变的方式下进行的。对每一个平滑图像 $L(x,y)$，都是在一个尺度空间的梯度 $m(x,y)$ 和方向 $\theta(x,y)$ 使用像素点差分计算得到，代表高斯金字塔影像 $(x,y)$ 处的梯度大小及方向。方向直方图是根据关键点邻域的采样点的梯度方向得到的，用来统计窗口内的梯度方向，直方图总共有 36 个柱，包括 0°~360° 的范围，加入直方图的每一个采样点利用梯度和一个尺度为关键点尺度 1.5 倍的高斯权重圆形窗口（图 3.20 中的圆）进行加权。中心处的权值最大，边缘处权值最小。图 3.20 中右边所示最高的长方形代表关键点处邻域梯度的主方向。直方图的最大峰值检测出来以后，如果其他的局部峰值大于主峰值的 80%，那么其对关键点主方向的确定也具有一定的贡献，因此对于具有相似梯度很多峰值的区域来说，在同样的位置和尺度将会产生多个关键点，但是方向不一样。如图 3.20 所示，该图显示了 8 个方向的方向直方图计算结果。

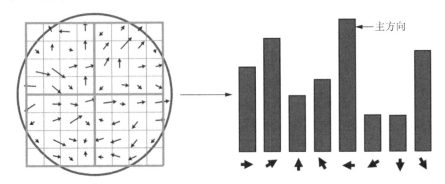

图 3.20 利用方向直方图确定主方向

图 3.21 为实际中影像所生成的部分关键点的梯度矢量，箭头的起点和所指的方向分

别代表关键点所在的位置和主方向,箭头的大小则代表了梯度模值的大小。

图 3.21 影像产生的关键点的梯度矢量

影像产生的关键点的
梯度矢量

在确定了主方向以后,图像上的关键点都已经确定,而且我们也获得了每个关键点的位置、尺度及方向信息。

(4)关键点的描述

前面的操作所获得的这些参数是利用局部二维坐标系来描述局部影像区域,因此这些参数具有不变性。下一步就要为局部影像区域建立描述子,描述子的建立要具有高度的独特性,而且为了以后匹配的可靠性,还应该使描述子不随着光照和视角的变化而变化。

图 3.22 为由关键点的邻域梯度信息生成的特征向量。

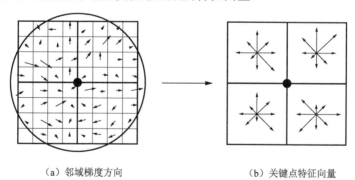

(a)邻域梯度方向　　　　　　　(b)关键点特征向量

图 3.22 由关键点邻域梯度信息生成的特征向量

首先,按照前面所讲的方法将图像的梯度大小和方向表示出来。为了实现对旋转的不变性,描述子的坐标和梯度方向要转到关键点的主方向,也就是以主方向为零方向。图 3.22(a)中的圆圈为高斯权重函数,参数 $\sigma$ 等于描述子窗口大小的一半,高斯权重函数是给每一个采样点梯度进行加权,而且权值从内到外逐渐减弱。

其次，在 4×4 的采样小块上建立梯度直方图，图 3.22（b）中显示了每一个方向直方图的 8 个方向，图 3.22（a）的采样样本就转变为 4 个采样区域，每块区域的梯度进行累加就产生了 4 个种子点，并且每一个种子点都像图 3.22（b）中所示的那样拥有几个方向的信息。联合关键点邻域种子点的方向信息来确定关键点，这样可以使算法更加稳定，提高特征匹配的准确性。通常情况下为了使匹配结果更加稳定，一般不用 4 个种子点来描述，而是选择用 16 个点对关键点进行描述，因为上面已经阐述了每个种子点有 8 个方向信息，所以每个关键点就要用一个 128 维的特征向量来表示。

最后，为了使亮度变化对它的影响减少，还需要做一些改变。首先将特征向量的长度归一化，图像对比度的改变是将每一个像素乘以一个常数，这样就会使梯度也乘以相同的常数，因此向量归一化会消除这种对比度改变。亮度的变化是给每一个像素加上一个常数，这不会对梯度值产生影响，因为要经过差分运算，差分运算之后梯度值是不变的，所以当光照情况有变化时描述子仍然具有不变性。

（5）关键点的匹配

两幅影像的 SIFT 特征向量都生成以后，分别建立关键点的描述子集合，具有 128 维的关键点描述子采用欧氏距离作为相似性度量。可以利用穷举法进行匹配，图 3.23 为采用该法进行匹配的示意图。

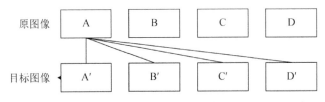

图 3.23　穷举法匹配示意图

原图像中关键点描述子可表示为

$$R_i = (r_{i1}, r_{i2}, \cdots, r_{i128})$$

目标图像中关键点描述子可表示为

$$S_i = (s_{i1}, s_{i2}, \cdots, s_{i128})$$

以上两个描述子之间的欧氏距离可表示为

$$d(R_i, S_i) = \sqrt{\sum_{j=1}^{128}(r_{ij} - s_{ij})^2} \qquad (3-47)$$

要得到配对的描述子，需要满足：

$$\frac{\text{目标图距离} R_i \text{最近的点} S_i}{\text{目标图距离} R_i \text{次最近的点} S_i} < \text{Threshold} \qquad (3-48)$$

从图 3.23 中可以看出，当两张影像产生了大量特征点的时候，使用该方法搜索一遍很费时间，因此一般采用 KD（K-dimensional）树的数据结构来完成搜索。此处以后母戊鼎的影像为例，根据 SIFT 匹配基本思想，对原始图像进行 Wallis 滤波处理后，再进行特征提取，左右影像特征点提取的结果如图 3.24 所示。

在成功提取特征的前提下，根据每个特征点的局部描述子，以欧氏距离为测度进行同名点匹配，并且删除响应值大的边缘特征点，以提高匹配的可靠性，经处理后，最终的匹配结果如图 3.25 所示。

图 3.24　左右影像特征点提取结果

左右影 63 像特征
点提取结果

图 3.25　删除不稳定点匹配结果

### 3.2.4　影像密集匹配

本书所讲的影像密集匹配是指点、线特征的匹配，要对影像进行一系列的处理，包括影像定向、特征提取、特征匹配等，下面介绍各个部分的原理。

1. 定向点提取

为了完成影像定向，就要对影像进行特征提取和匹配，获取定向点，建立区域网，然后进行平差，匹配的好坏直接影响到区域网和最后平差结果，如何精准正确地完成匹配是获取定向点的重要内容。由于近景影像有时会出现旋转、缩放的现象，所以选择对影像的旋转和缩放具有一定不变性的 SIFT 匹配作为定向点获取的方法。

为了去除误匹配点，采用金字塔匹配的策略。在金字塔的顶部，影像的分辨率低，局部的相容相当于原始分辨率影像上大范围的相容,所以保证了匹配的可靠性,通过上层匹配的信息可以为下一层影像提供准确和可靠性的近似值,可以作为可靠的约束条件。

匹配整体思路:在纵向上以 SIFT 特征匹配和最小二乘匹配为基础,在横向上以每层金字塔影像匹配结果为约束条件,进行粗差的剔除,并根据金字塔影像的特点,按照约束条件的可靠性采取由粗到细、层层递进的策略剔除每层影像的误匹配点。匹配过程如下:

1)在顶层金字塔影像上进行 SIFT 特征匹配,并应用双向匹配一致性约束进行反向匹配。根据江万寿在博士论文中所叙述的,顶层影像生成的匹配点有很高的可靠性(江万寿,2014)。本书也通过大量的实验证明了这一点,如图 3.26 所示,虽然匹配出的同名点有限,但是匹配可靠性很好。

图 3.26 顶层影像 SIFT 匹配结果

2)在下一层金字塔影像中,进行 SIFT 特征匹配。这时生成了很多匹配点,从匹配结果中可以明显看出一些误匹配点,如图 3.27 所示。此时应用唯一性约束、连续性约束、随机抽样一致性(random sampling consistency,RANSAC)约束、核线约束、反相匹配约束对匹配点对进行提纯处理,直至底层影像。

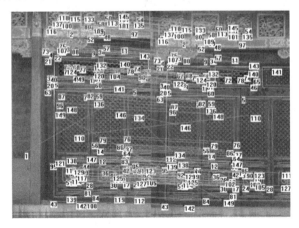

图 3.27 SIFT 匹配结果

3）在最底层影像中同样进行 SIFT 特征提取与匹配，经过误匹配的剔除后，同名点的可靠性和精度已经很高，但是为了进一步提高匹配精度，在此应用最小二乘匹配进行高精度配准。最后的匹配结果如图 3.28 所示。整体匹配流程如图 3.29 所示。

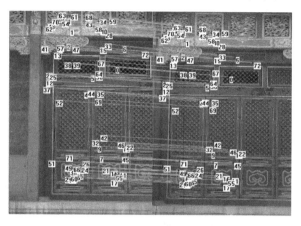

图 3.28 剔除误匹配后结果

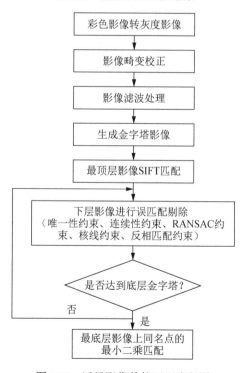

图 3.29 近景影像整体匹配流程图

2. 相对定向

传统的相对定向把初值设为零，但是，近景影像往往摄影角度比较大，所以适合采用相对定向直接解+严密解的定向策略。其中相对定向直接解的公式推导如下：

根据摄影光线与基线满足的共面条件方程式：

$$\begin{vmatrix} B_X & B_Y & B_Z \\ u & v & w \\ u' & v' & w' \end{vmatrix} = 0 \tag{3-49}$$

以左像的像空间坐标为像空间辅助坐标系，则左右像点满足

$$\begin{bmatrix} u \\ v \\ w \end{bmatrix} = \begin{bmatrix} x \\ y \\ -f \end{bmatrix} \tag{3-50}$$

$$\begin{bmatrix} u' \\ v' \\ w' \end{bmatrix} = \begin{bmatrix} a_1' & a_2' & a_3' \\ b_1' & b_2' & b_3' \\ c_1' & c_2' & c_3' \end{bmatrix} \begin{bmatrix} x' \\ y' \\ -f' \end{bmatrix} = \boldsymbol{R}' \begin{bmatrix} x' \\ y' \\ -f' \end{bmatrix} \tag{3-51}$$

代入共面条件方程式（3-49），得

$$L_1 yx' + L_2 yy' - L_3 yf' + L_4 fx' + L_5 fy' - L_6 ff' + L_7 xx' + L_8 xy' - L_9 xf' = 0 \tag{3-52}$$

等式两边除以 $L_5$，得

$$L_1^0 yx' + L_2^0 yy' - L_3^0 yf' + L_4^0 fx' + L_5^0 fy' - L_6^0 ff' + L_7^0 xx' + L_8^0 xy' - L_9^0 xf' = 0 \tag{3-53}$$

式中，$L_i^0 = L_i / L_5$，$L_5^0 = 1$。将匹配点对代入式（3-53）中，求出各项系数，进而求出旋转矩阵的各个元素。它不需要任何近似值就能直接解出 8 个系数 $L_1^0$，$L_2^0$，…，$L_8^0$。给定 $B_X$ 以后，即可由 8 个系数分别求得 5 个相对定向元素 $\varphi$，$\omega$，$k$，$B_Y$，$B_Z$。以相对定向直接解为严密解的初值，利用下式迭代运算便可求解出定向元素的严密解：

$$= \mathrm{d}B_Y - \frac{\begin{vmatrix} X_1 & Y_1 \\ X_2 & Y_2 \end{vmatrix}}{\begin{vmatrix} X_1 & Z_1 \\ X_2 & Z_2 \end{vmatrix}} \mathrm{d}B_Z - \frac{\begin{vmatrix} B_X & B_Y & B_Z \\ X_1 & Y_1 & Z_1 \\ -Z_2 & 0 & X_2 \end{vmatrix}}{\begin{vmatrix} X_1 & Z_1 \\ X_2 & Z_2 \end{vmatrix}} \mathrm{d}\varphi - \frac{\begin{vmatrix} B_X & B_Y & B_Z \\ X_1 & Y_1 & Z_1 \\ -Y_2 \sin\varphi & X_2 \sin\varphi - Z_2 \cos\omega & Y_2 \cos\varphi \end{vmatrix}}{\begin{vmatrix} X_1 & Z_1 \\ X_2 & Z_2 \end{vmatrix}} \mathrm{d}\omega$$

$$- \frac{\begin{vmatrix} B_X & B_Y & B_Z \\ X_1 & Y_1 & Z_1 \\ -Y_2 \cos\varphi\cos\omega - Z_2 \sin\omega & X_2 \cos\varphi\cos\omega + Z_2 \sin\varphi\cos\omega & X_2 \sin\omega - Y_2 \sin\varphi\cos\omega \end{vmatrix}}{\begin{vmatrix} X_1 & Z_1 \\ X_2 & Z_2 \end{vmatrix}} \mathrm{d}k - q$$

(3-54)

（此处上式左侧还包含由 $B_X$、$a_1$、$b_1$、$c_1$、$X_2$、$Y_2$、$Z_2$ 等组成的四个三阶行列式相加项，均除以 $\begin{vmatrix} X_1 & Z_1 \\ X_2 & Z_2 \end{vmatrix}$）

本节以 SIFT 匹配结果用于相对定向，代入相对定向直接解公式中进行定向元素的求解，再以直接解的结果作为严密解的初值做进一步的迭代，最后得到可靠性较高的定向结果，作为后续章节匹配的基础条件。

3. 核线几何

"核线"是摄影测量的一个基本概念，在影像匹配方面同样意义重大。每一个物点在左右影像上都各对应着一条核线，这两条核线称为同名核线。一般的影像匹配方法，如灰度匹配，是在搜索区选取一定大小的模板，沿着目标区域逐像素搜索，速度慢，并且易出现多峰值的情况；如果能够获取目标点所在的核线，那么便把搜索匹配从二维降到了一维，只需沿核线搜索即可，匹配速度快，精度高。目前求解同名核线的方法有基于数字影像几何纠正的核线解析、基于共面条件的同名核线几何关系及利用相对定向直接解进行核线排列。本节利用前一步 SIFT 匹配得到的精确匹配点采用相对定向直接解方法进行核线的计算。

左右影像在满足共面条件方程式的前提下，顾及影像的内方位元素，则像空间辅助坐标计算形式如下：

$$\begin{bmatrix} u \\ v \\ w \end{bmatrix} = \begin{bmatrix} x + \mathrm{d}x \\ y + \mathrm{d}y \\ -f \end{bmatrix} \tag{3-55}$$

$$\begin{bmatrix} u' \\ v' \\ w' \end{bmatrix} = \boldsymbol{R}' \begin{bmatrix} x' + \mathrm{d}x' \\ y' + \mathrm{d}y' \\ -f' \end{bmatrix} \tag{3-56}$$

式中，$u$、$v$、$w$ 分别为左像点像空间辅助坐标；$u'$、$v'$、$w'$ 分别为右像点像空间辅助坐标；$\mathrm{d}x$、$\mathrm{d}y$、$f$、$\mathrm{d}x'$、$\mathrm{d}y'$、$-f'$ 分别为左右影像的内方位元素；$\boldsymbol{R}'$ 为右像旋转矩阵。代入共面条件方程中，则有如下类似形式的方程：

$$L_1 + L_2 x + L_3 y + L_4 x' + L_5 xx' + L_6 xy' + L_7 yx' + L_8 yy' + L_9 y' = 0 \tag{3-57}$$

对式（3-57）进行整理，又有

$$L_1^0 + L_2^0 x + L_3^0 y + L_4^0 x' + L_5^0 xx' + L_6^0 xy' + L_7^0 yx' + L_8^0 yy' = y - y' \tag{3-58}$$

式中，$L_i^0 = L_i / L_9 \, (i \neq 3)$，$L_3^0 = 1 + L_3 / L_9$。

由式（3-58）可知，只需得到 8 个同名点，即可解求出式（3-58）中的 8 个参数，超过 8 个点，则按间接平差求解各参数。得到 8 个参数，对于左影像上任意一个点[即 $(x,y)$]的坐标已知，此时若右像同名点横坐标 $x'$ 已知，则根据式（3-58）可解算出右像点的纵坐标 $y'$。

仍以后母戊鼎影像为例，实验中取 SIFT 匹配结果中的部分左像点作为已知条件，对右像点的同名核线进行求解。左像点如图 3.30（a）所示，左影像各点在右影像上的同名点及对应的核线如图 3.30（b）所示。

从图 3.30 可以看出，使用左像点计算得到的右像同名核线都穿过右像同名点，即右像同名点都位于同名核线上。同时，为了对计算结果进行验证，以保证同名核线计算的准确性，为后续的研究工作提供准确数据，本书将 SIFT 匹配的所有匹配点对纳入计算，成功解求出式（3-58）中的 8 个参数以后，再根据左像点反算对应右像点 $y$ 坐标，并对计算结果与匹配点的 $y$ 坐标之间的误差进行统计。

核线约束结果图　　　　（a）左像点原始影像　　　　（b）右像点及对应核线影像

图 3.30　核线约束结果图

4. 边缘匹配

从 3.2.2 节可知，边缘特征是由一系列有拓扑关系的点组成的，所以，边缘特征的匹配也是点的匹配，只是边缘特征的点是像素连续点，可以先对其进行采样再进行点的匹配。根据边缘点和相对定向结果寻找同名核线，并沿核线进行灰度匹配的粗匹配，再使用最小二乘进行精匹配。同时，为了最大程度地提高程序处理速度，实际匹配过程中，只在视差的一定范围内进行搜索，取相关系数最大的点作为正确的匹配点。图 3.31 是对后母戊鼎提取的边缘进行匹配的结果。

（a）左像边缘点　　　　　　　　（b）右像匹配点

图 3.31　边缘匹配结果

5. 密集匹配

根据相对定向的结果，对影像进行分网格 Harris 特征点提取，并应用相对定向的结果进行核线匹配，生成密集的匹配点对，如图 3.32 所示。

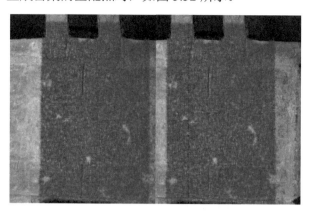

图 3.32　后母戊鼎影像密集匹配结果

## 3.3　影 像 点 云

通过边缘提取、分网格密集点提取、边缘点匹配与密集点匹配，可得到精度可靠的同名像点，三维重建则是利用这些同名点得到对应的三维模型，可以采用空间前方交会的数学模型得到各同名点的三维坐标。

### 3.3.1　空间前方交会

一般把基于立体像对的，利用左右影像的内方位元素与外方位元素，以及同名像点的像方坐标来确定对应的物方空间坐标的过程，称为立体像对空间前方交会。

空间前方交会的数学模型主要有两种：一种是基于点投影系数的空间前方交会法；另一种是基于共线方程的严密解交会法。空间前方交会的示意图如图 3.33 所示。

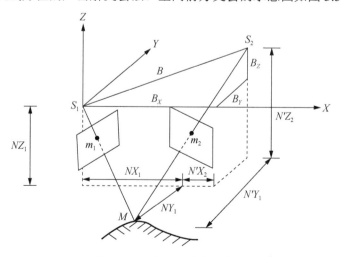

图 3.33　空间前方交会示意图

## 1. 点投影系数法空间前方交会

图3.33中，$S_1$、$S_2$分别对应左右像对的投影中心，$B_X$、$B_Y$、$B_Z$为摄影基线$B$的3个分量，$m_1$、$m_2$分别是假定某一物方点$M$在左右影像上对应的像点，则若以左像投影中心为坐标原点，地面模型点$M$在该坐标系下的三维坐标为

$$\begin{cases} X_M = NX_1 = B_X + N'X_2 \\ Y_M = NY_1 = B_Y + N'Y_2 \\ Z_M = NZ_1 = B_Z + N'Z_2 \end{cases} \quad (3\text{-}59)$$

式中，$X_1$、$Y_1$、$Z_1$、$X_2$、$Y_2$、$Z_2$分别表示模型点$M$在左像坐标与右像坐标下的像空间辅助坐标；$N$、$N'$分别表示左右像点$m_1$与$m_2$投影至地面的点投影系数，并且通过式（3-59）可以得到二者满足的等式：

$$\begin{cases} N = \dfrac{B_X Z_2 - B_Z X_2}{X_1 Z_2 - Z_1 X_2} \\ N' = \dfrac{B_X Z_1 - B_Z X_1}{X_1 Z_2 - Z_1 X_2} \end{cases} \quad (3\text{-}60)$$

根据左右影像的外方位元素可得到摄影基线的3个分量$B_X$、$B_Y$、$B_Z$及左右照片的旋转矩阵$\boldsymbol{R}_1$、$\boldsymbol{R}_2$，分别如下：

$$\begin{cases} B_X = X_{S_2} - X_{S_1} \\ B_Y = Y_{S_2} - Y_{S_1} \\ B_Z = Z_{S_2} - Z_{S_1} \end{cases} \quad (3\text{-}61)$$

$$\boldsymbol{R}_1 = \begin{bmatrix} a_1 & a_2 & a_3 \\ b_1 & b_2 & b_3 \\ c_1 & c_2 & c_3 \end{bmatrix} \quad (3\text{-}62)$$

$$\boldsymbol{R}_2 = \begin{bmatrix} a'_1 & a'_2 & a'_3 \\ b'_1 & b'_2 & b'_3 \\ c'_1 & c'_2 & c'_3 \end{bmatrix} \quad (3\text{-}63)$$

而像空间坐标与像空间辅助坐标满足下式：

$$\begin{cases} [X_1 \quad Y_1 \quad Z_1]^\mathrm{T} = \boldsymbol{R}_1 [x_1 \quad y_1 \quad -f]^\mathrm{T} \\ [X_2 \quad Y_2 \quad Z_2]^\mathrm{T} = \boldsymbol{R}_2 [x_2 \quad y_2 \quad -f]^\mathrm{T} \end{cases} \quad (3\text{-}64)$$

则可以得到地面任一点坐标（模型点）的计算公式：

$$\begin{cases} X = X_{S_1} + NX_1 = X_{S_2} + N'X_2 \\ Y = Y_{S_1} + NY_1 = Y_{S_2} + N'Y_2 \\ Z = Z_{S_1} + NZ_1 = Z_{S_2} + N'Z_2 \end{cases} \quad (3\text{-}65)$$

式中，左像投影中心坐标$X_{S_1}$、$Y_{S_1}$、$Z_{S_1}$与右像投影中心坐标$X_{S_2}$、$Y_{S_2}$、$Z_{S_2}$可通过式（3-61）进行转化。

## 2. 基于共线方程式的严密解法

首先给出共线方程式：

$$\begin{cases} x - x_0 = -f \dfrac{a_1(X-X_S) + b_1(Y-Y_S) + c_1(Z-Z_S)}{a_3(X-X_S) + b_3(Y-Y_S) + c_3(Z-Z_S)} \\ y - y_0 = -f \dfrac{a_2(X-X_S) + b_2(Y-Y_S) + c_2(Z-Z_S)}{a_3(X-X_S) + b_3(Y-Y_S) + c_3(Z-Z_S)} \end{cases} \quad (3\text{-}66)$$

式中，$x_0$、$y_0$、$-f$ 分别为影像的 3 个内方位元素；$X_S$、$Y_S$、$Z_S$ 为外方位元素中 3 个线元素，即摄站点的物方空间坐标；$(x, y)$ 为像点的像方坐标；$a_i$、$b_i$、$c_i$（$i=1,2,3$）分别为外方元素中 3 个角元素构成的方向余弦。

对共线处理可得

$$\begin{cases} (x-x_0)[a_3(X-X_S) + b_3(Y-Y_S) + c_3(Z-Z_S)] = -f[a_1(X-X_S) + b_1(Y-Y_S) + c_1(Z-Z_S)] \\ (y-y_0)[a_3(X-X_S) + b_3(Y-Y_S) + c_3(Z-Z_S)] = -f[a_2(X-X_S) + b_2(Y-Y_S) + c_2(Z-Z_S)] \end{cases}$$

$$(3\text{-}67)$$

采用中间变量替换，式（3-67）可化简为

$$\begin{cases} K_1 X + K_2 Y + K_3 Z - L_x = 0 \\ K_4 X + K_5 Y + K_6 Z - L_y = 0 \end{cases} \quad (3\text{-}68)$$

式中，

$$K_1 = fa_1 + (x-x_0)a_3$$
$$K_2 = fb_1 + (x-x_0)b_3$$
$$K_3 = fc_1 + (x-x_0)c_3$$
$$K_4 = fa_2 + (y-y_0)a_3$$
$$K_5 = fb_2 + (y-y_0)b_3$$
$$K_6 = fc_2 + (y-y_0)c_3$$

$$L_x = fa_1 X_S + fb_1 Y_S + fc_1 Z_S + (x-x_0)a_3 X_S + (x-x_0)b_3 Y_S + (x-x_0)c_3 Z_S \quad (3\text{-}69)$$
$$L_y = fa_2 X_S + fb_2 Y_S + fc_2 Z_S + (y-y_0)a_3 X_S + (y-y_0)b_3 Y_S + (y-y_0)c_3 Z_S \quad (3\text{-}70)$$

从式（3-68）可以看出，对于立体像对的任一对同名像点，都可列出 4 个方程，而待求解的未知数只有对应地面点的 3 个物方坐标，故有多余观测，应采用最二小乘法解算。如果利用多张照片进行空间前方交会，则对于一个地面点对应的 $n$ 张影像，有 $n$ 个像点，也就可列出 $2n$ 个方程来求解 $X$、$Y$、$Z$ 这 3 个未知数。这是一种严格的、不受影像数据约束的空间前方交会方法，由于是解线性方程组，所以也不需空间坐标的初值。

分析、比较以上两个前方交会的数学模型，不难发现，严密解交会法较点投影系数法计算复杂，计算量大，但精度更高。有多张影像进行前方交会时，光束法较为合适。点投影系数计算较为简单，本节的研究工作基于立体像对，只有两张影像，故采用点投影系数法，利用相对定向结果，并假定一个摄影比例尺，即可得到模型点坐标。图 3.34 为后母戊鼎部分三维重建点云模型。

 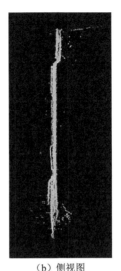

（a）主视图　　　　　　　　（b）侧视图

图3.34　后母戊鼎三维重建点云模型

其中以左像的像空间坐标系作为立体像对的像空间辅助坐标系，则左像旋转矩阵 $\boldsymbol{R}_1$ 为单位矩阵，右像旋转矩阵 $\boldsymbol{R}_2$ 可根据相对定向元素求出，则任一模型点 $M$ 的三维坐标可由式（3-66）求出。

### 3.3.2　影像点云生成

#### 1. 影像边缘提取

图像在获取过程中会受噪声的影响，如果直接用于边缘提取，效果往往不好；而使用高斯滤波可以在去除噪声的同时，很好地保留影像边缘，因此在边缘提取前先进行高斯滤波，再使用Canny最优算子提取图像边缘。程序设计如图3.35所示。

图3.35　边缘提取程序实现

其中，高斯滤波中采用5×5模板，标准差设定为0.5，Canny算法提取高低阈值比设置为3∶1，图3.36与图3.37为浮雕和壁画的边缘提取结果。

#### 2. 密集点提取

密集点提取主要为密集点云的生成提供数据基础。如前所述，Wallis滤波对于特征提取与影像匹配有非常显著的作用。使用Harris算子提取特征点前，先进行Wallis滤波。程序设计如图3.38所示。

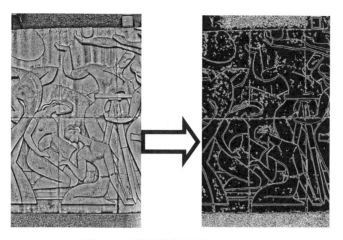

图 3.36　某校园浮雕边缘提取结果

图 3.37　莫高窟壁画边缘提取结果

图 3.38　密集点提取程序实现

图 3.39 为对敦煌莫高窟壁画以格网 20 提取的结果。

3. 相对定向

经过边缘提取与密集点提取,已得到丰富的影像特征同名点。利用这些点生成三维模型则需先确定两张影像的相对关系,也就是相对定向。为了保证精度,采用直接解+严密解的定向策略。严密解利用直接解的解算结果作为计算初值,而直接解的相对定向元素初值为零。直接解与严密解的程序实现如图 3.40 所示,其中左侧为直接解部分,右侧为严密解部分。

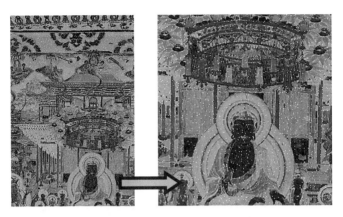

图 3.39 敦煌莫高窟壁画以格网 20 提取的结果

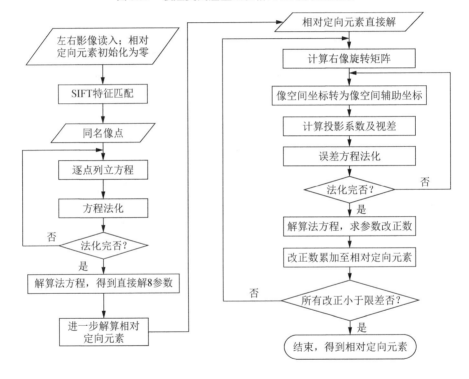

图 3.40 相对定向程序实现

本书利用直接解+严密解的方法，分别对后母戊鼎、莫高窟壁画及某校园浮雕进行相对定向实验，结果见表 3.3～表 3.5。

表 3.3 后母戊鼎相对定向结果

| 定向方法 | $B_X$（设定）/mm | $B_Y$/mm | $B_Z$/mm | $\varphi$ /rad | $\omega$ /rad | $\kappa$ /rad |
|---|---|---|---|---|---|---|
| 无严密解 | 300.000 | 70.523 | −52.241 | −0.179634 | −0.046977 | 0.020207 |
| 有严密解 | 300.000 | 70.397 | −52.246 | −0.180044 | −0.046986 | 0.020203 |

表 3.4 莫高窟壁画相对定向结果

| 定向方法 | $B_X$（设定）/mm | $B_Y$/mm | $B_Z$/mm | $\varphi$ /rad | $\omega$ /rad | $\kappa$ /rad |
| --- | --- | --- | --- | --- | --- | --- |
| 无严密解 | 300.000 | −22.490 | 13.058 | −0.086075 | 0.008734 | 0.003233 |
| 有严密解 | 300.000 | −22.582 | 13.083 | −0.086022 | 0.008767 | 0.003239 |

表 3.5 某校园浮雕相对定向结果

| 定向方法 | $B_X$（设定）/mm | $B_Y$/mm | $B_Z$/mm | $\varphi$ /rad | $\omega$ /rad | $\kappa$ /rad |
| --- | --- | --- | --- | --- | --- | --- |
| 无严密解 | 300.000 | 27.540 | 10.187 | −0.048643 | −0.005392 | 0.020961 |
| 有严密解 | 300.000 | 28.467 | 10.092 | −0.049319 | 0.005784 | 0.020945 |

通过以上相对定向结果对比可以分析出，在无严密解，只用直接解的情况下，相对定向元素的计算结果不够稳定，因此，为了获取相对定向元素的精确解，应以直接解的计算结果为初值，采用严密解进行迭代运算求解。采用直接解+严密解的策略，可以很好地解决近景影像这类倾角较大的立体像对的相对定向问题。

**4. 影像点云生成**

经过影像间的精确相对定向，便可将得到的所有特征进行同名点的搜索，并进行前方交会得到模型点。采用沿核线进行灰度匹配粗匹配、最小二乘精匹配的策略。影像点云生成程序实现如图 3.41 所示。

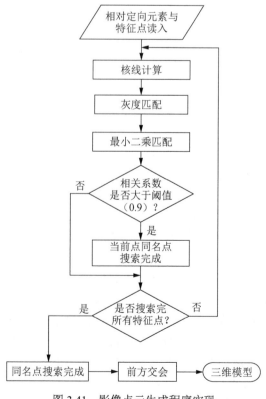

图 3.41 影像点云生成程序实现

影像点云生成结果如图 3.42 所示。

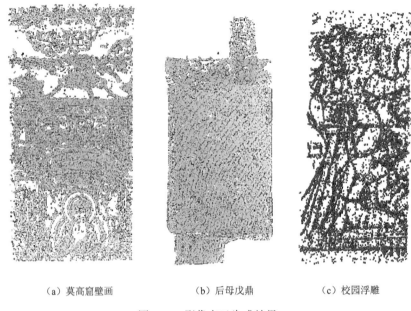

（a）莫高窟壁画　　　　　（b）后母戊鼎　　　　　（c）校园浮雕

图 3.42　影像点云生成结果

## 3.4　摄 影 数 据

无人机平台、三脚架平台或者手持设备获取的影像数据，会生成多种类型的数据格式，如 RAW、BMP、JPG、TIFF、GIF、PSD、DICOM 等格式的数据。其中 JPG、TIFF 等几种数据是点云、深度图像与数字图像常用的纹理数据格式。下面针对影像数据获取和数据处理过程中最具代表性的两种影像数据文件格式做一个简单的介绍。

1. JPEG 和 JPEG 2000 格式

普通数码照相机拍摄得到的数字图像格式一般是"jpg"格式。

JPEG 是 joint photographic experts group（联合图像专家组）的缩写，文件拓展名为"jpg"或"jpeg"，是最常用的图像文件格式，由一个软件开发联合会组织制定，是一种有损压缩格式，能够将图像压缩在很小的储存空间，图像中重复或不重要的资料会丢失，因此容易造成图像数据的损伤。尤其是使用过高的压缩比例，将使最终解压缩后恢复的图像质量明显降低，如果追求高品质图像，不宜采用过高压缩比例。但是 JPEG 压缩技术十分先进，它可用有损压缩方式去除冗余的图像数据，在获得极高的压缩率的同时能展现十分丰富生动的图像。换句话说，就是可以用最少的磁盘空间得到较好的图像品质。而且 JPEG 是一种很灵活的格式，具有调节图像质量的功能，允许用不同的压缩比例对文件进行压缩，支持多种压缩级别，压缩比率通常为 10∶1～40∶1，压缩比越大，品质就越低；相反地，压缩比越小，品质就越高。

JPEG 2000 作为 JPEG 的升级版，其压缩率比 JPEG 高 30%左右，同时支持有损压缩和无损压缩。JPEG 2000 格式有一个极其重要的特征在于它能实现渐进传输，即先传输图像的轮廓，然后逐步传输数据，不断提高图像质量，让图像由朦胧到清晰显示。此外，JPEG 2000 还支持所谓的"感兴趣区域"特性，可以任意指定影像上感兴趣区域的压缩质量，还可以选择指定的部分先解压缩。

2. TIFF 格式

TIFF 是 tagged image file format（标记图像文件格式）的缩写，此种文件格式是由 Aldus 和 Microsoft 公司为扫描仪和台式计算机出版软件开发的，是为存储黑白图像、灰度图像和彩色图像而定义的存储格式，现在已经成为出版多媒体 CD-ROM 中的一个重要文件格式。虽然 TIFF 格式的历史比其他的文件格式长一些，但现在仍是使用最广泛的行业标准位图文件格式，这主要是由于 TIFF 格式的规格经过多次改进。TIFF 位图可具有任何大小的尺寸和分辨率。在理论上它能够有无限位深，即每个样本点 1~8 位、24 位、32 位（CMYK 模式）或 48 位（RGB 模式）。TIFF 格式能对灰度、J 健、CMYK 模式、索引颜色模式或 RGB 模式进行编码。它能被保存为压缩和非压缩的格式。无论是置入、打印、修整还是编辑位图，大部分工作中涉及位图的应用程序都能处理 TIFF 文件格式。

JPEG 一般是原始数字图像数据格式，而 TIFF 是处理成果的数字图像数据格式。

## 思 考 题

1. 地面激光点云配准的基本原理是什么？
2. 地面激光雷达影像获取的原则及方法是什么？
3. 影像滤波的目的是什么？Wallis 滤波较其他滤波的优势有哪些？
4. 简述灰度匹配与特征匹配的主要原理。二者的区别是什么？
5. 用一种计算机语言实现灰度匹配及最小二乘匹配的程序编写。
6. 在影像精细三维重建中包括哪些主要的匹配算法？各有哪些优势和作用？
7. 影像精细三维重建的优势及主要内容是什么？

# 第4章 三维点云配准

点云配准是将所有具有不同坐标系的同一目标的点云,通过其同名特征(约束)拼接转换到同一基准坐标系下,构成完整的空间对象点云模型的过程。点云配准是点云模型处理的重要环节,是获得三维对象完整点云模型的必要步骤,点云数据的配准质量直接关系到后续成果的整体质量。点云配准按照配准方式、过程及对象的不同,有不同的配准方式。本章学习重点在于点云配准的基本原理,以及基于几何特征及点云的配准方法。

## 4.1 激光点云配准的概念

### 4.1.1 激光点云配准原理

对于任何一个非"点"的空间对象,我们都不可能通过一个视角来观察到目标的全部,地面激光扫描仪测量也类似于人眼的观察视野,因此扫描测量空间对象时,需要从不同的角度和位置对目标对象进行扫描,最后得到的结果是多幅独立视图的点云数据。配准就是将所有具有独立视角(坐标系)的点云,通过某些共同的特征拼接转换到一个共同的基准坐标系下构成完整的空间对象模型的过程。

如图4.1所示,用两个不同观测视角视点1、视点2观测物体$O$,得到的两个不同视角的数据测站1、测站2。两站数据配准后即可得到观测数据$O$的正面数据模型。点云的配准通常是通过站点之间的几何约束来完成的,这里的约束是指任意两幅相邻点云之间的同名几何特征或点云的重叠部分,如点约束、面约束、线性约束、点云约束等。点云的配准实际上就是独立坐标点云模型之间的空间坐标的刚性变换,我们知道空间变换的参数一般采用七参数法,3个角元素($\alpha,\beta,\gamma$)组成旋转矩阵$\boldsymbol{R}$,3个平移参数$\Delta X(\Delta x, \Delta y, \Delta z)$,还有1个尺度系数$\lambda$,由于点云中测量对象尺度相同,因此空间变换中尺度系数$\lambda=1$,只需求解其余6个参数即可以实现空间变换。旋转矩阵直接由角度函数表达如下:

$$\boldsymbol{R}(\alpha,\beta,\gamma) = \begin{bmatrix} 1 & 0 & 0 \\ 0 & \cos\alpha & \sin\alpha \\ 0 & -\sin\alpha & \cos\alpha \end{bmatrix} \begin{bmatrix} \cos\beta & 0 & -\sin\beta \\ 0 & 1 & 0 \\ \sin\beta & 0 & \cos\beta \end{bmatrix} \begin{bmatrix} \cos\gamma & \sin\gamma & 0 \\ -\sin\gamma & \cos\gamma & 0 \\ 0 & 0 & 1 \end{bmatrix} \quad (4\text{-}1)$$

式中,$\alpha$、$\beta$、$\gamma$分别为坐标系绕$x$、$y$、$z$三轴进行旋转的角度。但以此进行坐标系的旋转参数求解会引起数值解不稳定,因为欧拉角很小的变化可能对应很大的旋转变化,因此实际中一般采用其他方法来构造旋转矩阵解算。本节介绍一种简便的构造旋

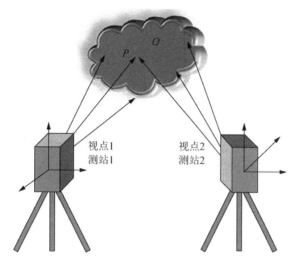

图 4.1 配准原理示意图

转矩阵的方法——罗德里格矩阵构造法(姚吉利等，2006)。罗德里格矩阵是根据旋转矩阵的对称正交特性，构造如下矩阵：

$$S = \begin{bmatrix} 0 & -c & -b \\ c & 0 & -a \\ b & a & 0 \end{bmatrix} \quad (4\text{-}2)$$

这样，可以直接构造旋转矩阵 $R$ 如下：

$$R = (I-S)^{-1}(I+S) \quad (4\text{-}3)$$

式中，$I$ 为单位矩阵。求解 $a$、$b$、$c$，展开后可以很快计算出旋转矩阵如下：

$$R = \frac{1}{\Delta}\begin{bmatrix} 1+a^2-b^2-c^2 & -2c-2ab & -2b+2ac \\ 2c-2ab & 1-a^2+b^2-c^2 & -2a-2bc \\ 2b+2ac & 2a-2bc & 1-a^2-b^2+c^2 \end{bmatrix} \quad (4\text{-}4)$$

式中，$\Delta = \sqrt{a^2+b^2+c^2}$，这种方法适用于大旋角空间变换的角度参数求解。

### 4.1.2 点云配准方式

扫描站点，就是三维激光扫描仪在一个固定的位置上进行扫描所获取的全部点云数据及相关的控制数据。扫描过程中仪器是固定的，所以一个扫描站中的所有数据都是统一以扫描设备为中心的局部坐标系单站数据，站点是点云进行配准的基本单位。

配准方式分逐站配准与整体配准两类(图4.2)，其中逐站配准即为两两相邻站点之间不断配准合并，最后得到整体的数据模型。

整体配准的方式就是以某一站为基础，解算所有站点到基站的空间变换参数，得到配准模型，这样可以一次性完成配准过程，无误差累积，整体精度高。

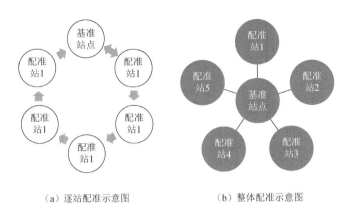

(a) 逐站配准示意图　　　　（b) 整体配准示意图

图 4.2　配准方式

## 4.2　基于几何特征配准

特征配准实际上就是基于同名特征的直接对点云进行的刚性空间变换。为了完成相邻点云坐标系之间的转换，需要求解相关的空间相似变换参数：3 个角元素 $\alpha$、$\beta$、$\gamma$，3 个平移量 $\Delta X$、$\Delta Y$、$\Delta Z$ 和 1 个比例尺的缩放参数 $\lambda$。一般配准的特征包含点、线、面 3 大类，本书依据此分类逐一介绍各个特征的配准方法。

### 4.2.1　配准特征的获取与匹配

基于特征的配准在大型复杂场景的三维地面扫描中应用广泛，相对于类似迭代最近点（iterative closest point，ICP）的点云迭代算法，用特征进行配准有如下几点原因。

1）地面激光扫描获取数据量大，直接用点云迭代算法耗时长；相反地，大型场景中往往存在多种特征，方便特征约束提取，实际中采用特征配准更直接简便。

2）点云数据密度变化大，重叠区域采用点对点可能误差大，而特征配准不存在这些问题。

3）扫描死角多，重叠区域少。大场景扫描中往往遮挡严重，有时候需要用控制点来连接。例如，在复杂古建测量中，梁架与地面部分由天花隔开，建筑内外连接，都需要控制点约束进行配准。

4）配准站点多，用点云配准时容易造成误差累积（程效军等，2009）。因此，在大型场景的扫描中，一般需要布设控制网，将三维激光扫描技术与传统的控制测量联合起来。

一般来说，特征是由多个扫描点拟合得到的，能够摒弃或者大大削弱单点的随机误差（张瑞菊等，2006a）。当拟合特征精度足够时，模型特征能够充分代表测量的精度，而大型场景中往往可以很方便地提取出模型同名约束，这些约束包含点线面几大类。

#### 1. 点特征获取

点特征主要包含两大类，一类是目标自身的特征点，如角点、顶点等几何点，这些点需要通过手工拟合或半自动提取手段获取；还有一类是人工布设标识，如测量控制点、扫描标靶、控制球等，这类标识点在地面激光扫描中广泛使用。以 Leica 的扫描仪为例，图 4.3（a）为 HDS3000 扫描仪标靶，其靶心设置为白色，为高反射率材料，中心有磁芯，可以精确获取中心点，在适宜的扫描距离内标称点位精度在 2mm 以内。图 4.3（b）为 HDS4500 扫描仪标靶，靶上设置的灰白间隔的标识差异明显，精密扫描后通过灰度识别，可以精确获取中心。其他扫描仪也都有各自配套的标识。

其他标识中，以定标球应用最为广泛，其优点就是球体无须旋转，在各个方向观测到的定标球都能够得到球冠，加上定标球的直径一般都是已知的，故在实际中拟合球心的精度比较高，可以精确地利用点约束进行配准。如图 4.3（c）所示的定标球，球径偏差在 1mm 以内，对激光反射良好，在实际数据配准中，球的拟合直径精度也可以达到 2mm。

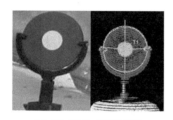 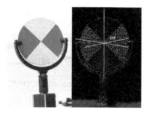 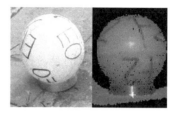

（a）HDS3000 扫描仪标靶　　　（b）HDS4500 扫描仪标靶　　　（c）定标球

图 4.3　常见的点测量标识示例

为了能将激光扫描测量与传统控制结合起来，很多学者也研究了一些实用的办法。如图 4.4 中，左边为控制扫描标靶，右侧为标靶贴上 Leica TCA2003 全站仪的反射片，通过两种不同的方法，将扫描仪与传统测量的控制坐标联系起来，可以实现传统测量与三维激光地面扫描控制的坐标统一（陈秀忠等，2007）。

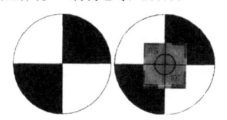

图 4.4　标靶与控制点联系

2. 平面与线状特征获取

平面与线状特征在扫描场景中更为常见，人工建筑的表面有很多平面特征，有部分大型目标虽然整体呈不规则形状，但是局部仍可视为平面特征，可以直接通过平面特征拟合获取约束。线状特征主要包括建筑中的柱体轴心线、棱线等线性特征，一般通过拟合平面交线或者柱体轴心线来获取。

如图 4.5 所示为故宫太和门某一站点的点云，图 4.5 中的柱子和梁面都可以作为配准的约束来进行拟合提取。由于现实中这些表面并不是完全规则的几何体，因此拟合约束时需要尽量保证约束的空间位置一致性，这样可以保证配准特征的一致性，提高特征配准的精度。

图 4.5 面状与线状约束

其他特征约束都可以归到这 3 类中。特征提取算法主要包括球面、平面、柱面的拟合算法。值得注意的是,在用最小二乘法拟合球面时,当点云坐标较小时,球的拟合精度比较高;但是当坐标值非常大时(和实际工程坐标统一后常常会加上一个大的常数),拟合误差会非常大,一般是先将坐标平移到一个小坐标系拟合,然后将拟合后的目标平移回原坐标系中。

### 4.2.2 基于点线面的几何特征配准

基于单一几何特征进行配准一般包含点特征、线特征及面特征 3 类,下面具体介绍这 3 类特征的配准算法。

1. 点特征误差方程

对于同一物体上观测到的同名点 $P$,假定观测的同名坐标为 $\boldsymbol{X}_0(x_0, y_0, z_0), \boldsymbol{X}(x, y, z)$,偏移量为 $\Delta \boldsymbol{X}(\Delta x, \Delta y, \Delta z)$,以测站 1 为基准,两者存在如下变换关系:

$$\boldsymbol{X}_0 = \boldsymbol{R}\boldsymbol{X} + \Delta \boldsymbol{X} \tag{4-5}$$

令

$$\boldsymbol{A} = \begin{bmatrix} 0 & -\bar{z}_0 - \bar{z} & -\bar{y}_0 - \bar{y} \\ -\bar{z}_0 - \bar{z} & 0 & \bar{x}_0 + \bar{x} \\ \bar{y}_0 + \bar{y} & \bar{x}_0 + \bar{x} & 0 \end{bmatrix}, \boldsymbol{t} = \begin{bmatrix} a \\ b \\ c \end{bmatrix}, \boldsymbol{L} = \begin{bmatrix} \bar{x}_0 - \bar{x} \\ \bar{y}_0 - \bar{y} \\ \bar{z}_0 - \bar{z} \end{bmatrix}$$

旋转参数的误差方程可以表示为

$$\boldsymbol{V} = \boldsymbol{A}\boldsymbol{t} - \boldsymbol{L} \tag{4-6}$$

将求解的罗德里格参数构造矩阵 $\boldsymbol{R}$ 后,平移参数的误差方程如下:

$$\boldsymbol{V} = \Delta \boldsymbol{X} - (\boldsymbol{X}_0 - \boldsymbol{R}\boldsymbol{X}) \tag{4-7}$$

由方程可知,基于点的配准至少需要 3 对不在一条直线上的同名点对才能实现。点约束的配准误差一般采用配准点对在空间 3 个方向的偏差及其空间欧几里得距离 $\mathrm{d}S(\Delta x, \Delta y, \Delta z)$ 表示。点约束的误差距离计算如下:

$$\mathrm{d}S = \sqrt{(\Delta x^2 + \Delta y^2 + \Delta z^2)} \tag{4-8}$$

## 2. 面特征误差方程

假设平面 $P$ 的法向为 $F(f_x, f_y, f_z)$，重心为 $X$，那么平面 $P$ 可以表示为 $P(F, X)$。对于一对同名面约束 $P_0(F_0, X_0)$，$P(F, X)$，有两个约束关系，第一个是法向平行，表达式如下：

$$F_0 - RF = 0 \tag{4-9}$$

同样令

$$A_f = \begin{bmatrix} 0 & -f_{0z} - f_z & -f_{0y} - f_y \\ -f_{0z} - f_z & 0 & f_{0x} + f_x \\ f_{0y} + f_y & f_{0x} + f_x & 0 \end{bmatrix}, \quad t = \begin{bmatrix} a \\ b \\ c \end{bmatrix}, \quad L_f = \begin{bmatrix} f_{0x} - f_x \\ f_{0y} - f_y \\ f_{0z} - f_z \end{bmatrix}$$

则方向观测误差方程表示为

$$V = A_f t - L_f \tag{4-10}$$

求解完 $X$ 可以构造出旋转矩阵 $R$，第二个约束为平面 $P(F, X)$ 的重心 $X$ 在平面 $P_0(F_0, X_0)$ 上，表达如下：

$$F_0(RX + \Delta X - X_0) = 0 \tag{4-11}$$

得到平移参数的误差方程如下：

$$V = F_0 \Delta X - F_0(X_0 - RX) \tag{4-12}$$

由观测方程可知，至少需要 3 对独立平面才可以完成配准。平面约束配准中要注意下面的问题。

1）对应方向约束的法向朝向一致性：在配准过程中求旋转矩阵 $R$ 时，要求两组平面特征中相对应的平面法向的朝向具有一致性，否则，将导致计算出错。

2）对应方向条件的相似性：当两个方向约束的夹角很小或者相同时，两个对应的约束只能作为一个方向约束，因此实际方向约束的个数应该是具有不同方向的各个约束个数总和。

面约束的误差主要由同名面约束法向的角度误差 $\Delta\theta$ 和重心的距离误差 $\mathrm{d}s$ 两项来表示，如图 4.6 所示，易知平面误差计算如下：

$$\Delta\theta = \arccos \frac{|F_0 \cdot F|}{|F_0| \cdot |F|} \tag{4-13}$$

$$\mathrm{d}s = \frac{|F_0(X - X_0)|}{|F_0|} \tag{4-14}$$

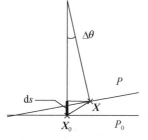

图 4.6 面约束误差示意

### 3. 线特征误差方程

同样的对于空间线约束我们定义为 $L(F,P)$，其中 $F$ 为直线方向向量，$P$ 为线上一点（一般取线形约束的中心），则对于空间同名线 $L_0(F_0,P_0)$，$L(F,P)$，存在直线方向平行条件，线约束与面约束旋转参数误差方程相同，如式（4-9），在此不再赘述。

同名直线在空间重合，则中心点 $P$ 变换后在直线 $L_0$ 上，令 $P' = RP$，则上述约束满足：

$$\begin{cases} f_{0y}(p'_x + \Delta x - p_{0x}) - f_{0x}(p'_y + \Delta y - p_{0y}) = 0 \\ f_{0z}(p'_x + \Delta x - p_{0x}) - f_{0x}(p'_z + \Delta z - p_{0z}) = 0 \end{cases} \quad (4\text{-}15)$$

得到平移参数的误差方程如下：

$$V = \begin{bmatrix} f_{0y} & -f_{0x} & 0 \\ f_{0z} & 0 & -f_{0x} \end{bmatrix} \begin{bmatrix} \Delta x \\ \Delta y \\ \Delta z \end{bmatrix} - \begin{bmatrix} f_{0x}(p'_y - p_{0y}) - f_{0y}(p'_x - p_{0x}) \\ f_{0x}(p'_z - p_{0z}) - f_{0z}(p'_x - p_{0x}) \end{bmatrix} \quad (4\text{-}16)$$

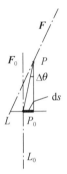

图 4.7 线约束误差

通过求解线性方程组，可以得到平移向量 $\Delta X$。由观测方程知，配准至少需要两条异面线性约束。线性约束在点云的特征提取中，柱子中心和轴心方向受拟合的数据影响较大，其距离约束（点在线上）可信度低，一般只有在相邻扫描站点约束条件数不足时作为局部约束参与配准。

线性约束的误差也由角度误差 $\Delta \theta$ 和距离误差 ds 来表示，如图 4.7 所示，角度误差为法向夹角，距离误差为两条线中心连线在垂直于 $L_0$ 的平面上的投影。具体求解如下：

$$\Delta \theta = \arccos \frac{|F_0 \cdot F|}{|F_0| \cdot |F|} \quad (4\text{-}17)$$

$$\mathrm{d}s = s_{PP_0} \sin(\Delta \theta) \quad (4\text{-}18)$$

### 4.2.3 多约束联合配准

上面 3 类约束都是通过先求解旋转矩阵 $R$，然后求解平移向量 $\Delta X$ 的，因此可以很方便地统一起 3 种约束进行联合配准。假设参与配准的点、线、面特征约束数分别为 $m$、$n$、$l$，则对参与点进行重心化以后，由式（4-6）和式（4-10）可以得到统一的旋转参数误差方程为

$$\underset{3(m+n+l) \times 1}{V} = \underset{3(m+n+l) \times 3}{A} \underset{3 \times 1}{t} - \underset{3(m+n+l) \times 1}{L} \quad (4\text{-}19)$$

式中，$A$ 为由坐标和法向观测值组成的系数阵；$L$ 为相应残差阵。用最小二乘法可以直接求得旋转矩阵参数 $t$。联合式（4-7）、式（4-12）和式（4-16），可以得到平移参数的误差方程式：

$$\underset{(3m+2n+l) \times 1}{V} = \underset{(3m+2n+l) \times 3}{B} \underset{3 \times 1}{\Delta X} - \underset{(3m+2n+l) \times 1}{W} \quad (4\text{-}20)$$

式中，$B$ 为点、线、面约束在空间的距离约束构成的系数阵；$W$ 为相应的残差阵。由式（4-19）和式（4-20）可以完成多类型特征约束对点云的配准。需要指出的是，由上

述两式分步求解作为一般初值解算精度足够,如果需要严密解算空间变换,还需要将所有特征约束进一步线性化后通过迭代求解。表 4.1 给出了一些最小空间变换的特征组合。

表 4.1 解算空间变换的最小特征约束类型组合

| 特征组合 | | | 观测方程数 | 自由度 |
| --- | --- | --- | --- | --- |
| 点 | 面 | 线 | | |
| 1 | 0 | 1 | 7 | 0 |
| 1 | 2 | 0 | 9 | 2 |
| 0 | 1 | 1 | 7 | 0 |
| 0 | 1 | 2 | 11 | 4 |

## 4.3 迭代最近点配准

1992 年,计算机视觉研究者 Besl 和 Mckay 在四元数基础上,提出了一种高层次的基于自由形态曲面的配准方法,也称为迭代最近点(ICP)算法。

1. ICP 算法

ICP 算法使用了七参数向量 $X = [q_0, q_x, q_y, q_z, t_x, t_y, t_z]$ 作为旋转和平移的表示方法,其中 $q_0^2 + q_x^2 + q_y^2 + q_z^2 = 1$(即单位四元数条件)。令迭代原始采样点集为 $P$,对应曲面模型 $S$,距离函数定义如下:

$$d(P, S) = \min_{x \in X} \|x - P\| \tag{4-21}$$

$P$ 到模型 $S$ 的最近点之间的距离即是 $P$ 到 $S$ 的距离。

ICP 配准的方法及步骤如下:

设定参数向量 $X$ 的初始值为 $X_0 = [1, 0, 0, 0, 0, 0, 0]^T$,模型 $S$ 采样点集为 $C_0$。

1)由点集中的点 $P_k$,在曲面 $S$ 上计算相应最近点点集 $C_k$。

2)计算参数向量 $X_{k+1}$,该项计算通过点集到点集配准过程得到参数向量 $X_{k+1}$,然后计算距离平方和值为 $d_k$。

3)用参数向量 $X_{k+1}$ 生成一个新的点集 $P_{k+1}$,重复步骤 1)。

4)当距离平方和的变化小于预设的阈值 $\tau$ 时就停止迭代,停止迭代的判断准则为 $d_k - d_{k+1} < \tau$。

上面过程中,计算过程代价最大的即是第一步计算最近点集的过程,因此,ICP 算法配准的关键在于不同视场下公共点集的求取(李玉敏,2008)。ICP 算法存在一些问题:首先,ICP 算法对配准点集的初始位置要求比较严格,当点集位置相差较大时,算法可能单调收敛到局部最小,这种情况下,ICP 算法获得的解便不是全局最优解;其次,ICP 算法要求其中一个曲面上的每一个点在另外一个曲面上都有对应点,只有这样才能使两幅待配准点云数据在整体上达到某种度量准则下的最优配准,一个曲面是另一个曲面的严格子集。然而,点云数据彼此之间仅仅是部分重叠,只能近似满足 ICP 算法的应用条件。

## 2. 改进ICP算法

近几十年来，研究学者对ICP进行了不同的改进，可以归结为以下几个方面。

(1) 加快最近点搜索

20世纪90年代，Bergevin等（1996）提出了"Point to Plane"搜索最近点的精确配准方法。如图4.8所示，这种法是根据源曲面上的一个点$P$，在目标曲面上找出对应于$P$点最近的切平面点$Q'$。

2001年，Rusinkiewicz等提出了"Point to Projection"搜索最近点的快速配准方法。如图4.9所示，图中$Q_Q$是扫描目标曲面的透视点的位置，"Point to Projection"搜索法是根据源曲面上的一个点$P$和透视点$Q_Q$，在目标曲面上找出$Q$点作为对应于$P$点的最近点，通过确定$Q_Q$点向$P$点方向的投影线与目标曲面的交点$Q$，作为搜索的最近点。

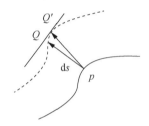
图4.8 "Point to Plane"同名点搜索法

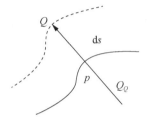
图4.9 "Point to Projection"同名点搜索法

(2) 减少参与配准点数

这种思路通过选取部分点代替全部点进行配准，可以分为两类：第一类方法采用了粗配准到精配准的二级配准方法，先将整体的点集数据中的一部分用于粗略位置配准，在此基础上将全部的点进行高精度配准（Rusinkiewicz et al., 2001；Turk et al., 1994）；第二类则是通过控制点，如用法线和平面交点作为控制去匹配点集，或是选取最接近栅格中心的点作为特征点进行同名特征配准（李玉敏，2008）。这类方法配准的速度和精度依赖于选点策略和目标点集初始位置等因素，具有一定的限制性。

(3) 基于点对的剔除

基于点对的剔除即是引入适当的准则或约束以去除错误对应点对。点对剔除策略之一是利用点云的反射强度及色彩信息，Andreetto等（2004）提出了利用模型纹理信息进行自动配准的方法，Akca（2007）依据曲面反射率对曲面进行配准，然而大部分点集数据并不具备纹理信息，从不同视角获取的目标反射强度也有差别，因此这种策略局限性强。更多的策略则是基于点云自身的几何特性来进行点对剔除。在不同视角下，被测物体表面的曲率及法矢信息不变，Godin等（1995）提出一种迭代最近相容点（Iterative closest compatible point，ICCP）算法，使用候选对应点间的曲率和法矢的夹角判断点对的兼容性，保留夹角小于阈值的点对配准；Guehring（2001）使用了距离和法矢两种参数结合作为判断依据，当距离小于阈值且法矢方向偏差小于阈值时认为点对可靠并参与配准；其他还有很多依据对象欧氏空间不变量（曲率、矩不变量等）、方向约束等进行点对剔除的方法（Liu, 2006；Sharp, 2002；Kase et al., 1999）。

以上各类改进方法都是相对独立的,针对不同的情况对 ICP 算法做了调整。总体来说,当配准的点集足够密集且初始位置很好的时候,ICP 算法能够精确实现目标配准。

## 4.4 多站整体配准

1. 配准的基本原理

多站点云的整体配准就是将所有参与配准的多站点云根据其相互之间的约束关系,一次性转换到一个统一的坐标系下,形成一个整体的点云模型的过程。

多站点云整体配准实际上以间接平差原理为理论基础,在配准中即将所有特征约束作为观测值,将每一站点云的空间转换参数及部分未知约束作为待定参数进行整体的间接平差。求解待定方位元素和未知控制点平差值后,利用求解的空间转换参数直接对各原始的点云进行空间变换就可以实现整体配准(Wang et al., 2008)。

在进行多站点云的整体配准时,必须有高精度的控制约束作为基础,一般通过在扫描目标的周围布设控制网,在控制网的基础上获取点云。控制网的坐标系的选择一般按照实际工程或项目需求来定,一般为测量坐标系、建筑坐标系或者其他的局部坐标系。通过其他手段提取到精度较高的特征也可以作为配准的约束。

2. 配准的条件

参与配准的点云必须具备足够的约束才能够参与到整体配准中,因此要求点云的参数至少能够有足够条件求解点云的空间转换参数。单站点云一般有 7 个变换参数,但是点云一般都是基于空间对象的真实尺度,设定空间变换的比例参数都为 1,有 6 个参数需要求解,所以我们假设参与的点约束个数为 $n$,方向约束个数为 $m$,那么要进行整体配准的每幅点云与周围影像的约束条件总数至少满足 $m+n \geqslant 3$ 才能够参与配准,有多余的条件就可以参与平差,提高配准精度。

多站点云之间的约束关系存在多种情况,相邻影像之间存在约束条件,可能是一对一的约束关系,也可能是一幅影像和几幅影像之间存在的约束关系。相邻影像之间的约束关系至少要满足一些基本条件才能够参与整体配准。图 4.10 做了一个简单说明。

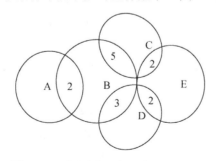

图 4.10 不同站点几何约束关系示意图

图 4.10 中有 A、B、C、D、E 共 5 幅点云图,重叠部分数字为相邻两幅点云的约束

数目。由图 4.10 可以看出，以 B 为基站进行配准时，C、D 两幅点云图都可以直接配准到 B 上，A 则和其他点云图重叠条件太少，不能参与配准；影像 E 则是一个特例，它需要和 B、C、D 这 3 幅点云图构成的整体点云配准才能够满足配准条件。

3. 误差方程构造

（1）点约束误差方程

扫描对象中的特征点 $X_{t0}(x_0,y_0,z_0)$ 与其观测值 $X_t(x,y,z)$ 间存在如下关系：

$$X_{t0} - (-\lambda RX_t + \Delta X) = 0 \tag{4-22}$$

式中，$R$ 为站点变换旋转矩阵，$\Delta X(\Delta x, \Delta y, \Delta z)$ 为点云站点平移参数。一般地，在点云运算中尺度参数 $\lambda=1$，可得到点的误差方程为

$$V_1 = A_1 t + BX - L_1 \tag{4-23}$$

式中，$V_1$ 为观测值残差；$A_1$ 为空间变换参数相关的系数矩阵；$t$ 为空间变换参数改正数；$B$ 为待定点系数矩阵；$X$ 为待定点改正值；$L_1$ 为观测值残差。点约束的权 $p=0.5$。对于控制点，实际中扫描中获取的精度与测量获取相同，只是设置权比普通点大，点的权就为 $p=1$。

（2）面约束误差方程

平面有两个参数，重心 $M(m_x,m_y,m_z)$ 及法向 $F(f_x,f_y,f_z)$，对于空间面 $S_0(M_0,F_0)$，其观测值 $S(M,F)$ 存在法向平行和重心同面两个观测约束条件。对于法向平行条件，约束满足如下关系：

$$F_0 - RF = 0 \tag{4-24}$$

可得到法向观测误差方程为

$$V_{21} = A_{21} t - L_{21} \tag{4-25}$$

对于重心同面约束，满足如下关系：

$$F_0 (RM + \Delta X - M_0)^T = 0 \tag{4-26}$$

线性化以后，可以得到相应的误差方程为

$$V_{22} = A_{22} T - L_{22} \tag{4-27}$$

（3）线约束误差方程

类似面特征约束，线特征约束也有两个参数：线上一点 $P(p_x,p_y,p_z)$ 及其法向 $F(f_x,f_y,f_z)$。对于空间线 $L_0(P_0,F_0)$，与其观测值 $L(P,F)$ 有法向平行和中心同在 $L_0$ 上两个观测条件，法向平行约束误差方程列立结果同式（4-9）。对于后一个条件，需要满足 $P$ 在 $L_0$ 上即可，令 $P'=RP$，且满足式（4-15），对上述关系线性化以后可以得到误差方程

$$V_{23} = A_{23} t - L_{23} \tag{4-28}$$

将式（4-25）、式（4-27）和式（4-28）合并，可以得到如下的条件约束方程：

$$V_2 = A_2 t - L_2 \tag{4-29}$$

式中，$V_2 = \begin{bmatrix} V_{21} \\ V_{22} \\ V_{23} \end{bmatrix}$；$A_2 = \begin{bmatrix} A_{21} \\ A_{22} \\ A_{23} \end{bmatrix}$；$L_2 = \begin{bmatrix} L_{21} \\ L_{22} \\ L_{23} \end{bmatrix}$。

（4）整体模型

设总共有 $k$ 站待配准点云数据，$m$ 个点约束，$n$ 个面约束，$l$ 条线约束，则将 3 类特征约束的误差方程统一，结合式（4-23）和式（4-29）可以得到如下的方程：

$$\underset{3m\times 1}{V_1} = \underset{3m\times 6k}{A_1} \underset{6k\times 1}{t} + \underset{3m\times 3m}{B} \underset{3m\times 1}{X} - \underset{3m\times 1}{L_1} \tag{4-30}$$

$$\underset{(4n+5l)\times 1}{V_2} = \underset{(4n+5l)\times 6k}{A_2} \underset{6k\times 1}{t} - \underset{(4n+5l)\times 1}{L_2} \tag{4-31}$$

合并式（4-30）和式（4-31）以后可以得到如下的方程式：

$$V = At + BX - L \tag{4-32}$$

式中，$V = \begin{bmatrix} V_1 \\ V_2 \end{bmatrix}$；$A = \begin{bmatrix} A_1 \\ A_2 \end{bmatrix}$；$B = \begin{bmatrix} B \\ 0 \end{bmatrix}$；$L = \begin{bmatrix} L_1 \\ L_2 \end{bmatrix}$。

点约束权阵为 $P_1$，线、面约束权阵为 $P_2$，误差模型权阵为 $P = \begin{bmatrix} P_1 & \\ & P_2 \end{bmatrix}$，则随机模型为

$$D = \sigma_0^2 Q = \sigma_0^2 P^{-1} \tag{4-33}$$

3 类特征约束模型可以按照类似摄影测量中光束平差模型来统一解算，由所有参与配准站点逐站之间拼接的初始结果作为模型的初值即可。

模型解算步骤如下：

联合式（4-32）和式（4-33），矩阵法方程如下：

$$\begin{bmatrix} A_1^T P_1 A_1 + A_2^T P_2 A_2 & A_1^T P_1 B \\ B^T P_1 B & D^T P_1 B \end{bmatrix} \begin{bmatrix} t \\ X \end{bmatrix} - \begin{bmatrix} A_1^T P_1 L_1 + A_2^T P_2 L_2 \\ B^T P_1 L_1 \end{bmatrix} = 0 \tag{4-34}$$

将上面表达式用新的符号表示为

$$\begin{bmatrix} N_{11} & N_{12} \\ N_{21} & N_{22} \end{bmatrix} \begin{bmatrix} t \\ X \end{bmatrix} - \begin{bmatrix} L_1 \\ L_2 \end{bmatrix} = 0 \tag{4-35}$$

消去 $X$ 后可以得到

$$t = (N_{11} - N_{12} N_{22}^{-1} N_{21})^{-1} (L_1 - N_{12} N_{22}^{-1} L_2) \tag{4-36}$$

求解出 $t$ 后可以得出 $X$ 如下：

$$X = N_{22}^{-1} (L_2 - N_{21} t) \tag{4-37}$$

整个方程解算未知数的初值可以通过单幅点云图之间的约束进行初步解算，然后列立整体误差方程，最后可以求解出全部的改正数，加到求解的初始值后就可以求解全部的转换参数和待定点的坐标。

因为配准精度较多，所以需要对不同精度的约束进行定权，以提高解算精度。对于小的粗差，可以采用选择权迭代法进行粗差探测，即通过使误差较大的约束参与平差的权值逐步减小来消除或者减弱其影响（李德仁等，2002；李德仁，1984）。粗差探测的经典方法是 Baarda 数据探测法，但是该方法只能定位单个粗差，对于多组同精度

观测的粗差探测比较有效的是 El-Hakim 提出的带权数据探测法及验后方差选择权迭代法，验后方差选择权迭代法能够依据误差进行定权分配，能够科学分配误差，验后方差的权函数及检验量如下：

$$P_{i,j}^{v+1} = \begin{cases} P_i^{v+1} = \dfrac{\hat{\sigma}_0^2}{\hat{\sigma}_i^2}, & T_{i,j} < F_{\alpha,1,r_i} \\ \dfrac{\hat{\sigma}_0^2}{\hat{\sigma}_{i,j}^2} = \dfrac{\hat{\sigma}_0^2 r_{i,j}}{V_{i,j}^2}, & T_{i,j} \geqslant F_{\alpha,1,r_i} \end{cases} \quad (4\text{-}38)$$

式中，检验量 $T_{i,j} = \dfrac{\hat{\sigma}_{i,j}^2}{\hat{\sigma}_i^2}$。检验量 $F_{\alpha,1,r_i}$ 一般取 4.13 或 3.29，相当于显著水平 $\alpha=0.1\%$，检验功效 $\beta=80\%$ 或 76% 时的情况。

整体配准的流程如图 4.11 所示。

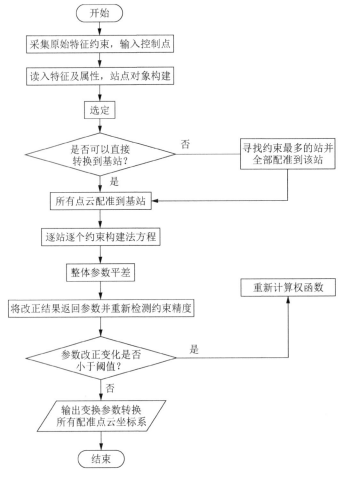

图 4.11 多站点云整体配准的流程

整体配准的流程主要分为以下 4 个步骤：

1）原始特征约束获取。将各个站点的控制点及能满足条件的基本约束提取并输入。

2)站点姿态及未知点坐标初始解算。以控制坐标为基准,通过约束对所有站点变换参数及未知点进行初始解算。

3)整体解算。以初解为基础,列立误差方程;以各个约束误差构建的权函数为约束进行迭代解算,直至满足迭代条件。

4)结果输出。输出所有站点空间变换参数及未知点坐标。

**4. 配准误差与配准精度评定**

整体配准中包含两类未知数条件,空间变换参数 $T$ 和未知点的空间坐标 $X$。这两类条件的协因数矩阵之间的关系为

$$\begin{bmatrix} \boldsymbol{Q}_{XX} & \boldsymbol{Q}_{XT} \\ \boldsymbol{Q}_{TX} & \boldsymbol{Q}_{TT} \end{bmatrix} = \begin{bmatrix} \boldsymbol{N}_{11} & \boldsymbol{N}_{12} \\ \boldsymbol{N}_{21} & \boldsymbol{N}_{22} \end{bmatrix}^{-1} \tag{4-39}$$

依据上面的公式,空间变换元素的协因数矩阵为

$$\boldsymbol{Q}_{XX} = (\boldsymbol{N}_{11} - \boldsymbol{N}_{12}^{-1} \boldsymbol{N}_{21})^{-1} \tag{4-40}$$

按分块矩阵求逆的方法,待定点空间坐标的协因数阵 $\boldsymbol{Q}_{XX}$ 为

$$\boldsymbol{Q}_{TT} = \boldsymbol{N}_{22}^{-1} + \boldsymbol{N}_{22}^{-1} \boldsymbol{N}_{21} (\boldsymbol{N}_{11} - \boldsymbol{N}_{12} \boldsymbol{N}_{22}^{-1} \boldsymbol{N}_{21})^{-1} \boldsymbol{N}_{12} \boldsymbol{N}_{22}^{-1} \tag{4-41}$$

由此可得空间变换参数和待定点空间坐标的精度分别为

$$m_T = \sigma_0 \sqrt{|\boldsymbol{Q}_{TT}|} \tag{4-42}$$

$$m_{X_n} = \sigma_0 \sqrt{Q_{X_n X_n}} \tag{4-43}$$

单位权中误差:

$$\sigma_0 = \sqrt{|\boldsymbol{V}^\mathrm{T} \boldsymbol{P} \boldsymbol{V}|/|\boldsymbol{r}|} \tag{4-44}$$

以上的精度解算方法与方程的健康程度密切相关,所以要依据多余控制点、多余的相对控制条件来进行比较计算。在上面的误差分析中,协因数矩阵 $\boldsymbol{Q}$ 是未知点和各站的方位元素之间的关联矩阵,乘以单位权中误差 $\sigma_0$ 可以得到具体的各约束条件的精度。整体配准的精度除了观测值误差评定外,还可以通过检验配准的点云数据与检验测量数据的误差来比较。

## 4.5 激光雷达点云自动配准

激光雷达点云配准逐渐向着自动化配准的方向发展,目前多数配准算法主要是以多级配准为思路,一般是通过自动提取同名特征进行粗匹配,在粗匹配基础上结合 ICP 算法进行精确匹配从而达到自动配准的目的,其关键技术在于粗匹配提取特征的方法效率及匹配精度,目前主要有基于几何特征自动探测及基于点云生成反射强度影像特征探测与匹配两大类,本节选取部分代表性方法进行阐述。

### 4.5.1 球状特征的自动探测与匹配

**1. 技术路线**

基于球标靶进行地面激光三维扫描数据配准，具有以下特征（石宏斌等，2013）：

1）球标靶与扫描仪间是通视的。

2）地面激光以阵列式扫描，单站数据具有二维栅格结构，如图4.12所示。

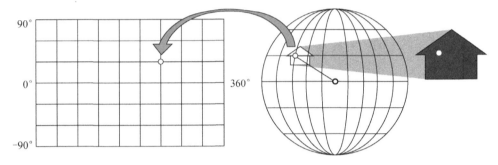

图4.12 单站扫描的栅格结构

3）球体放置较为孤立，与周围物体一般存在距离突变，如图4.13（a）所示。

4）球标靶在栅格结构中呈近圆形状，如图4.13（b）所示。

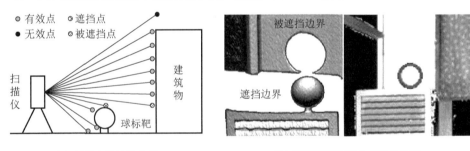

（a）遮挡与被遮挡关系　　　　　　（b）强度反射图像中的圆状标靶

图4.13 单站扫描中的球面标靶

5）球体半径是预知的。

根据以上信息，在单站数据中，我们根据其栅格结构检核有效点是否为距离突变点，并将结果标识在二维栅格结构中，利用RANSAC方法探测边界中的圆形区域，标示球体可能的存在区域，在各圆形区域所对应的三维数据集中探测球体参数。

在探测过程中，可利用半径、点集数目对探测结果进行约束，获得最终球体模型。球标靶探测流程如图4.14所示。

图4.14 球标靶探测流程图

(1) 球面标靶与扫描线几何关系

在经过球体的扫描线中,根据扫描线与球面标靶的空间位置,可将它们的关系分为相交和相切两种。假设球体的起始和终止扫描线均与球体相切 [图 4.15（a）],则可建立图 4.15（c）的几何关系,其中 $S$ 为扫描仪中心,$O(x_o, y_o, z_o)$ 为球体中心,$R$ 为球体半径,$SA$ 和 $SB$ 分别与球体相切于 $A$ 和 $B$。根据解析几何原理,有 $\sin\gamma = \dfrac{R}{l}$ $\left(其中 l = |SO| = \sqrt{x_o^2 + y_o^2 + z_o^2}\right)$,$R \ll l$,因此有 $\gamma \approx \sin\gamma$。为完成球体扫描,根据相邻扫描线夹角 $\delta$,需要 $2\gamma/\delta$ 条扫描线,该值即为球体在二维栅格结构中圆的直径的估值,因此半径估值 $r_{est} = \gamma/\delta$。对于图 4.15（b）中的相交情况,其扫描线数目比相切少 1,因此有结论:

1) $r_{est}$ 位于区间 $[r_{min}, r_{max}]$,其中 $r_{max} = \lceil r_{est} \rceil$,$r_{min} = \lfloor r_{est} - 1 \rfloor$。

2) 球面点数目估值 $S_{est}$ 位于区间 $[S_{min}, S_{max}]$,其中 $S_{max} = \lceil \pi r_{max}^2 \rceil$,$S_{min} = \lfloor \pi r_{min}^2 \rfloor$。

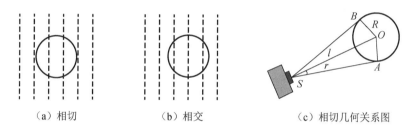

（a）相切　　　　　（b）相交　　　　　（c）相切几何关系图

图 4.15　球面标靶与扫描线几何关系

(2) 遮挡边界检测

遮挡边界是由场景中不同对象间或对象内部不同部件间遮挡产生的边界,具有深度不连续的特点。它分为遮挡边界和被遮挡边界,其中遮挡边界位于遮挡产生处的前置对象边界,被遮挡边界位于后置对象边界 [图 4.13（b）]。利用数据集的栅格结构,计算当前点 $P_{m,n} = (x_0, y_0, z_0)$ 到八邻域 $\text{Ngh} = \{Pt_j = (x_j, y_j, z_j) | 0 < j < 8\}$ 的深度差 $d_j = |p_{m,n}| - |Pt_j|$,当 $d_j < d_{threshold}$ 时,$P_{m,n}$ 为被遮挡点,当 $d_j < 0$ 且 $|d_j| > d_{threshold}$ 时,$P_{m,n}$ 为遮挡点。

(3) 空间聚类

考虑到球面标靶的孤立特性和扫描中存在的噪声,特对边界点进行空间聚类,以便隔离噪声和后续球面标靶探测。地面原始单站数据为具有二维栅格特性的三维点集,所提取的边界点依然具有该特性。基于此,基于二维栅格结构的三维点集聚类方法如下:

1) 标识所有边界点为待分类点。

2) 在栅格结构中选取一待分类点 $eP_{m,n}$,由该点创建聚类结点 $c_i$,改变该点标识为分类点。

3) 计算该点八邻域中待分类点 $P_i$ 到扫描仪的距离与结点内第一个边界点到扫描仪的距离的差值,小于阈值 $\text{th}_{d1}$,则将 $P_i$ 加入 $c_i$,并改变其分类标识。

4）对 $c_i$ 中所有成员执行步骤 3），对 $c_i$ 扩展，直到 $c_i$ 成员不再增加，则聚类集合 $C = C \bigcup c_i$。

5）对当前所有待分类点执行步骤 2）～步骤 4），直到待分类点数目为 0。

6）由于球面标靶各向同性和对称原理，位于球面的遮挡边界点到扫描仪中心距离近似相等，其差值小于 $3\delta\sqrt{x^2+y^2+z^2}$，因此设阈值为 $th_{d1} = 3\delta\sqrt{x^2+y^2+z^2}$。

（4）圆探测

经过空间聚类和遮挡边界滤波后，获得独立的候选球面标靶遮挡边界数据集，为进一步探测球体参数，需要在各结点中探测圆，进而根据所探测到的圆对应的三维点集探测球。二者均为在含有噪声的数据集中探测预设数学模型，采用 RANSAC 方法进行圆和球体模型探测。

在圆探测过程中，随机抽取 3 个非共线采样点 $P_1$、$P_2$、$P_3$，构建 $\triangle P_1P_2P_3$，并确定其外接圆模型作为假设模型 $M(O,r)$，计算结点中各二维边界点 $P_i$ 到圆的距离 dM 若满足式（4-45），则加入 $M(O,r)$ 的一致集 $P_M$，以 $P_M$ 的数目作为 $M(O,r)$ 打分 $S_M$，以迭代的方式获得当前结点最优模型，半径满足估算区间 $[r_{\min}, r_{\max}]$ 者，进行球体模型探测。

$$\mathrm{d}M = \left\| \|P_i - O\| - r \right| = \left| \sqrt{(x_i-a)^2 + (y_i-b)^2} - r \right| \leqslant th_{d2} \tag{4-45}$$

（5）球体探测

通过半径约束的模型 $M(O,r)$，在其对应的三维点集中探测球体模型。首先利用主成分分析法对三维点集计算法向量，然后随机抽取两个采样点 $P_1$、$P_2$（其法向为 $n_1$、$n_2$），以 $(P_1,n_1)$、$(P_2,n_2)$ 分别确定两空间直线 $l_1$、$l_2$，以 $l_1$、$l_2$ 间最短垂线段中点作为球心 $O$，以 $\frac{|OP_1|+|OP_2|}{2}$ 为半径 $R_{\mathrm{est}}$，确定球模型 $M(O,R)$，计算各三维点到球面距离和球面投影处法向偏差，满足式（4-46）者为模型 $M$ 的一致集，以一致集数目作为 $M(O,R)$ 的打分 $S_M$，以迭代的方式获得当前最优模型 $M(O,R)$，并对所获得的一致集利用最小二乘法重新拟合球体模型参数 $M(O,R)$，若半径 $R$ 满足式（4-47）且 $S_M$ 介于区间 $[S_{\min}, S_{\max}]$，则将当前探测结果作为预设球体模型。

$$D_{\mathrm{sph}} \leqslant th_d, \quad \theta = a\cos(n \cdot n') \leqslant th_\theta \tag{4-46}$$

$$|R - R_{\mathrm{default}}| \leqslant th_R \tag{4-47}$$

2. 配准策略

为完成空间变换，需要至少 3 个非共线同名点对，3 个非共线点可组建一个三角形，而三角形的面积和夹角为标量，具有平移、旋转不变特性。因此可以在单站数据中组建任意三角形（图 4.16），以三角形作为配准基元，以三角形的面积和夹角作为相似性测度，在相邻两站中以迭代方式匹配同名三角形和标靶，从而建立两站间变换关系（王晏民等，2013a），如图 4.17 所示。

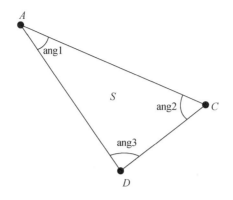

图 4.16　任意三角形

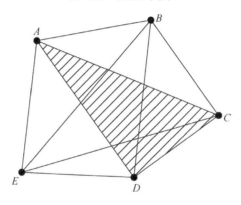

图 4.17　任意三角网

### 4.5.2　基于反射强度的配准

反射强度影像可以有几种生成方法：①通过高斯空间投影展开到矩形区域内的全景影像，相位式扫描设备一般都有这种成果数据；②选取一个固定投影面，以此为基础，展开反射强度投影，生成影像，这些影像的匹配需要匹配图像有很强的相关度。

通过三维点云生成全景灰度图的方法如图 4.18 所示。

（a）3D 点云灰度全景图　　　　　　　　（b）3D 点云灰度局部图

图 4.18　点云产生全景灰度影像图过程

由点云 $X$、$Y$、$Z$ 三维坐标到全景二维灰度影像的投影公式如下：

$$\begin{cases} x = \dfrac{1}{\Delta\theta}\arctan\dfrac{Y}{X} \\ y = \dfrac{1}{\Delta\theta}\arctan\dfrac{Z}{\sqrt{X^2+Y^2}} \end{cases} \quad (4\text{-}48)$$

运用 shift 算子置于灰度全景影像图中提取特征，将提取结果进行噪点剔除，剔除完毕后，得到的高可靠度匹配结果如图 4.19 所示。

图 4.19　基于反射强度图像的同名点匹配

通过匹配的图像点返回三维坐标后，可实现相邻站点点云的粗配准。在粗配准的基础上再通过最近点迭代算法完成两站点云的精确配准。

## 4.6　影像点云与激光点云配准

由于激光点云与影像是异维异质的数据，目前自动配准同名点还有些困难，所以大多数以手动的方式分别在点云和影像上提取同名特征点来进行配准。在配准方法方面，首先，激光点云与影像点云的配准与一般点云之间的配准方式存在差异，因为影像点云一般为相对模型，没有绝对尺度信息，因此与普通点云配准差异之一便在于尺度系数的求解；其次，除专门布设控制进行配准外，激光点云与影像点云配准一般采用 ICP 法迭代求解近似参数，由于两类非同源点云重叠区域点不存在严格的一一对应关系，因此一般 ICP 求解结果为两类点云最"接近"真实位置的空间变换模型参数。

### 4.6.1　地面激光扫描点云与近景影像粗配准

由影像生成的摄影测量点云在绝对定向前，缺乏绝对尺度信息，一般需要选择 3 个以上的几何约束获得初始的位置及尺度信息，在此基础上进行两类点云的配准。点云配准模型与激光点云点特征配准模型一致，只是多一项尺度系数的解算，其模型如下：

$$\boldsymbol{X}_0 = \lambda \boldsymbol{R}\boldsymbol{X} + \Delta\boldsymbol{X} \quad (4\text{-}49)$$

经过线性化后误差方程表示如下：

$$\boldsymbol{V} = \boldsymbol{A}\boldsymbol{t}' - \boldsymbol{L} \quad (4\text{-}50)$$

式中，$t'$ 为空间变换七参数；$L$ 为余数项。通过列立误差方程可以直接通过点特征解算空间变换模型，实现两类点云的粗配准。

### 4.6.2 激光点云与影像点云自动配准

激光点云与影像点云通过配准实现数据融合。点云配准最常用、最稳定的是 ICP 算法，但是其需要很好的初值才能收敛，往往采用手动选取特征点进行粗配准的方式进行。为了提高粗配准的精度、稳定性和效率，本节提出了应用点云反射强度图像和光学影像进行匹配实现自动粗配准。

激光雷达反射强度图像也是点云的一种表达形式，其通过点云拟合出基准面的空间位置，在基准面坐标系中以点云分辨率进行采样，生成点云反射强度图像。图像反映了被扫描物体表面的连续灰度，同时还记录了每个点的空间三维信息。本节应用反射强度图像和非量测照相机光学影像进行 SIFT 匹配（图 4.20），利用反射强度图像特征点的三维信息和光学影像特征点与其相邻影像匹配特征点对的前方交会三维信息进行激光点云与影像点云的配准。由于两种数据分辨率的差异，点配准的精度只能作为粗配准，需要再对两种点云进行 ICP 精确配准，最大限度地提高两种数据的配准精度。图 4.21 是石雕激光点云与影像点云进行配准后的结果（胡春梅等，2017）。

图 4.20 点云反射强度图像

（a）正视图　　　　　　（b）侧视图

图 4.21 激光点云与影像点云配准

## 思 考 题

1. 地面激光点云配准的基本原理是什么？
2. 地面激光点云配准有哪些方式？这些方式各有什么特点？
3. 常见的地面激光点云配准约束有哪些类型？各有什么特点？
4. 什么是多站点云整体配准？试阐述其基本原理及特点。
5. 地面激光点云与摄影测量点云两者之间的配准与传统点云配准存在哪些差异？

# 第 5 章 点云融合与分割

多幅点云数据拼接配准完成后,点云之间只是坐标的变换,还没有真正成为一个点云模型。因此,需要点云的融合,将点云之间的重叠区域融合为光滑的曲面,使之成为一个完整的点云模型。点云融合的最后结果是多片点云的重叠区域之间没有重叠点,点之间的疏密程度和其他点一样,对于有颜色的点云数据,过渡颜色应使多片点云间色差最小。点云融合的输出是点云重建的输入,因此它的结果直接影响后续工作。

点云融合主要包括多站点云去冗、点云抽稀及点云简化 3 个部分。融合处理需要考虑数据的密度和精度,其中数据的密度是指在能够满足可利用的密度基础上,将扫描点云数据中冗余的部分点云做稀化处理;精度则是指在保证原始数据的精度基础上,尽量保留目标特征点。本章学习重点在于点云融合的一般方法,包含去冗、抽稀、精简等算法的特点,同时了解与点云分割相关的微分几何知识及分割的一般方法及特点。

## 5.1 点 云 去 冗

点云去冗是指多站点云之间存在重复扫描的数据体,在保留非重复扫描的数据体的原始数据分辨率情况下,对于重复扫描的数据体进行简化处理。如图 5.1 所示,图 5.1(a)中黑色部分点云和灰色部分点云在配准处理后,中间存在重叠区域,因此针对重叠区域进行点云去冗操作,而保留非重叠部分原始数据,从而得到图 5.1(b)中融合后的点云数据。

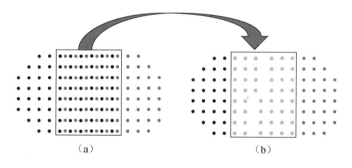

图 5.1 点云去冗的过程

国内外学者提出了一些去除冗余三维点云数据的方法,按数据组织方式划分,主要分为两类。一类是均匀网格法,Martin 等(1996)提出在垂直于扫描方向的平面上建立一系列均匀的网格,每一个扫描点都被分配给某一个网格,计算出各点到网格的距离,并按距离大小排列,取距离位于中间值的数据点代表这个网格中的数据点,删除其他点。该方法能较好地适用于扫描方向垂直扫描表面的单块数据,克服了样条曲线的限制,但均匀网格的使用会导致部分特征点丢失。Lee 等(2001)提出了非均匀三维网格精简方法，但仍无法克服网格精简方法的固有缺陷。另一类是 TIN 方法，这类方法首先建立数据点云的 TIN，然后比较数据点所在三角面片的邻近三角面片法向量，根据一种向量加权算法，在平面或近似平面的较平坦区域用大的三角面片取代小三角面片，删除多余点，实现数据精简。该方法能较好地保留表面特征，但首先需对数据点云进行三角网格化处理，而复杂平面和大量散乱数据点云的三角网格化处理非常复杂，效率较低，故在实际应用中受到一定限制。

这里介绍一种实用的方法，将点云数据按照空间栅格进行划分，去冗的最终栅格大小即是点云分辨率。首先进行栅格内点云精确配准，然后以距离测站远近来判断优先级顺序，即以距离定权（离测站距离越近权重越大，反之权重越小）进行点云去冗，按照密度计算空间栅格步长，计算如下：

$$L = \sqrt[3]{\alpha D^3 / n} \tag{5-1}$$

式中，$L$ 为步长；$D^3$ 为最小外包盒体积；$\alpha$ 为密度系数；$n$ 为栅格个数。然后在单个栅格内（单个栅格的大小即是点云分辨率）选择距离栅格中心最近的点块数据作为基准，构建点 $k$ 邻域，最后依据点的邻域密度进行其他点块的选取。点云去冗的主要过程如图 5.2 所示。

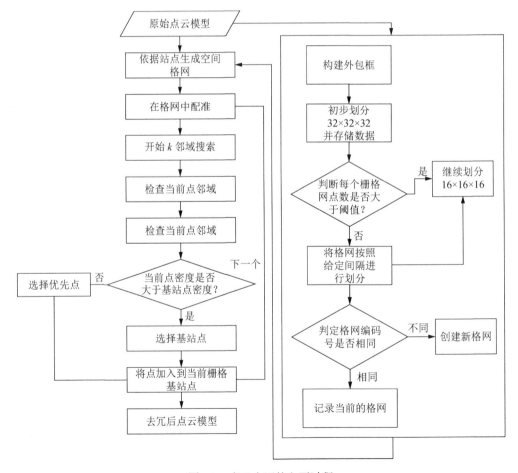

图 5.2 点云去冗的主要过程

当数据量特别大时，点云去冗特别耗时，为此，需要通过多线程技术进行加速处理。多线程处理点云去冗过程如图 5.3 所示，多线程点云去冗处理的核心是多个格网同时并行进行处理。

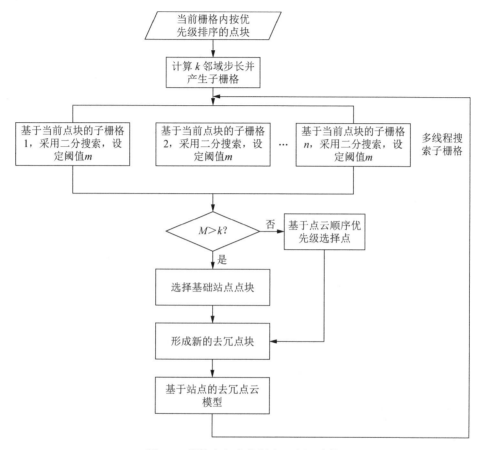

图 5.3 栅格内部多线程点云去冗过程

## 5.2 点云抽稀

通常情况下，需要根据不同的工程需求，选取合适的应用精度对点云进行抽稀，即对点云进行重新采样，这一数据处理过程称为点云抽稀。

现有的点云抽稀方法主要有系统抽稀方法、基于格网的抽稀方法、基于 TIN 的抽稀方法、基于坡度的抽稀方法及基于流处理的抽稀方法等。

1. 系统抽稀方法

系统抽稀方法目前在许多商业软件中采用。例如，在 TerraScan 中，使用系统抽稀方法来快速显示激光雷达数据。系统抽稀原理如下：对于点云数据采样 $S(s_1,s_2,\cdots,s_n)$，确定抽样因子 $t$（$t>1,t<n$），$E$ 为 $S$ 的一个子集。使 $E(S_t,S_{2t},S_{3t},\cdots,S_{kt})$，$kt<n$，子集 $E$

就是我们需要的集合。该方法用于快速显示，效率较高，复杂度低。但是该方法不能保持地形特征，地形特征点将被抽稀（缪志修，2010）。

2. 基于格网的抽稀方法

基于格网的抽稀方法将数据区域按照一定的格网大小来建立格网。对于每个格网只保留格网中的一个点。格网大小的设置要根据原始密度和抽稀后数据的精度来决定。如果原始数据量太大，也可以经过多次格网数据抽稀方法的迭代抽稀，从而达到预期的抽稀目的。在对海量激光雷达数据进行格网划分的同时，为了方便海量机载激光雷达数据管理与组织对划分的格网建立索引，常见的对空间数据的组织与管理方式有规则格网、四叉树、KD 树、KDB 树、BSP 树和 R 树等。

基于格网的抽稀方法，其基本原理比较简单，但是和系统抽稀方法一样，无法很好地保留地形特征点和建筑物特征点，从而会出现建筑物失真、地形变貌等情况。一般该方法只能应用于对精度要求不高的项目中。

3. 基于 TIN 的抽稀方法

系统抽稀方法和基于格网的抽稀方法都是随机抽稀方法，不能选择性抽稀，不能选择性地保留地物特征点。按照系统抽稀方法和基于格网的抽稀方法所得出的数据结果建立的 DEM，其精度或多或少地将受到损失。基于 TIN 的抽稀方法充分地考虑了路面、建筑物等地物数据特点，保留了地物特征点，抽稀掉了平坦面的数据点，从而降低了数据的冗余度，对数据的精度影响也较小。

基于 TIN 的抽稀方法的原理：输入数据，构建 TIN 的 DEM 模型；在 TIN 模型上抽稀对模型影响最小的点。当然，使用该种方法，趋于平坦区域的信息量少的数据点很容易被抽稀掉。

在图 5.4 中，显示了点 $Q$ 的所有相邻三角形。在图 5.5 中，$\triangle QAB$ 的法向量 $\boldsymbol{n}$ 的计算过程见式（5-2）~式（5-4）。

$$\boldsymbol{n} = \overrightarrow{QA} \times \overrightarrow{QB} \tag{5-2}$$

式中，向量 $\overrightarrow{QA}$ 和向量 $\overrightarrow{QB}$ 分别为（$X_A - X_Q, Y_A - Y_Q, Z_A - Z_Q$），（$X_B - X_Q, Y_B - Y_Q, Z_B - Z_Q$），故

$$\boldsymbol{n} = \begin{bmatrix} i & j & k \\ X_A - X_Q & Y_A - Y_Q & Z_A - Z_Q \\ X_B - X_Q & Y_B - Y_Q & Z_B - Z_Q \end{bmatrix} \tag{5-3}$$

令法向量 $\boldsymbol{n} = (n_x, n_y, n_z)$，那么

$$\begin{cases} n_x = (Y_A - Y_Q)(Z_B - Z_Q) - (Y_B - Y_Q)(Z_A - Z_Q) \\ n_y = (X_A - X_Q)(Z_B - Z_Q) - (X_B - X_Q)(Z_A - Z_Q) \\ n_z = (X_A - X_Q)(Y_B - Y_Q) - (X_B - X_Q)(Y_A - Y_Q) \end{cases} \tag{5-4}$$

同理，得到 $\triangle QBC$ 的法向量 $\boldsymbol{n}_1$，则 $\boldsymbol{n}$ 和 $\boldsymbol{n}_1$ 之间的夹角 $\theta$ 由下式求得：

$$\cos\theta = \frac{\boldsymbol{n}_1 \boldsymbol{n}}{|\boldsymbol{n}_1||\boldsymbol{n}|} \tag{5-5}$$

式中，$|\boldsymbol{n}_1|$ 和 $|\boldsymbol{n}|$ 分别为向量 $\boldsymbol{n}_1$ 和 $\boldsymbol{n}$ 的模。

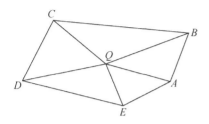

图 5.4　Q 点相邻三角形

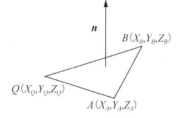

图 5.5　△QAB 的法向量 $\boldsymbol{n}$

基于 TIN 的抽稀方法针对机载激光雷达数据和地面激光扫描数据均适用，最开始应用于机载激光雷达数据的抽稀，随后应用在地面激光雷达数据中，也取得了较好的效果。在 TIN 模型中，与某点相邻的三角形有 n 个，那么这些三角面之间的两两夹角就有 n 个。计算这些夹角，并比较得到最大值，如果求得的最大值大于设定的阈值，则保留这个点，否则抽稀掉这个点，删除它。阈值的设置将直接影响抽稀的精度、抽稀效率、抽稀误差等（刘春等，2007）。

基于 TIN 的抽稀方法步骤如下：

1）加载激光雷达点云数据，构建 TIN。
2）在 TIN 中，选取数据点，查找以这个点为顶点的所有三角形。
3）按照上述方式求该点的相邻三角形的两两法向量夹角，并求出最大夹角 $\max\{\theta\}$。
4）将 $\max\{\theta\}$ 与设定的阈值 $T$ 做比较。
5）如果 $\max\{\theta\}$ 小于 $T$，那么，删除这个点；否则，保留这个点。
6）继续处理 TIN 中的下一个点，直到将所有数据处理完。

**4. 基于坡度的抽稀方法**

（1）概述

大自然地形变化无穷，在地理信息系统中，按照高差和坡度将地形分为山地、丘陵、平原及高山地。一般地，平原的坡度为 0°～2°，丘陵的坡度为 2°～6°，山地的坡度为 6°～25°，高山地的坡度为大于 25°，如表 5.1 所示。采用基于坡度的抽稀方法能对自然地形很好地抽稀（缪志修，2010）。由于城市地形的复杂性不同于以上几种自然界的地形，因此采用基于坡度的抽稀方法，往往不能得到很好的结果。

表 5.1　不同地形的坡度和高差范围

| 地形 | 坡度/(°) | 高差/m |
| --- | --- | --- |
| 平原 | <2 | <80 |
| 丘陵 | 2～6 | 80～300 |
| 山地 | 6～25 | 300～600 |
| 高山地 | >25 | >600 |

（2）基于坡度的抽稀方法的原理

地面某点 $P$ 的坡度是指水平面与该点切平面的夹角的正切值。坡度可以用来描述地形变化的程度。

坡度参照图 5.6 和下式计算：

$$\tan\beta = \frac{h}{l} \tag{5-6}$$

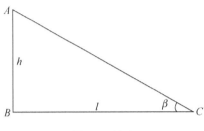

图 5.6　坡度

在 TIN 中，任意三角形面上的点的坡度可以通过该平面的单位法向量 $\boldsymbol{n}=(n_x, n_y, n_z)$ 求得（周启鸣等，2006）：

$$\tan\beta = \frac{\sqrt{n_x^2 + n_y^2}}{n_z} \tag{5-7}$$

由于不同地形的坡度有所差别，将平原、山地、丘陵及高山地分别设置为第Ⅰ坡度段、第Ⅱ坡度段、第Ⅲ坡度段及第Ⅳ坡度段。由于各个坡度段的坡度范围不一样，每个坡度段应设置各自相应的抽稀阈值。在某小区域内，计算所有点三角形的平均坡度，判断该区域的坡度段。基于坡度的抽稀方法流程如下：

1）加载激光雷达数据，构建 TIN。

2）在 TIN 中，选择一个点，查找与该点相邻的三角形。

3）计算相邻三角形三角面的坡度，求得它们的平均坡度（$\text{slope}_{\text{avg}}$）、最大坡度（$\text{slope}_{\max}$）、最小坡度（$\text{slope}_{\min}$）及最大坡度和最小坡度的差值（$\text{slope}_{\text{diff}}$）。

4）若最大坡度和最小坡度的差值（$\text{slope}_{\text{diff}}$）为零，如图 5.7 所示，那么求得点 $P$ 到投影面 $\triangle P_1P_2P_3$ 的距离 $d$，如果距离小于该坡度段的阈值，则删除该点。

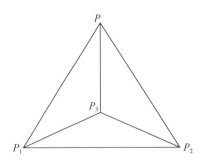

图 5.7　点 $P$ 的最大坡度和最小坡度的差值

5）如果最大坡度和最小坡度的差值（$slope_{diff}$）不为零，则根据$slope_{avg}$来判断该区域所属坡度段，如果$slope_{diff}$小于该坡度段的阈值，则删除该点。

6）在 TIN 中，选择下一个点，进行抽稀处理，直至将所有的点处理完。

5. 基于流处理的抽稀方法

针对海量的激光扫描数据，基于流处理的抽稀方法既能减少数据的精度损失，又能提高处理效率。

（1）基于流处理抽稀方法的原理

激光雷达扫描系统采集所得的城市地形数据相当复杂，包含道路、建筑物、树木等要素，特别是所在路面区域的数据密度较大，所包含的信息相对较少，以及一些建筑物侧面存在大量冗余数据，这些数据都是抽稀的对象。基于流处理抽稀方法的输入数据称为格网流。基于流处理抽稀的主要原理：每次流处理构建 TIN 时，读取格网流数据时，以及当读取到格网稳定标识时，就要判断稳定三角形，将当前条件成熟的活跃三角形变化为稳定三角形。这时，查找在内存中的数据点，并找到这些点的相邻三角形，当点的所有相邻三角形都稳定时，对该点进行抽稀处理。采用基于 TIN 的压缩方法，判断该点的两两三角面的最大夹角是否大于阈值，以此来决定是否保留该点，并标记该点已经做了抽稀处理。如果三角形参与了 3 次抽稀计算，即它的 3 个顶点都已经进行了抽稀处理，那么将该三角形的内存释放。如果点的所有相邻三角形都参与了 3 次抽稀计算，就可以释放该点的内存，直到将格网流中的点数据处理完成。

（2）基于流处理抽稀方法的流程

下面将详细介绍基于流处理的抽稀方法的步骤及该方法的流程图。基于流处理抽稀方法的流程如图 5.8 所示。

1）加载格网流数据，根据格网流数据的极值坐标构建矩形包围盒。

2）读取网格流中的数据，逐点插入三角网。

3）如果读入的数据为点数据，那么直接将该点插入三角网中，调整三角网拓扑结构，进行局部优化处理。

4）如果读入的数据为格网稳定标识，那么将条件成熟的活跃三角形转变为稳定三角形，并判断内存中数据点的抽稀情况，以及是否应该释放已经不再参与处理的数据点和三角形。

5）对内存中稳定三角形的数据逐点进行抽稀，设当前处理点为 $P$，查找点 $P$ 的相邻的稳定三角形。

6）计算点 $P$ 的相邻三角形的两两夹角 $\theta$，并求出这些夹角的最大阈值 $\theta_{max}$。

7）如果这个最大阈值小于设定的阈值，则保留这个点，将其输入外存，否则忽略这个点。

8）待内存中所有点处理完成，继续从网格流中读取下一个数据点，直到网格流中所有数据处理完成。

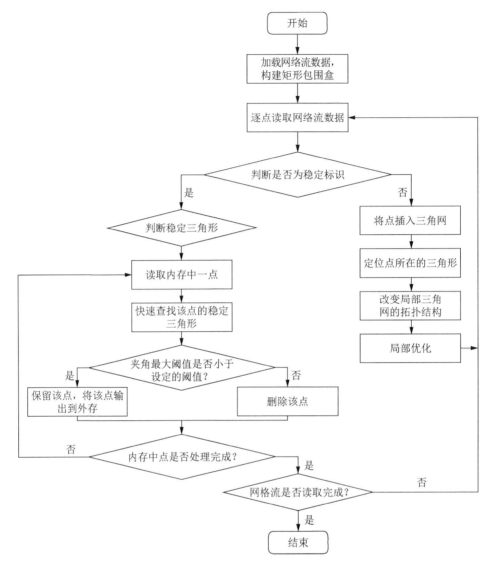

图 5.8 基于流处理的抽稀方法流程

## 5.3 点云简化

随着三维测量和扫描硬件设备的不断发展及一些新的测量技术的出现，工程技术人员可以便捷地获取大量的高精度的点云数据。例如，采用光学测量设备进行数据采集时，理想情况下一次测量可获得一个扫描区域内的上百万个数据点。这样的点云数据包含了被测物体的特征细节，数据点密集且数据量非常庞大，然而并不是所有的点对于后续建模都是有用的，包含庞大数据量的点云模型给一系列诸如存储、传输及建模重构等后续操作带来了巨大的困难。冗余的数据量在某些不要求精度的场合反而成了一种累赘，不但降低了计算速度，增加了处理时间，而且加大了对计算机资源的消耗。因此，在保持测量对象后续处理环节所需的足够的关键几何形状特征信息的条件下，如何对其点云数据进行最大程度的简化处理,对于准确、快速和高效地进行后续处理便显得非常重要。

点云简化的标准和依据可以定义为以最少数量的数据点,最大限度地保持初始点云集合所表示的三维物体表面的几何结构特征。假设给定一点集 $P = \{p_1, p_2, \cdots, p_n\}$,$S$ 为点集 $P$ 所定义的二维光滑流形表面,给定目标点云的采样率 $n < P$,找到点云 $P$ 满足 $P' < n$ 的简化点集 $P'$,而点云 $P'$ 所定义二维流形表面为 $S'$,令 $e = d(S, S')$ 表示 $S$ 和 $S'$ 之间的距离,若 $e$ 足够小,则就认为简化后的点云 $P'$ 满足要求。简单而言,点云简化的目标就是找到一个点云数据集 $P'$,使 $d(S, S') \leq \varepsilon$ 并且满足 $P'$ 最小。其核心就是保留特征点,去除非特征点。

衡量一个点云简化方法的优劣,并不能只看简化后点云数据量越小越好,也不能只看简化的速度越快越好,而是应该看是否能够用最少的数据点表示最多的信息,并在此基础上追求更快的速度。

1)精度。即期望简化后点云数据拟合所得的面和真实曲面之间的误差尽量小,必须保证误差在一个可以容忍的范围内,并尽可能地保留原始点云的几何特征。

2)简度。即期望简化后点云相对于原始点云的百分比要低,简化应在保证一定的精度上尽可能地去减少数据,但某些场合太少的数据点也会给后继建模带来困难,所以应根据实际需要选择合适的简化度。

3)速度。在保证精度和简度的前提下应追求更高的效率和更快的速度。

理想的算法是期望在以上 3 点都达到最优,但在实际处理上是不可能达到的,因此好的方法是在精度、简度和速度 3 个方面之间取得一个好的均衡。

下面是几种典型的点云简化方法。

1. 包围盒法

包围盒法的基本思想是首先采用长方体包围盒来约束点云,接着将整个大的包围盒按照一定的大小分割成一个个小立方体栅格(具体小立方体栅格的边长取决于简化率),最后在小栅格中选取最靠近栅格中心的点来代替整个栅格中的点,以此来进行简化而获取均匀采样的点。该方法简单高效,容易实现,是一种简单的基于空间准则的简化方法,对于表面不复杂和曲率变化不大的物体的点云数据简化很有效,简化后的点云比较均匀,能够反映模型的简单轮廓特征,但是当物体表面有曲率大的曲面时,该曲面的简化就不能很好地保持原有的模型特征,也无法确保简化后的精度。因此,包围盒法主要适用于模型表面形状相对简单并且对精度要求不高的场合。图 5.9 为利用包围盒法对圆环点云进行简化的效果。

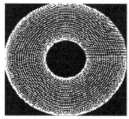 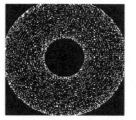

(a)圆环原始点云 　　(b)包围盒法简化后

图 5.9　包围盒法简化效果

## 2. 基于几何图像的简化方法

基于几何图像的简化算法采用简单的球面极坐标映射法，分两步完成点云数据模型到几何图像的转换。首先根据笛卡儿坐标和球面极坐标的转换关系将每个采样点的笛卡儿坐标$[x_i, y_i, z_i]$转换为球面极坐标$[\gamma_i, \varphi_i, \theta_i]$，然后对球面极坐标$[\gamma_i, \varphi_i, \theta_i]$进行量化，并重采样对应到灰度图像$[i, j, g]$中去（量化后的纵坐标、横坐标及灰度值分别对应球面极坐标的 3 个坐标的量化值）。由于该灰度图像能够近似反映点云中各个点的空间几何信息，所以一般称之为几何图像。在生成几何图像的过程中，如果多个点投影到几何图像的同一区域，则仅保留灰度值最小的采样点。另外，为了更好地实现空间坐标的分割，几何图像法一般需要进行迭代，即算法首次将$[\varphi_{\min}, \varphi_{\max}] \times [\theta_{\min}, \theta_{\max}]$作为分辨率进行投影生成几何图像 A，然后对于在几何图像 A 中无法映射的点，将其以$[\gamma_{\min}, \gamma_{\max}] \times [\varphi_{\min}, \varphi_{\max}]$作为分辨率进行投影生成第二幅几何图像 B，同样对于在几何图像 B 中也无法映射的点再以$[\gamma_{\min}, \gamma_{\max}] \times [\theta_{\min}, \theta_{\max}]$作为几何图像分辨率进行第 3 次几何图像的投影转化，最后仍未投影的点由于空间粘性，因此可以直接删除。如图 5.10 所示为几何图像法对鞋楦点云进行简化的效果。

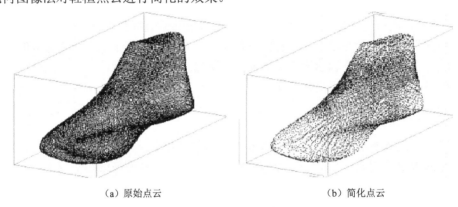

（a）原始点云　　　　　　　　　　（b）简化点云

图 5.10　几何图像法简化效果

该方法的关键在于分辨率的选择。如果分辨率取值过小，则将会丢失较多的模型细节特征信息；如果取值过大，则不仅会浪费空间，而且无法对模型中的点云进行有效的简化。基于图像的简化方法由于只需要进行简单的投影操作，因此相对速度较快，但由于该方法没有考虑到点云的空间具体特征和细节，而只是笼统地进行了统一的投影映射，因此容易丢失原始模型的空间几何特征。

## 3. 基于曲率的简化方法

基于曲率的简化方法的基本思想就是在曲率大的区域不能过度简化，应该保留足够多的点来表达模型的几何特征；而在曲率相对较小的区域只保留少量点，减少数据点的冗余。这是因为点云模型的曲率大小对应着模型中的几何特征分布，表示了点云模型的内部属性，对于曲率大的区域，模型的表面变化相对剧烈，特征也就比较明显；而在曲率较小的区域，模型表面变化相对平缓，因此特征相对不明显。基于曲率简化算法的优点在于能够准确有效地保留原始模型的细节特征信息,并且能够有效地减少数据量,减少冗余。其不足之处在于时间消耗多,并且在曲率相对小的区域,由于去除了过多的点造成了局部空洞现象,会影响后期重构建模等操作。

**4. 基于法向精度的简化方法**

张丽艳等(2001)提出了 3 种海量数据的简化准则:简化后数据点集中点的数目、数据集中点的密度阈值及删除一点引起的法向距离误差的阈值。以数据点间的距离作为简化手段无法满足曲率要求,一种自然的想法就是将删除一个数据点在曲面法方向引起的误差大小作为数据点删除的依据。但由于待重构曲面是未知的,删除一点后重构的曲面更是未知的,如何计算删除一点可能引起的法向误差是问题的关键。为此,根据每个数据点 $P_i$ 及其邻近点集 $K(P_i)$,构造曲面 $S$ 在点 $P_i$ 处的近似切平面 $V_i$, $V_i$ 取为 $K(P_i)$ 的最小二乘拟合平面,以邻域形心 $O_i$ 和单位法矢量 $\boldsymbol{n}_i$ 来表示,假设 $K(P_i)$ 真实地表达了重构曲面在 $P_i$ 点附近的几何形状信息,则 $S$ 在 $P_i$ 处的曲率越大,点 $P_i$ 到相应平面的距离就会越大,因此,以数据点到与之对应的最小二乘拟合平面间的垂直距离作为删除该点引起的近似法向偏差,如图 5.11 所示,如果 $d_i$ 小于给定阈值,则删除该点。

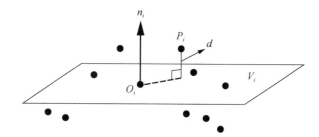

图 5.11 近似法向偏差示意图

从上面的分析可以看出,邻近点的个数 $k$ 的选择对算法的影响比较大,若 $k$ 值过大,则即使较远的点也参与计算,也会使 $N(P_i)$ 不够"局部化",从而导致 $K(P_i)$ 不能很好地反映曲面在点 $P_i$ 的局部几何信息,所以 $k$ 值的选取必须保证曲面在 $K(P_i)$ 处是单凸或单凹的;若 $k$ 值过小,则当数据点在各向分布不均匀时,会使 $V_i$ 不能代表曲面在 $P_i$ 处的切平面,也会最终导致 $d_i$ 不能很好地反映删除点 $P_i$ 引起的法向误差。

**5. 特征保留的点云自适应简化方法**

根据对上述已有方法的分析可知,很多已有点云简化方法对于模型点云中的所有点采取了同样相同的简化处理策略,并没有区别特征点与非特征点的不同,从而导致大量的特征点被盲目地删除,而特征点是描述几何特征的关键元素,对于重建曲面的质量起着非常重要的作用,因此大量特征点被删除就会导致简化后的处理点云结果不能很好地表示原有模型,模型的几何特征信息存在过度丢失的情况。因此,在对点云简化前,必须对点云进行预先处理判断,找出哪些点是特征点,在特征点保持足够数量的基础上进行简化才能够确保重构后的曲面模型不会失真。另外,某些算法中存在简化后容易产生"空洞"的现象,因此需要对点云进行适度简化,控制点云的密度及散乱点云的分布。

倪小军设计了一种特征保留的点云自适应精简方法（倪小军，2010）。该方法首先进行点云空间的划分及邻域关系的建立，然后利用邻域弯曲度进行特征点与非特征点的区分，之后将所有点云根据邻域弯曲度划分成4个集合，根据单个点邻域内4种影响程度不同的点所占比例的高低情况设计出点云的自适应简化距离阈值，最后在保留特征点的基础上对点云进行自适应简化。

## 5.4 点 云 分 割

由于实际场景的复杂性，因此所获得的数据量庞大，直接对点云数据进行三维重建，不仅增加处理的复杂度，而且可能造成处理系统资源的巨大消耗。为了后续处理数据的方便，需要对数据进行相应的分割处理，分割后相同区域上的所有点具有某种共性，被分割后的数据仍然是数据的聚集，只是其中的点更具有局部相似性（Zhang et al., 2006b）。本节首先讲解如何从点云数据中提取几何特征，然后再利用几何特征介绍点云分割方法的具体实现。

### 5.4.1 特征提取

特征作为标明物体本质属性的事物，一直以来，在模式识别、机器人视觉、图像分割、边缘提取等方面起着非常重要的作用。这里，采取自底向上的策略逐步讲解，即由点到线、面等的特征提取过程，下面详细介绍特征点提取、边界跟踪和平面特征提取的方法。

特征点提取是很多图像分割、边缘提取、目标识别等方法的第一步。灰度图像处理中，经常采用梯度算子、Soble算子、Robert算子等先提取特征点，如阶跃点、屋脊点等，然后利用Hough变换等方法提取边缘等信息。针对点云数据，也可采用类似策略，但特征点的提取要从空间三维几何特征的角度考虑。特征点有距离不连续点、尖锐点、平面点和曲面点等。距离不连续点根据距离阈值很容易判别，如果点与其邻近点之间的距离大于阈值，则点为距离不连续点。尖锐点一般出现在不同类型特征点之间的连接处。为了重建后的三维模型更符合真实的拓扑结构，在模型重建过程中要考虑到尖锐点。在判断尖锐点时，可利用点法向量与邻近点法向量的夹角进行判断，也可以根据点到其邻近点所拟合的曲面的距离进行提取。很多实体的表面由平面和曲面组成，所以可将点分为平面点和曲面点。利用点邻近点信息，计算每个点对应的曲率$H$和高斯曲率$K$，如果$H=K=0$，则点为平面点，否则为曲面点，可再进一步根据平均曲率的正负号快速判别曲面点的凹凸性。

线特征信息在图像分割中起着非常重要的作用，在图像处理领域也有很多被大家所熟悉的方法，如Hough变换等。在二维领域，边缘可是直线、圆等，根据像素的灰度值可以很方便提取出来。但在三维领域，进行特征线提取要复杂得多，这里主要讲解根据点云局部微分几何的知识对表面形状进行分析，提取特征线。点云最大、最小主曲率对应的主方向是几何形体分析中比较重要的信息，表明物体曲率线的方向。在物体边缘处，最大主曲率对应的主方向上的曲率是变化的，曲率表现的性质是各向异性，因此最大主曲率对应的主方向正交于边缘，所以最小主曲率对应的主方向则平行于物体边缘。在特征线提取过程中，一般是线段编组和边缘跟踪两阶段。首先在点的邻域内计算点对应的最大、最小主曲率及主方向,然后根据最大主曲率对应的主方向在边缘处各向异性、垂直于边缘,以及最小主曲率对应的主方向平行于边缘的特性提取特征线段,现有的线段信息没有真正的形成物体的边缘,边缘之间存在间隙,可采用诸如启发式方法对边缘之间的空隙进行连接,实现基于边缘跟踪的方法提取特征线。下面对边界跟踪的具体方法进行详细介绍,用图 5.12 形象描述边缘跟踪方法,假设图 5.12(a)中边 ab 经判断属于边缘线段,但端点 a 和 b 均为内部点,所以边 ab 前后均有边缘线段需要判定,这就要从端点的邻近边中找出最有可能为边缘线段的边,这里给每个邻近边一个权值 $w_e$,要从以下两个方面考虑权值:一是每个边的 $d_e$,$d_e$ 越小,越有可能是边缘线段;二是边 ab 与邻近边的夹角 $\theta_e$,夹角 $\theta_e$ 越小,越有可能是边缘。综合这两个因素,每个邻近边的权值为

$$w_e = w_{de}d_e + w_{\theta e}\theta_e \tag{5-8}$$

式中,$w_{de}$、$w_{\theta e}$ 分别表示 $d_e$ 与 $\theta_e$ 在权值 $w_e$ 计算中所占的比例。权值最小的邻近边被认为是边缘线段,图 5.12(b)为判断边 ag 和边 bd 为边缘线段后的示意图,然后对每个新加入的边缘线段开始新一轮的边缘跟踪过程,如图 5.12(c)所示,首先判断边缘线段的终端点是否为边界点,如果是则停止搜索;如果不是则按照前述方法,计算权值然后判断,依次递归下去,完成所有边缘线段的边缘跟踪过程。图 5.13 为边缘跟踪实例结果图,用黑色粗线表示边缘跟踪后的边缘信息。

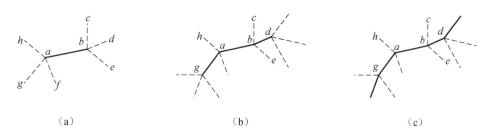

图 5.12 边缘跟踪示意图

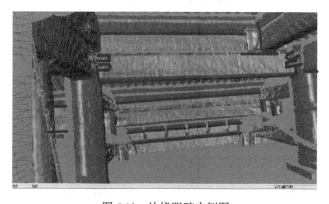

图 5.13 边缘跟踪实例图

平面特征是几何特征中比较重要的特征,其具有各向同性的性质,且 H=K=0,在几何形状分析中比较容易识别,所以非常受重视。由于平面特征是点云数据的最佳拟合,所以提取出的平面特征比每个采集点的精度要高,在不同测站点云数据的配准中经常用平面特征作为对应特征计算平移和旋转参数。平面特征提取有很多方法,如 Hough 方法,

这种方法需要将方向进行离散化，将空间问题转换到参数范围内，根据统计值进行分析。这里详细讲解运用区域增长的方法提取平面特征。平面采用模型为

$$ax + by + cz + d = 0 \tag{5-9}$$

首先根据种子点计算初始平面参数 $a$、$b$、$c$、$d$，然后根据点的邻近关系将种子点的邻近点放入队列中，最后判断队列中的点与平面的空间关系。由于邻近点至区域是空间相连的，所以只需依据点到平面的距离进行判定，如果距离小于阈值，则将点归并到平面区域中，实现区域增长。所有邻近点与平面的空间关系判定完之后，检验区域是否增长，如果增长，则重新估计平面参数 $a$、$b$、$c$、$d$，然后提取更新后的平面区域的拓扑邻近点，判定邻近点与平面的空间关系，如此递归进行，直到区域停止增长为止。

平面特征提取的算法描述如下：

```
用种子点初始化区域；
设置区域增长标志为1；
While(区域增长标志为1){
计算区域平面参数；
搜索邻近点放入队列中；
区域增长标志为0；
    While(队列不为空){
    根据队列先进先出原则为当前点赋值；
    If(当前点至平面的距离小于阈值){
    当前点加入该区域，实现区域增长；
    区域增长标志为1；
}
}
}
```

图 5.14 所示区域为提取的平面特征，其效果非常好，近似为同一个平面的点均包括在内。从图 5.14 上可以看到，构件两端起固定作用的对象点云不属于构件表面，实验结果也很好地将这些点排除在平面外。这里距离阈值为 2mm，提取的平面点云距拟合出的平面特征距离均方差近似为 0。阈值不同，提取的平面特征也不同，一般根据数据处理的精度要求通过多次测试来设定最佳阈值。

图 5.14 平面特征提取实验结果图

## 5.4.2 基于特征的点云分割

根据问题描述和技术需求，分割是一个艰巨而复杂的研究课题。对人来说，很容易识别出简单几何体，如球、柱、锥等，但让计算机完成同样的任务就难多了。分割就是将具有某种共性的连通部分分为一个区域，并把其中感兴趣的区域或目标提取出来。起初，分割技术应用在二维灰度图像上，根据对应实体进行分割，不同区域对应不同实体。主要是根据邻域像素点灰度值变化的函数实现分割。通常选择一些重要特征，获取图像中最优、最显著有用特征的同时，丢弃无关或次要的信息，以降低分类的复杂性。随着新型传感器的出现，采集空间三维信息的手段也更高效、便捷（如三维激光扫描仪等），从而分割技术就不只局限于应用在二维图像中了，相同的原理可以推广应用在其他类型的数据上。对应深度数据，共性是从几何和拓扑的概念上来定义的，经常是曲率的函数。

点云数据中包含场景对象明确的三维信息，直接对点云数据进行三维重建，不仅增加数据处理的复杂度，而且可能造成系统资源的巨大消耗。为了后续处理数据的方便，需要对数据进行相应的分割处理，将图像分成不同的区域，相同区域上的所有点具有某种共性。被分割后的数据仍然是数据的聚集，只是其中的点更具有局部相似性。当然，在大多数情况下，即使细分，由于数据采集的随机性、表面的任意性等，也不能细分到用一个方程式表达，不过可以用分段的曲面插值、网格化或者用最小二乘法做流线型表面拟合等。分割后可获得各专题的深度图像，对专题图像的数据处理、特征提取与建模、可视化表达将比原始数据容易得多。点云数据的分割作为三维特征提取、目标识别、定位和建模中的一个重要步骤，一直是一个十分活跃的领域，受到了很多研究人员的关注，但还有很多难题有待解决，是值得深入研究的领域。现有的二维图像分割方法并不是简单扩展就可以应用在深度图像分割技术中，即使一个只含有多边形对象的简单场景，进行有效地分割也不是件容易的事。正确识别比较小的面对象同时保存边缘位置信息等是三维建模和基于目标识别的计算机辅助设计建模中的主要困难。总结现有的文献，当前的分割算法大致可分为 3 类：基于边缘的分割方法、基于区域的分割方法和基于边缘与区域的混合分割方法。

### 1. 基于边缘的分割方法

基于边缘的方法首先根据数据点的局部微分几何特性在点云数据中检测边界点；然后进行边界点的连接，利用内插构建平滑边缘；最后根据检测的边界将整个数据集分割为独立的多个点集。共性度量值用于判定分割后的子区域是否全局共性。如果不共性，则继续分割为更小的区域。该方法计算量大、计算过程复杂。

### 2. 基于区域的分割方法

基于区域的分割方法是将属于同一基本几何特征的点集分割到同一区域。此过程是一个迭代的过程，迭代过程可以分为自底向上、自顶向下两种。自底向上的是从一种子点开始，按某种规则不断加进周围点，此方法的关键在于种子的选择、扩充策略。自顶向下的方法假设所有点属于同一个面，拟合过程中误差超出要求时，则把原集合分为两个子集，此类方法实际使用较少。3 种常用的基于区域的分割方法如下：

1）Split-and-merge，是一种自顶向下的方法。首先递归分割距离图像，直到子区域全局相似；因为细分产生伪边缘，所以根据相似性标准，合并邻近区域。

2）区域增长，是一种自底向上的方法。首先从一个种子点开始，这个种子点可以随机选取，也可以根据几何标准选择；然后累加与种子点区域邻近且具有相似的局部几何特性的点；如果区域不再增长，再根据相似性标准，合并邻近区域。

3）基于聚类算法。首先对小点集估计面参数，在柱状图中累计参数，峰值点对应数据中面的实例；然后根据统计测试获取相似值，进行区域合并操作。

### 3. 基于边缘与区域的混合分割方法

每种方法都有各自的优缺点，通常需要后处理过程。基于边缘的方法检测边缘困难且存在间隙。如果特征很少，插值问题就变得很困难。另外，基于区域的方法很容易受噪声影响，产生的边缘是闭合的但一般会存在变形。除此之外，最初种子点的选择也是需要考虑的问题。实际上，如果单纯地采用一种策略，在稳健性、唯一性和快速等方面都存在不足。因此，综合基于边缘和基于区域的方法是一种有效的分割策略。

首先利用边缘跟踪方法实现点云数据的初始分割。点云局部微分几何属性计算完毕，根据前面介绍的特征线提取方法提取特征线，之后形成初始分割，用 $C_1$，$C_2$，$\cdots$，$C_n$ 表示初始分割后的 $n$ 个子区域，且满足：

$C_1$，$C_2$，$\cdots$，$C_n$ 的交集形成整个兴趣区域。

$C_1$，$C_2$，$\cdots$，$C_n$ 中的任何两个子集两两相交为空。

有些实体之间连接处的点云数据存在明显的曲率变化，比较容易判断，可快捷地实现不同构件点云数据的分割，但有些实体之间连接处的点云数据是平滑过渡的，比较难以判别区分点云数据对应的构件，所以每个子区域没有细分到构件某个类型的曲面，有时甚至包含几个构件的点云，还需对每个子区域进行进一步的点云分割处理。这里将表面分为 3 种类型：平面、凸面和凹面，采集点也相应地分为平面点、凸面点和凹面点。点云法向量估计之后，就可将点分为平面点和曲面点，凹面和凸面的区分可根据点云平均曲率判断。根据形状分析，如果点云平均曲率小于零，即 $H<0$，则在点云所属的曲面为凸面，点为凸面点；如果平均曲率大于零，即 $H>0$，则在点云所属的曲面为凹面，点为凹面点。

针对每个分割之后的子区域 $C_i$，首先提取平面特征，这是因为平面特征易于提取，提取之后可以简化分割难度。受阈值和邻域范围的影响，点云分类的结果会不同，当邻域范围大时，有些平面点可能会判定为曲面点。先提取平面特征，就可以在一定程度上消除这些因素的影响，准确地判定平面点。平面特征提取时采用面积约束法，如果提取后的平面特征的面积小于指定阈值，则认为提取的平面特征不存在。平面特征提取之后，将其作为一个分割后的区域 $C_{(n+i)}$ 的形式存储，将属于提取的平面特征的点云都认为是平面点，同时子区域 $C_i$ 包含的点集更新为 $C_i - C_{(n+i)}$，记为 $C_i'$，然后对子区域 $C_i'$ 开始新一轮的按基于区域增长的方法提取平面特征，如此递归下去，直到提取完子集内对应的所有平面特征。接下来进行凹面和凸面的分类，子区域 $C_i$ 内的所有平面特征提取后对应的子集用 $C_i'$ 来表示，对 $C_i'$ 进行分类，根据点云平均曲率，将具有连通关系且平均曲率符号一样的点云依据区域增长的方法聚为一类，据此实现初始分割子区域 $C_i$ 的再次分割。同理，对所有初始分割之后的子区域进行再次分割，最终实现点云数据的分割，将点云分割到不同类型的表面，不管下一步是进行点云简化，还是点云平滑、点云表面拟合等操作，都非常便捷、快速。图 5.15 为基于边缘方法的分割结果图，图 5.16 为综合基于边缘和基于区域方法的分割结果图。

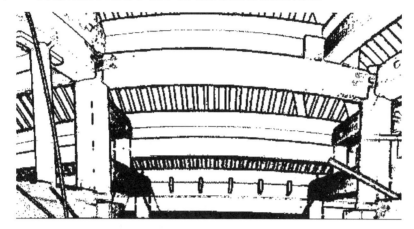

图 5.15　基于边缘方法的分割结果图

图 5.16　综合基于边缘和基于区域方法的分割结果图

综合基于边缘和基于区域方法的分割结果图

## 思　考　题

1. 点云融合的本质是什么？试阐述点云融合的主要目的。
2. 常见的点云抽稀有哪些方法？其宗旨是什么？
3. 点云简化的一般方法有哪些？试举例说明并描述其方法的特点。
4. 点云去冗主要有哪些方法？对比分析不同去冗方法的特点。

# 第6章 几何重建

几何重建主要是以三维数据为基础，按照不同数据结构组织进行三维数据信息提取与表达。本章主要介绍常见的三维几何模型，包含简单基本几何体的构建，结构实体几何（CSG）模型、TIN 及深度图像模型等几类模型的基本原理及建模方法。本章重点学习从三维点云构建三维模型的相关概念、算法流程及应用实例等。基于不同对象几何形状复杂度的不同，本章涉及构建三维几何模型的方法有基于特征线的旋转体构建方法、TIN 模型构建方法、结构实体几何建模方法、深度图像建模方法。

## 6.1 几何重建的概念

我们身在一个三维的世界中，三维的世界是立体的、真实的。同时，我们处于一个信息化的时代中，信息化的时代是以计算机和数字化为表征的。随着计算机在各行各业的广泛应用，人们开始不满足于计算机仅能显示二维的图像，更希望计算机能表达出具有强烈真实感的现实三维世界。三维几何建模可以使计算机做到这一点。几何重建就是利用三维数据将现实中的三维物体或场景在计算机中进行重建，最终实现在计算机上模拟出真实的三维物体或场景。而三维数据就是使用各种三维数据采集仪采集得到的数据，它记录了有限体表面在离散点上的各种物理参量。

三维几何建模包括的最基本的信息是物体各离散点的三维坐标，其他的可以包括物体表面的颜色、透明度、纹理特征等。三维几何建模在建筑、医用图像、文物保护、三维动画游戏、电影特技制作等领域起着重要的作用。一个三维几何模型的建立过程包括三维初始数据的获取，对初始数据进行诸如去除噪声点、简化等处理，按照不同的方式组织三维数据，最终实现在计算机中绘制出具有三维特征的模型。

## 6.2 基 本 体 素

实体建模是定义一些基本体素，通过基本体素的集合运算或变形操作生成复杂形体的一种建模技术，其特点在于三维立体的表面与其实体同时生成。

由于实体建模能够定义三维物体的内部结构形状，因此能完整地描述物体的所有几何信息和拓扑信息，包括物体的体、面、边和顶点的信息。

体素是现实生活中真实的三维实体。根据体素的定义方式，体素至少可分为两大类：一类是基本体素，有长方体、球、圆柱、圆锥、圆环、锲等，如图 6.1 所示；另一类是扫描体素，又可分为平面轮廓扫描体素和三维实体扫描体素，如图 6.2 所示。

扫描表示是指基于一个基体（一般是一个封闭的平面轮廓）沿某一路径运动而产生

形体。可见，扫描表示需要两个分量，一个是被运动的基体，另一个是基体运动的路径；如果是变截面的扫描，还要给出截面的变化规律。图 6.1 给出了扫描表示的一些例子，图 6.1（a）是拉伸体（扫描路径是直线），图 6.1（c）是回转体，图 6.1（b）、(d) 所示扫描体的扫描路径是曲线，且图 6.1（b）是等截面扫描，图 6.1（d）是变截面扫描。扫描是生成三维形体的有效方法，但是，用扫描变换产生的形体可能出现维数不一致的问题。如图 6.2 所示，其中图 6.2（a）表示一条曲线经平移（扫描路径是直线）扫描变换后产生了一个表面和两条悬边；图 6.2（b）中一条曲线经平移扫描变换后产生的形体是两个二维的表面间有一条一维的边相连；图 6.2（c）、(d) 中表示扫描变换的基体本身维数不一致，因而产生的形体结果也是维数不一致的且有二义性。另外，扫描方法不能直接获取形体的边界信息，表明形体的覆盖域非常有限。

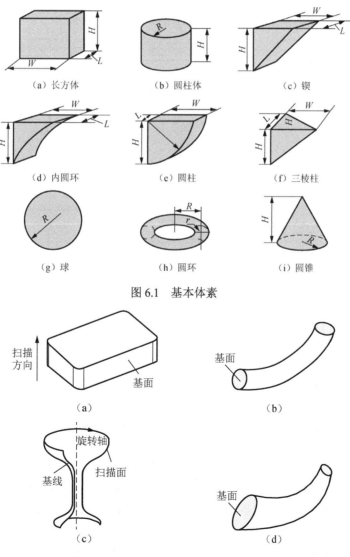

图 6.1　基本体素

图 6.2　扫描体素

## 6.3 旋 转 体

### 6.3.1 算法流程

本节在其他已有研究成果的基础上,研究了一种三维激光点云旋转曲面自动识别方法。算法主要包括:采用三维激光扫描仪采集旋转曲面的原始数据,对原始数据进行预处理(精简),并采用包围盒(oriented bounding box,OBB)技术提取旋转曲面的轴向;根据提取的旋转轴,采用四元数旋转方法将实体旋转到 Z 轴方向,从而使实体正立在我们面前;将原始数据向平面投影,该平面是一个过旋转轴的平面,从而可以得到旋转曲面的投影轮廓;采用扫描线方式提取旋转曲面的母线初始点集;对提取的母线进行拟合;根据轴向及母线进行实体模型重建。整个流程图如图 6.3 所示。

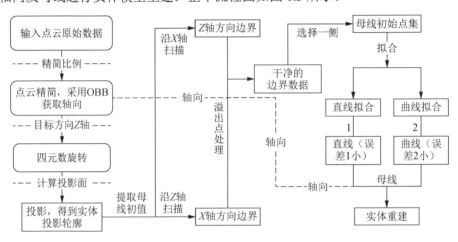

图 6.3 算法流程图

### 6.3.2 算法具体实现

1. OBB 获取轴向

首先对三维激光扫描仪采集的原始数据进行精简处理,根据三维激光扫描仪的分辨率,结合具体的工程需求,人工设定采样个数及精简比例。利用 OBB 技术可以得到 3 个方向,根据边长的大小,可以筛选出几何体的主方向初始值。本节采用 OBB 方法来获取轴向,并将最长边长的方向作为几何体的主方向,效果如图 6.4 所示。在几何形体的主方向与最长边长的方向一致时,采用此方法可以得到正确的结果,此时对应的形体属于"高瘦"类型,对于比较"矮胖"的形体,有可能会得到错误的结果。此时,我们有必要对初始选择的轴向进行可靠性判断,方法如下:利用初始轴向和提取的母线重构旋转体,生成一套模型数据,并将原始数据旋转到 Z 轴正向与模拟数据进行匹配;对模拟数据构建 KD 树,并在模拟数据中查找与旋转到 Z 轴正向的原始数据每一点对应的最近的 K 邻域,即进行 K 邻域查找,实验表明 K 取 6~15 最佳;对搜索到的邻域点进行平面拟合,并计算原始数据中的对应点到拟合平面的距离($i=1,2,\cdots,n$),计

算匹配中误差 $\sigma$：

$$\sigma = \sqrt{\sum_{i=1}^{n} d_i \times d_i / n} \tag{6-1}$$

由于利用 OBB 技术可以得到 3 个方向，所以只需要从 3 个误差中选取最小的一个作为最终结果即可（图 6.4）。

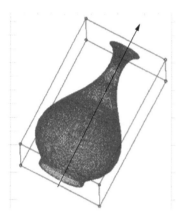 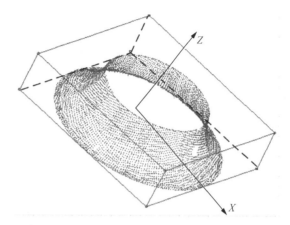

（a）利用OBB技术获取的正确轴向　　　（b）利用 OBB 技术获取的错误轴向，Z向代表正确的轴向，X向代表错误的轴向

图 6.4　利用 OBB 技术获取的轴向

### 2. 四元数旋转

根据本节中利用 OBB 技术获取的轴向，不妨设为 $\boldsymbol{n} = (a,b,c)$，将 $\boldsymbol{n}$ 单位化，利用式（6-2）计算 $\boldsymbol{n}$ 与坐标轴 $z$ 的夹角值：

$$\cos\theta = \boldsymbol{n} \cdot \boldsymbol{n}_1 \tag{6-2}$$

式中，$\boldsymbol{n}_1 = (0,0,1)$；符号"·"表示两个向量的数量积。

按照四元数旋转方法，只需要一个旋转轴和一个旋转角度，即可完成空间内的任意旋转（绕任意轴旋转任意角度）。其中，旋转角度即为式（6-2）中求出的 $\theta$，旋转轴可由式（6-3）求解：

$$\text{dir} = \boldsymbol{n} \times \boldsymbol{n}_1 \tag{6-3}$$

式中，$\boldsymbol{n}$、$\boldsymbol{n}_1$ 与式（6-2）相同；符号"×"表示两个向量的向量积，所得结果为一个矢量，同样把 dir 单位化。按照四元数旋转公式（6-4）完成旋转过程：

$$P_1 = \mu P \mu^{-1} \tag{6-4}$$

式中，$P$ 表示待旋转的原始点云中的任意点；$P_1$ 表示按照四元数旋转后的对应点，并且 $\mu = \cos\dfrac{\theta}{2} + \text{dir}\sin\dfrac{\theta}{2}$，$\mu^{-1} = \cos\dfrac{\theta}{2} - \text{dir}\sin\dfrac{\theta}{2}$。该公式可以完成 $P$ 到 $P_1$ 的转换过程，从而使原始点云正立在 $Z$ 轴方向上。

利用以上四元数旋转方法，将旋转体旋转轴旋转至 $Z$ 轴方向，计算出其对应的旋转矩阵，使点云数据分别乘以上述旋转矩阵，从而使旋转体沿着旋转轴方向正立于三维空间中。

3. 获取旋转曲面的投影轮廓

(1) 确定投影面

我们在这里选择的是与坐标轴 $XOZ$ 面平行的一个平面，这样在下面的计算中明显可以简化问题的复杂性，减少计算量。为了确定投影面的方程，还必须知道平面上的一个点，我们选择的是实体的顶面圆心。为了后续处理的需要，我们在这里同样获取了底面的圆心。首先遍历出点云数据中 $Z$ 坐标的最大值和最小值，然后搜索该最大值和最小值一定阈值范围内的点集，接下来就要根据这些点集去拟合圆。由于计算过程中的各种误差及计算机的舍入误差，我们先对这些数据建立三角网以获取边界数据，最后用边界数据通过 RANSAC 算法拟合圆，获取圆心。

在确定顶面和底面圆的圆心时，由于各种误差的影响，搜索到的圆数据会包含圆内部点甚至会出现环点，这时如果直接采用 RANSAC 算法拟合圆，会出现鲁棒性不好，甚至错误的情况，因此本节先构建三角网，然后查找圆的边界数据，最后用边界数据拟合圆，如图 6.5 所示。

(a) 搜索到的圆数据　　　　(b) RANSAC 拟合　　　　(c) 本节方法拟合

图 6.5　拟合圆结果对比

(2) 获取投影轮廓

将点云数据向过旋转轴的一个平面投影，基于上述所确定的平面，我们将所有数据投影到该平面上（图 6.6）。平面方程设为

$$Ax + By + Cz + D = 0 \tag{6-5}$$

式中，$(A,B,C)$ 为平面的法向；$D$ 为原点到平面的距离。确定方法：将由（1）确定的两个圆心设为 $P_1(a,b,c)$ 和 $P_2(a_1,b_1,c_1)$，为了使投影面与 $XOZ$ 面平行，需平面上所有点的 $y$ 坐标值相等，因此我们不妨另取一点 $P_3(a_1+1,b_1,c_1+1)$，由这 3 个点确定投影面。$(A,B,C)$ 可由式（6-6）确定，$D$ 由式（6-7）确定：

$$(A,B,C) = (\overrightarrow{OP_3} - \overrightarrow{OP_2}) \times (\overrightarrow{OP_1} - \overrightarrow{OP_2}) \tag{6-6}$$

$$D = -(A,B,C) \cdot \overrightarrow{OP_1} \tag{6-7}$$

先计算每一点到平面的距离，可由式（6-8）确定：

$$d = (A,B,C,D) \cdot (x,y,z,1) \tag{6-8}$$

$(x,y,z)$ 为任一点的坐标，$(A,B,C)$ 已经经过了单位化处理，对应的投影点为

$$\text{pro} = (x,y,z,1) - (x,y,z,1) \cdot d \tag{6-9}$$

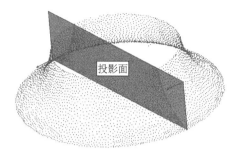

图 6.6 原始点云及其投影

4. 提取旋转曲面母线初值

（1）提取投影轮廓 $X$ 的边界

确定 $X$ 的边界，按 $Z$ 坐标值搜索，也称为行搜索。通过遍历的方式得到 $X$、$Z$ 坐标的极值，然后通过经验公式（6-10）确定移动步长，也就是离散点的平均距离。

$$d = \frac{\sqrt{A}}{\sqrt{n-1}} \tag{6-10}$$

式中，$A$ 为投影后平面的面积；$n$ 为原始数据的个数。由于 $A$ 无法精确求得，我们在这里简单地用一个 AABB 包围盒的面积代替 $A$ 的大小。

具体做法：首先我们要遍历平面点集，然后求出平面离散点云中 $Z$ 值最小的点 $P_{Z_{\min}}(X, Z_{\min})$，以及 $Z$ 值最大的点 $P_{Z_{\max}}(X, Z_{\max})$。以 $P_{Z_{\min}}(X, Z_{\min})$ 为初始点，进行行搜索操作，搜索范围起于 $(Z_{\min} - d/2)$，终止于 $(Z_{\max} + d/2)$。其中 $Z$ 值每增加一个移动步长 $d$，就要从范围 $(Z_i - d/2) \leqslant Z \leqslant (Z_i + d/2)$ 中筛选出 $X$ 值最小的点 $P_{X_{\min}}(X_i, Z_i)$ 和 $X$ 值最大的点 $P_{X_{\max}}(X_i, Z_i)$。我们分别记录下 $P_{X_{\min}}(X_i, Z_i)$ 和 $P_{X_{\max}}(X_i, Z_i)$，然后按照一定的顺序连接点 $P_{X_{\min}}(x_i, z_i)$ 和 $P_{X_{\max}}(x_i, z_i)$，结果即为行搜索的边界。如图 6.7 所示，黑色点"●"表示原始点集对应的投影点集，白色点"○"表示按扫描线方式获取的 $X$ 的边界点。

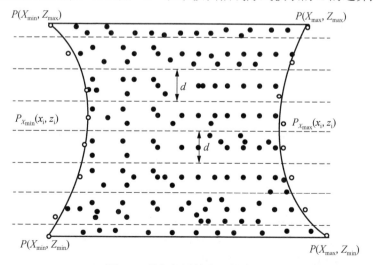

图 6.7 提取投影轮廓 $X$ 的边界

（2）提取投影轮廓 Z 的边界

确定 Z 的边界，按 X 坐标值搜索，也称为列搜索。同理可得到列搜索的边界。如图 6.8 所示，黑色点"●"表示原始点集对应的投影点集，白色点"○"表示按扫描线方式获取的 Z 的边界点。

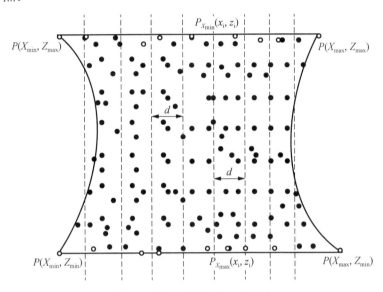

图 6.8　提取投影轮廓 Z 的边界

（3）溢出点处理

平面离散点的不规则性及各种误差的影响，难免会造成所得到的边界点重复，甚至出错，因此有必要进行溢出点的处理。由于本节后面利用的是左右边界，因此只需要对左右两侧的数据进行处理即可。通过曲率筛选的方式，可删除溢出点。由于扫描线获取的边界点集是按顺序存储的，因此只需要计算前后两点对应的曲率值，当曲率大于一定阈值时，则将相应点剔除，效果如图 6.9 所示。此时，只需要选取左右边界的一支，作为旋转体的母线初值即可。

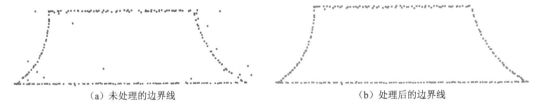

（a）未处理的边界线　　　　　　　　　　（b）处理后的边界线

图 6.9　处理边界线

5. 母线拟合

由于圆锥、圆柱等实体的母线是一条直线，而旋转体的母线是一条曲线，因此还需要进行母线类型的判断。我们不妨采用直线和曲线分别拟合母线初始值，然后分别计算拟合中误差，选择其中最小的一个作为最终结果。

（1）二次曲线拟合母线初值

如果母线为曲线，则用二次曲线拟合母线初值。具体做法：不妨把二次曲线的隐式方程表示为

$$Q(x,y) = Ax^2 + Bxy + Cy^2 + Dx + Ey + F = 0 \qquad (6\text{-}11)$$

选择目标函数 $I = \sum_{i=1}^{n} Q(x,y)^2$，对于平面内的所有离散点 $(x_i, y_i)(i=1,2,3,\cdots,n)$，使 $I$ 取最小值，则必然满足以下方程组：

$$\begin{cases} \dfrac{\partial I}{\partial A} = 0 \\ \dfrac{\partial I}{\partial B} = 0 \\ \dfrac{\partial I}{\partial C} = 0 \\ \dfrac{\partial I}{\partial D} = 0 \\ \dfrac{\partial I}{\partial E} = 0 \\ \dfrac{\partial I}{\partial F} = 0 \end{cases} \qquad (6\text{-}12)$$

可以得到

$$\begin{cases} 2\sum_{i=1}^{n} Q(x,y)x^2 = 0 \\ 2\sum_{i=1}^{n} Q(x,y)xy = 0 \\ 2\sum_{i=1}^{n} Q(x,y)y^2 = 0 \\ 2\sum_{i=1}^{n} Q(x,y)x = 0 \\ 2\sum_{i=1}^{n} Q(x,y)y = 0 \\ 2\sum_{i=1}^{n} Q(x,y) = 0 \end{cases} \qquad (6\text{-}13)$$

该齐次方程组仅有零解，也就是 $A=B=C=D=E=F=0$。为了得到有效的解，还必须增加附加条件。取 $A=1.0$，将其代入目标函数 $I = \sum_{i=1}^{n} Q(x,y)^2$ 中，得到一组解：

$$x_1 = \begin{bmatrix} A_1 & B_1 & C_1 & D_1 & E_1 & F_1 \end{bmatrix}，\text{其中 } A_1 = 1.0$$

同理，分别令 $B$、$C$、$D$、$E$、$F$ 等于1.0，可以得到另外5组解：

$$x_2 = \begin{bmatrix} A_2 & B_2 & C_2 & D_2 & E_2 & F_2 \end{bmatrix}，\text{其中 } B_2 = 1.0$$
$$x_3 = \begin{bmatrix} A_3 & B_3 & C_3 & D_3 & E_3 & F_3 \end{bmatrix}，\text{其中 } C_3 = 1.0$$

$$x_4 = \begin{bmatrix} A_4 & B_4 & C_4 & D_4 & E_4 & F_4 \end{bmatrix}，其中 D_4 = 1.0$$
$$x_5 = \begin{bmatrix} A_5 & B_5 & C_5 & D_5 & E_5 & F_5 \end{bmatrix}，其中 E_5 = 1.0$$
$$x_6 = \begin{bmatrix} A_6 & B_6 & C_6 & D_6 & E_6 & F_6 \end{bmatrix}，其中 F_6 = 1.0$$

第一种解算方法，我们令 $A_1 = 1.0$，若 $A_1 \neq 0$ 是合理的，只需要 $A_1$、$B_1$、$C_1$、$D_1$、$E_1$、$F_1$ 同时除以 $A_1$ 即可实现。但是实际情况下，对于某一特定曲线，$A_1 = 0$ 是完全可能存在的，这时误差会很大。同理，其他方法对于特定的曲线也是不合理的。因此为了避免单一解造成较大误差情况的出现，我们对这 6 组解做线性组合处理。

令

$$I_i = \sum_{j=1}^n (A_i x_j^2 + B_i x_j y_j + C_i y_j^2 + D_i x_j + E_i y_j + F_i)^2 \quad (i = 1,2,3,\cdots,6) \quad (6\text{-}14)$$

组合系数 $\alpha_i (i = 1,2,3,4,5)$ 由以下目标函数确定：

$$S = \left[\sum_{i=1}^5 \alpha_i I_i + (1 - \alpha_1 - \alpha_2 - \alpha_3 - \alpha_4 - \alpha_5) I_6 \right]^2 \quad (6\text{-}15)$$

为了使 $S$ 取最小值，解方程组

$$\begin{cases} \dfrac{\partial S}{\partial \alpha_1} = 0 \\ \dfrac{\partial S}{\partial \alpha_2} = 0 \\ \dfrac{\partial S}{\partial \alpha_3} = 0 \\ \dfrac{\partial S}{\partial \alpha_4} = 0 \\ \dfrac{\partial S}{\partial \alpha_5} = 0 \end{cases} \quad (6\text{-}16)$$

进一步展开，可以得到一个非齐次线性方程组：

$$\begin{cases} (I_1 - I_6)[(I_1 - I_6)\alpha_1 + (I_2 - I_6)\alpha_2 + (I_3 - I_6)\alpha_3 + (I_4 - I_6)\alpha_4 + (I_5 - I_6)\alpha_5] = I_6(I_6 - I_1) \\ (I_2 - I_6)[(I_1 - I_6)\alpha_1 + (I_2 - I_6)\alpha_2 + (I_3 - I_6)\alpha_3 + (I_4 - I_6)\alpha_4 + (I_5 - I_6)\alpha_5] = I_6(I_6 - I_2) \\ (I_3 - I_6)[(I_1 - I_6)\alpha_1 + (I_2 - I_6)\alpha_2 + (I_3 - I_6)\alpha_3 + (I_4 - I_6)\alpha_4 + (I_5 - I_6)\alpha_5] = I_6(I_6 - I_3) \\ (I_4 - I_6)[(I_1 - I_6)\alpha_1 + (I_2 - I_6)\alpha_2 + (I_3 - I_6)\alpha_3 + (I_4 - I_6)\alpha_4 + (I_5 - I_6)\alpha_5] = I_6(I_6 - I_4) \\ (I_5 - I_6)[(I_1 - I_6)\alpha_1 + (I_2 - I_6)\alpha_2 + (I_3 - I_6)\alpha_3 + (I_4 - I_6)\alpha_4 + (I_5 - I_6)\alpha_5] = I_6(I_6 - I_5) \end{cases}$$

解方程组可以得到 $\alpha_i (i = 1,2,3,4,5)$ 的值，令 $\alpha_6 = 1 - \sum_{i=1}^5 \alpha_i$，从而二次曲线的最终组合系数 $A'$、$B'$、$C'$、$D'$、$E'$、$F'$ 确定如下：

$$\begin{cases} A' = \sum_{i=1}^6 \alpha_i A_i, \quad B' = \sum_{i=1}^6 \alpha_i B_i, \quad C' = \sum_{i=1}^6 \alpha_i C_i \\ D' = \sum_{i=1}^6 \alpha_i D_i, \quad E' = \sum_{i=1}^6 \alpha_i E_i, \quad F' = \sum_{i=1}^6 \alpha_i F_i \end{cases} \quad (6\text{-}17)$$

因此二次曲线的隐式方程为

$$Q(x,y) = A'x^2 + B'xy + C'y^2 + D'x + E'y + F' = 0 \qquad (6-18)$$

（2）整体最小二乘直线拟合算法拟合母线

由于不知道母线的类型，我们分别采用二次曲线和直线拟合母线，并计算拟合中误差。二次曲线拟合部分见上述第（1）部分，下面采用整体最小二乘直线拟合算法拟合母线。

通过上述（1）（2）两个过程，我们对提取的母线初值数据，分别拟合了直线和曲线，并且求解了拟合中误差，从中选取较小者作为判断结果。如果母线拟合二次曲线的误差较小，则判断出母线类型是一条曲线。采用二次曲线和 B 样条曲线分别对母线进行拟合，效果如图 6.10 和图 6.11 所示。由图 6.11 可知，B 样条曲线拟合会出现不光滑，甚至失真的情况，会出现大的"拐角"，因此，本节选择二次曲线拟合旋转体的母线初始值。

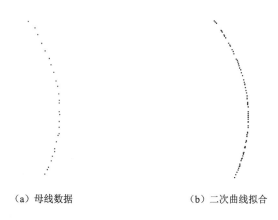

(a) 母线数据　　　　　　(b) 二次曲线拟合

图 6.10　二次曲线拟合母线

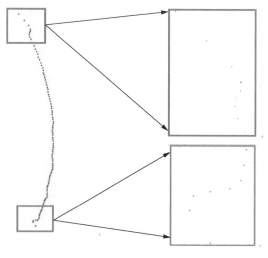

图 6.11　B 样条曲线拟合

### 6.3.3 实验分析

为了实际分析和验证本节提出的方法，用 Rigel VZ-1000 扫描仪分别采集圆柱、圆锥、圆台、旋转体的点云数据，运用本算法提取这些几何体的轴向及母线，同时与商业软件 Geomagic 拟合结果进行对比。本实验的环境：CPU 为酷睿 i5，内存为 3.0GB，图形处理器（graphics processing unit，GPU）为 GeForce GTX650，操作系统为 Windows7 SP1。

应用本节所提到的方法拟合圆柱与商业软件 Geomagic 拟合得到的参数对比见表 6.1。

表 6.1 两种方法拟合圆柱结果对比

| 拟合方法 | 轴向/m | 顶点/m | 半径/m | 中误差/cm | 时间消耗/ms |
|---|---|---|---|---|---|
| Geomagic 软件 | 0.935，−0.354，0.031 | 43.456，−13.039，−2.157 | 2.739 | 0.09 | 4022 |
| 本节方法 | 0.9342，−0.3551，0.0307 | 43.4555，−13.044，−2.15837 | 2.741 | 0.034 | 1039 |

从表 6.1 中可以看出两种方法拟合结果基本一致，两种方法所得到的轴向仅相差 0.07°[可根据式（5-5）计算轴向夹角得出]，顶点坐标基本一致，半径相差 0.002m，基本上没有差别，并且结合图 6.12 可以看出，两种方法拟合结果都非常好，所得的模型与实体基本上完全贴合，但是本节方法拟合中误差较小，贴合度更好，并且时间效率上也具有明显的优势。

（a）本节方法拟合圆柱　　　　　　　　（b）Geomagic 拟合圆柱

图 6.12 两种方法拟合圆柱结果

应用本节所提到的方法拟合圆锥与商业软件 Geomagic 拟合得到的参数对比见表 6.2。

表 6.2 两种方法拟合圆锥结果对比

| 拟合方法 | 轴向/m | 顶点/m | 上半径/m | 下半径/m | 中误差/cm | 时间消耗/ms |
|---|---|---|---|---|---|---|
| Geomagic 软件 | −0.021，0.074，−0.997 | −2.1151，−1.9652，−0.8823 | 0.036 | 0.132 | 0.073 | 2030 |
| 本节方法 | −0.01，−0.1512，0.9884 | −2.1429，−1.9418，−0.8922 | 0.034 | 0.127 | 0.007 | 1019 |

从表 6.2 中可以看出两种方法拟合结果相差不大，两种方法所得到的轴向相差 4.79°，顶点坐标偏差（0.03，0.02，0.01），半径相差不大，但是通过图 6.13 可以看出，Geomagic 软件拟合圆锥的半径，无论是上半径还是下半径，都与原始数据不太贴合，并且轴向有一定的偏差与原始点云不贴合，明显没有本节方法拟合的效果好。通过表 6.2 中"中误差"一栏可以看出本节方法在精度上有显著优势，并且效率较高。

(a) 本节方法拟合圆锥　　　　　　　(b) Geomagic 拟合圆锥

图 6.13　两种方法拟合圆锥结果

应用本节所提到的方法拟合圆台与商业软件 Geomagic 拟合得到的参数对比见表 6.3。

表 6.3　两种方法拟合圆台结果对比

| 拟合方法 | 轴向/m | 顶点/m | 上半径/m | 下半径/m | 中误差/cm | 时间消耗/ms |
|---|---|---|---|---|---|---|
| Geomagic 软件 | 0.004，0.012，−1.00 | −2.1363，−1.9532，−0.880 | 0.021 | 0.0689 | 0.019 | 1024 |
| 本节方法 | −0.0439，−0.2629，0.96 | −2.144，−1.9296，−0.893 | 0.039 | 0.05 | 0.064 | 1000 |

从表 6.3 中可以看出两者有很大的差别，两种方法所得到的轴向相差高达 14.74°，顶点坐标偏差（0.01，0.02，0.01），上半径相差 0.018m，虽然数值不大，但是相对误差高达 46%。通过图 6.14 可以看出，Geomagic 软件拟合圆台的半径，无论是上半径还是下半径，都与原始数据差别很大，下半径明显大了很多，并且轴向也有很大偏差，没有本节方法拟合的效果好，本节方法在拟合精度上具有很大优势。

(a) 本节方法拟合圆台　　　　　　　(b) Geomagic 拟合圆台

图 6.14　两种方法拟合圆台结果

通过对比表 6.1～表 6.3 中"时间消耗"一栏可以发现，运用本节方法拟合圆柱、圆锥、圆台所需时间明显小于商业软件 Geomagic，本节所介绍的方法效率高，适用性强，提高了实体的识别速度。

有关旋转体的拟合，由于现有商业软件很少涉及，本节通过 CSG 方法进行实体构造，以便用于拟合效果检查，如图 6.15～图 6.17 所示。

（a）点云与拟合旋转体　　　　　　　　（b）拟合旋转体

图 6.15　本节方法拟合旋转体效果

（a）酒杯原始数据　　　（b）本节方法拟合酒杯　　　（c）本节方法生成的酒杯模型

图 6.16　本节方法拟合酒杯效果

（a）花瓶原始数据　　　（b）本节方法拟合花瓶　　　（c）本节方法生成的花瓶模型

图 6.17　本节方法拟合花瓶效果

前面我们通过 CSG 实体构造技术进行了拟合效果的检查，但是仅仅能定性地分析，为了能够定量地了解拟合的效果，本节进行了误差分析，即统计原始点集与模型的贴合程度。本节分别统计落在不同偏差范围内点的个数，以便做出判断，详细情况如图 6.18

所示，并且列出了误差分布表，见表 6.4。

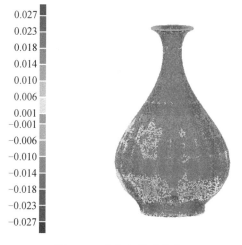

图 6.18 点集与模型偏差

点集与模型偏差

表 6.4 误差分析表

| 误差分布/mm | 0～6 | 6～10 | 10～14 | 14～18 | 18 以上 |
|---|---|---|---|---|---|
| 个数 | 18754 | 1672 | 419 | 209 | 614 |
| 所占比例/% | 86.55 | 7.7 | 1.93 | 0.96 | 2.86 |

从误差分析表中可以看出不同偏差区间的点云分布情况。通过分析，可以看出 86.55%的点云数据距离模型偏差在 6mm 之内，较为贴合该模型，从而验证了该算法的精度可靠性，另外有 2.86%的点云偏差大于 18 mm，这是由于扫描仪采集数据时存在误差甚至是粗差，可以将这些点识为粗差点，予以剔除，从而获取更高的精度，以扩展应用范围。图 6.19 为模型偏差误差分析饼状图。

图 6.19 模型偏差误差分析饼状图

## 6.4 不规则三角网

### 6.4.1 概述

**1. 基本概念**

不规则三角网（TIN）是用一系列互不交叉、互不重叠的连接在一起的三角形来表示三维实体。

TIN 既是矢量结构，又有栅格的空间铺盖特征，能很好地描述和维护空间关系。

T：三角化（triangulated），是离散数据的三角剖分过程，也是 TIN 的建立过程。

I：不规则性（irregular），指用来构建 TIN 的采样点的分布形式。TIN 具有可变分辨率，比格网 DEM 能更好地反映地形起伏。

N：网（network），表达整个区域的三角形分布形态，即三角形之间不能交叉和重叠。三角形之间的拓扑关系隐含其中。

基于点云构建实体的 TIN 模型（图 6.20）有很多优点：

1）三角形是所有几何元素中最简单的面片模型，使用三角形作为基本的单元可以保证整个系统的管理对象针对一种几何元素进行管理。

2）三角形可以用来构造任意复杂的面对象或体对象。

3）模型的编辑相对比较容易，而且可以花费很小的代价去修改现有的几何对象，如在三角网格模型中增加一个点或删除一条边或增加附加的限制条件等，操作方便。

4）能够方便地开发一些算法，对复杂的几何对象予以不同精度的几何描述，如细节层次（levels of detail，LOD）模型的构建。

5）能够很方便地对基于三角形结构的模型进行不同形式的显示方式，如 2D 显示、3D 显示等。

6）目前所有的图像渲染工具包都直接支持三角形的绘制，包括在虚拟现实系统中，因此可以不需要经过转换，直接被经图形渲染的 API 函数使用。

7）用三角形作为基元在可变形模型过程中比较容易实施，使算法变得相对简单、快速。

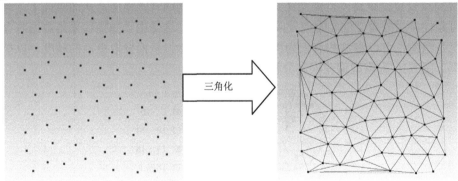

图 6.20　离散点云三角化

2. 基本元素与类型

TIN 的基本元素（图 6.21）如下：

1）节点（node）：是相邻三角形的公共顶点，也是用来构建 TIN 的采样数据。

2）边（edge）：指两个三角形的公共边界，是 TIN 不光滑性的具体反映。边同时还包含特征线、断裂线及区域边界。

3）面（face）：由最近的 3 个节点所组成的三角形面，是 TIN 描述地形表面的基本单元。TIN 中的每一个三角形都描述了局部地形倾斜状态，具有唯一的坡度值。三角形在公共节点和边上是无缝的，或者说三角形不能交叉和重叠。

4）拓扑关系（topology）：点与点、点与边、点与三角形、边与边、边与三角形、三角形与三角形之间的连接关系等。

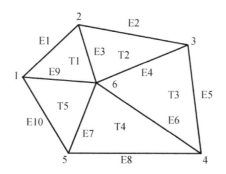

图 6.21　TIN 的基本元素

基于点云构建 TIN 有两种类型：一种是无约束 TIN，即数据点不存在任何关系；另一种是约束 TIN（图 6.22），即部分数据点间存在联系，一般通过特征线（边界、内部特征线）。

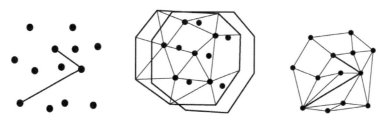

图 6.22　构建约束 TIN

3. 体系结构

由点云构建 TIN 模型一般有 3 个基本要求：
1）三角形的格网唯一。
2）最佳三角形形状，尽量接近正三角形。
3）三角形边长之和最小，保证最近的点形成三角形。

基于点云构建 TIN 模型的体系结构如图 6.23 所示。

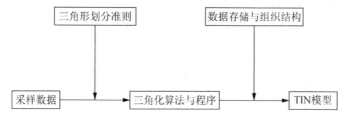

图 6.23　基于点云构建 TIN 模型的体系结构

TIN 数据存储与组织结构：TIN 是一典型的矢量数据结构，通过节点、三角形边和三角形面间的关系显示或隐式表达地形散点的拓扑关系，要求有高效的 TIN 存储与组织结构。

TIN 的三角形划分准则：TIN 模型中三角形的几何形状直接决定了 TIN 的应用质量。要求 TIN 中的三角形尽量接近正三角形、最近邻的点连接成三角形、三角形唯一。

三角化算法与程序：良好的数据结构和三角形剖分准则必须通过高效的三角化算法与程序来实现。算法的作用由其本身的性能和实现它的程序质量决定，而程序的性能依赖算法的原理。

4. 三角剖分准则

TIN 的三角剖分准则是指 TIN 中三角形的形成法则，它决定着三角形的几何形状和 TIN 的质量。目前，在地理信息系统、计算机和图形学领域常用的三角剖分准则有 6 种，如图 6.24 所示。

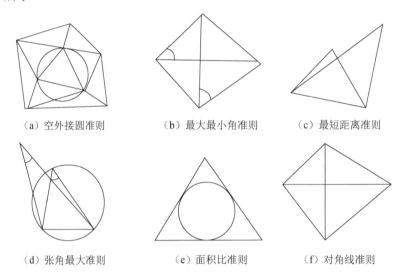

(a) 空外接圆准则　　(b) 最大最小角准则　　(c) 最短距离准则

(d) 张角最大准则　　(e) 面积比准则　　(f) 对角线准则

图 6.24　常用的 6 种三角剖分准则

空外接圆准则：在 TIN 中，过每个三角形的外接圆均不包含点集的其余任何点。

最大最小角准则：在 TIN 中的两相邻三角形形成的凸四边形中，这两三角形中的最小内角一定大于交换凸四边形对角线后所形成的两三角形的最小内角。

最短距离和准则：一点到基边的两端的距离和为最小。

张角最大准则：一点到基边的张角为最大。

面积比准则：三角形内切圆面积与三角形面积之比或三角形面积与周长平方之比最小。

对角线准则：两三角形组成的凸四边形的两条对角线之比超过给定限定值时，对三角形进行优化。这一准则的比值限定值须给定，即当计算值超过限定值时才进行优化。

TIN 的三角剖分准则说明：

1）三角剖分准则是建立三角形格网的基本原则，应用不同的准则将会得到不同的三角网。

2）一般而言，应尽量保持三角网的唯一性，即在同一准则下由不同的位置开始建立三角形格网，其最终的形状和结构应是相同的。

3）空外接圆准则、最大最小角准则下进行的三角剖分称为 Delaunay（译为狄洛尼或德劳内）三角剖分（triangulation），简称 DT。空外接圆准则也叫 Delaunay 法则。

5. 数据结构

三角网格化后，可采用由顶点、边和三角面片之间的连接信息来描述点云数据的拓扑特征，由拓扑基元点、线、三角面片来表达其几何特征。这些信息如何在计算机中存储和使用，达到既节省计算机的空间资源和时间资源，又能有效地进行各种操作运算及良好的三维可视化效果，一般是通过研究图形的数据结构来实现的。数据结构的选择和设计与算法的运行效率紧密相关（张瑞菊等，2006b）。

下面详细讲解"顶点+相邻三角形"类型的数据结构。采用面向对象的方法，将模型对应的点要素和三角形要素封装在对象内部，模型只显示记录的节点与节点、节点与三角形、三角形与三角形之间的邻接关系，诸如邻近关系查询等空间操作均比较方便、快捷，可以实现对数据的有效存储、组织和管理，还可有效减少因数据量大而消耗大量的查询、访问时间，易于算法的编制与实现，如在此数据结构基础上添加属性特征或增加新对象（如增加纹理信息等）实现逼真再现、完备描述和准确表达三维空间实体。将空间目标抽象为 3 类，即点对象（特征点）、线对象（特征线）、面对象（特征面或木构件三维模型），组成空间目标的基本几何元素为节点（node）和三角面（face）。此面向对象的概念模型如图 6.25 所示。

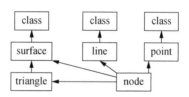

图 6.25 面向对象的概念模型

任何一个复杂的占有一定体积的空间对象均可用由节点拓扑连接形成的三角网组成的面表示。线对象可由一系列依次连接的节点序列来表示。三角形基元由 3 个节点构成，每个节点对应点云中的一点，对应一个三维坐标$(x, y, z)$。根据以上分析，基于面向对象的思想，相应的数据结构用 C++描述，具体如下：

```
class CPoint3D: public CGeometry3D
{
private:
double m_dCoord[3];                    //存放节点三维空间坐标（x, y, z）
CVector3D m_Normal;                    //存放节点法向量数据
CArray3D<CPoint3D>m_PtNeighborArray;   //存放节点邻近点的数组
CArray3D<CTriangle3D>
m_TriNeighborArray;                    //存放节点邻近三角形的数组
```

```
………
   public:
………
};
class CTriangle3D: public CGeometry3D
{
private:
CPoint3D *m_pPoint[3];           //逆时针顺序存放三角点的指针
CTriangle3D *m_pTri[3];          //存放邻近三角形的指针
CVector3D m_Normal;              //存放三角形法向量数据
………
   public:
………
};
class CObject3D: public CGeometry3D
{
private:
CArray3D<CPoint3D> m_PtArray;    //存放对象模型的节点数组
CArray3D<CTriangle3D>m_TriArray; //存放对象模型的三角网数组
………
   public:
………
};
class CLine3D: public CGeometry3D
{
private:
CArray3D<CPoint3D> m_PtArray;    //依次存放构成线对象的节点序列数组
………
};
```

上述数据结构只用节点和三角形两种几何元素描述三维对象，并将它们封装在对象内，而且显示的存储节点、三角形和对象之间的拓扑信息，不但提高了效率，而且节省了存储空间。

### 6.4.2 TIN 建模

#### 1. TIN 建模的方法

基于点云构建 TIN 模型的方法有很多种，经过查阅大量文献可分为两大类（Zhang et al., 2010, 2009; Zhang et al., 2006a）：一是三角剖分，即直接利用点云构建 TIN 模型，有两种处理策略，一种是将三维点云按一定的规则投影到二维平面上，再基于平面三角剖分准则构建点之间的拓扑关系，然后将点之间的拓扑关系投影到三维点云上构建出三角网格模型，另一种是直接基于三维点按照一定的准则进行空间三角剖分，如三维 Delaunay

方法；另一种是三角网格逼近，构建的三角网格模型的点不一定就是原始点云，而是对原始点云的最佳逼近。图 6.26 是 TIN 算法类型图，本节将选取典型的几种重点讲解。

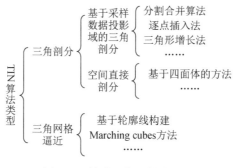

图 6.26　构建三角网算法分类

2. 基于采样数据投影域的三角剖分

基于采样数据投影域的三角剖分有 3 种典型方法，分别是分割合并算法、逐点插入法、三角形增长法，下面详细介绍这 3 种方法。

（1）分割合并算法

1）基本思路：分割合并算法采用分而治之策略，将复杂问题简单化，如图 6.27 所示。首先将数据点分割成易于三角化的点子集（如每子集 3、4 个点）；然后对每个子集分别三角化，并由局部优化（local optimization，LOP）算法优化成 D_三角网；最后对每个子集的三角网进行合并，形成最终的 D_三角网。

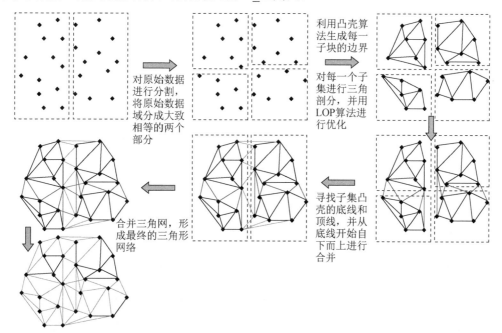

图 6.27　分割合并算法建网实例

2）基本步骤：数据点集采用递归分割快速排序法；子集凸壳的生成可采用格雷厄

姆算法（见后）；子集三角化可采用任意方法，如子集最小到 3 或 4 个点则可直接三角剖分之；子网合并则需先找出左右子集凸壳的底线和顶线（算法见后），然后逐步合并三角剖分得到最终 D_三角网。具体步骤如下：

① 将数据集以横坐标为主、纵坐标为辅按升序排序。

② 若数据集中点数大于阈值，则继续将数据集化为点个数近似相等的两个子集，并对每个子集做如下工作：

 a. 获取每子集的凸壳。

 b. 以凸壳为数据边界进行三角化，并用 LOP 算法优化成 D_三角网。

 c. 找出连接左右子集两个凸壳的底线和顶线。

 d. 由底线到顶线合并两个三角网。

③ 如数据集中点数不大于阈值，则直接输出三角剖分结果。

下面着重介绍格雷厄姆算法和两子网底线、顶线的查找算法。

凸壳是数据点的自然极限边界，为包含所有数据点的最小凸多边形，连接任意两点的线段完全位于该凸多边形中，同时其区域面积达到最小值。凸壳生成的格雷厄姆算法如下：

① 找到点集中纵坐标最小的点 $P_1$。

② 将 $P_1$ 与其他点用线段连接，并计算这些线段的水平夹角。

③ 按夹角大小对数据点排序；如夹角相同，则按距离排序，得到 $P_1, P_2, \cdots, P_n$。

④ 依次连接点，得到一多边形。循环删除多边形的非凸顶点，得到点集的凸壳。

两子网底线、顶线的查找方法如图 6.28 和图 6.29 所示。

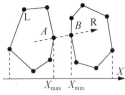

设左右凸壳分别为L和R，A和B分别是L和R上的点，A和B满足如下条件：
A: $X_A = \max\{X_L\}$
B: $Y_B = \max\{X_R\}$

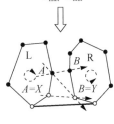

底线查找：从AB有向线段开始，对于R中点，如果沿逆时针且与B相邻的Y点位于AB的右侧，则B=Y；在新的AB方向上，如果顺时针且与A相邻的X的点位于AB的右侧，则A=X，…，直到L和R中没有位于AB线段右侧的点为止，AB为连接L和R的底线

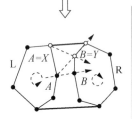

顶线查找：从AB有向线段开始，对于R中点，如果顺时针且与B相邻的Y点位于AB的左侧，则B=Y；在新的AB方向上，如果逆时针且与A相邻的X点位于AB的左侧，则A=X，…，直到L和R中没有位于AB线段左侧的点为止，AB为连接L和R的顶线

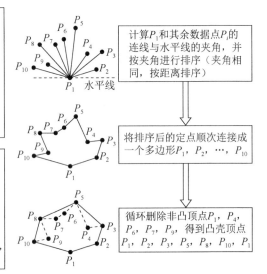

图 6.28 顶线、底线查找方法    图 6.29 凸壳生成法

（2）逐点插入法

1）基本思路：动态的构网过程，先在包含所有数据点的一个多边形中建立初始三角网，然后将余下的点逐一插入，用 LOP 算法确保其成为 D_三角网（图 6.30）。

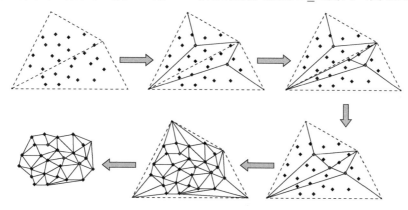

图 6.30 逐点插入法建网实例

2）基本步骤：

① 定义一个包含所有数据点的初始多边形（扩展三角形或外凸壳）。

② 在初始多边形中建立初始三角网，然后迭代以下步骤，直至所有数据点都被处理：

a. 插入一个数据点 $P$，在三角网中找出包含点 $P$ 的三角形 $T$，把 $P$ 与 $T$ 的 3 个顶点相连，生成 3 个新的三角形（存在 $P$ 在三角形顶点或边上等情况）。

b. 用 LOP 算法优化三角网。

c. 可能的外围三角形处理。

（3）三角形增长法

1）基本思路：先找出点集中相距最短的两点连接成一条 Delaunay 边，然后按 D_三角网的判别法则找出包含此边的 D_三角形的另一端点，依次处理所有新生成的边，直至最终完成（图 6.31）。

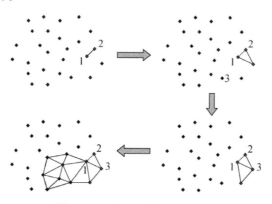

图 6.31 三角形增长法建网实例

2）基本步骤：

① 以任一点为起始点（一般位于数据点几何中心附近）。

② 找出与起始点最近的数据点相互连接形成 D_三角形的一条边作为基线,按 D_三角网的判别法则(即它的两个基本性质),找出与基线构成 D_三角形的第三点。

③ 基线的两个端点与第三点相连,成为新的基线。

④ 迭代以上两步直至所有基线都被处理。

约束 TIN 建模方法:

在构建 TIN 时可能会遇到一些问题,如有一些网格必须经过特征线(如山脊线、断裂线、湖泊边缘线等)、欲三角化的点集范围是非凸区域甚至存在内环等。全局优化构网后,可能会有跨越内外边界、特征约束线等的非法三角形,必须对这些三角形进行约束处理。经处理后,数据点的内外边界和特征约束线中的每一个边(段)都应成为最终三角化结果中三角形的一条边,下面给出约束 TIN 的建模方法。

构建约束 TIN 模型,可先构建无约束 TIN,然后引入约束线段(图 6.32)。Sloan(1987)采用连续的对角线交换法实现约束线段的嵌入;Floriani 等(1992)的算法则采用简单多边形 D_三角化的方式实现。图 6.33 为插入约束线段 *ab* 和 *bc* 后带约束条件的 Lawson LOP 交换完成后的结果图。

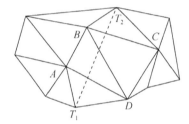
(a)不考虑约束构建的三角网

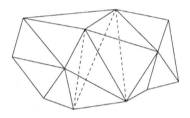
(b)考虑约束后构建的三角网

图 6.32　分步构建约束三角网

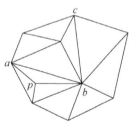
(a)新点 *p* 插入

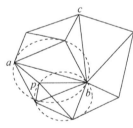
(b)对角线交换

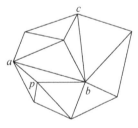
(c)构建的三角网

图 6.33　新点插入三角网调换实例

约束线段插入过程如图 6.34 所示。

**3. 基于四面体的方法构建**

本方法是二维空间 Delaunay 三角剖分的扩展,在三维空间构建 Delaunay 四面体网格(图 6.35)的过程共分为以下几个步骤:数据的预处理、搜索起始点、寻找距起始点最近的点组成起始边、建立第一个 Delaunay 三角形、构建四面体网格。如何选择起始点和构造第一个四面体是对整个程序有重要影响的一步。如果起始点选得不恰当,很可能会得出违背 Delaunay 准则的结果。从一个三角面出发，寻找一个点，使组成的四面体满足 Delaunay 准则的过程是整个算法中最为重要的部分，在后面所述的建网过程中，需要反复调用这个函数过程，直到完成整个操作。所以这个过程的算法的好坏直接决定了整个程序算法的好坏，它的速度和复杂度也就决定了整个程序的速度和复杂度。因此，应该用最节省时间的方法来实现。

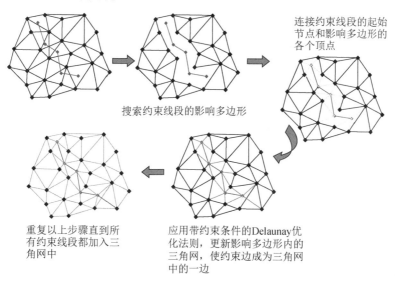

图 6.34 构建约束三角网实例

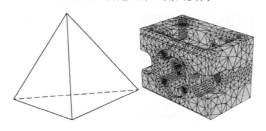

图 6.35 四面体网格构建实例

**4. 基于轮廓线构建三维模型**

由一系列平面与点云相交的点云构建轮廓线，然后由轮廓线构建三维模型，相邻轮廓线可直接利用最小对角线的方法连接构网。图 6.36 为相邻截面线构网方法。

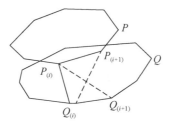

图 6.36 相邻截面线构网方法

图 6.37 是基于轮廓线构建三维模型的实例,将实体点云按一定间隔提取点云创建截面线,然后利用截面线构建模型。

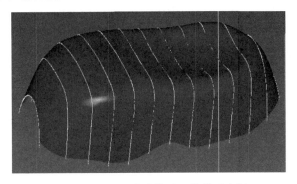

图 6.37　基于轮廓线构建三维模型实例

**5. 基于移动立方体的方法构建**

移动立方体(marching cubes,MC)算法是一种进行等值面构造与显示的方法,此算法以三维体数据场中由相邻最近的 8 个体元所构成的立方体为最小等值面搜索单元,并根据每个立方体单元各个顶点的情况来决定该立方体单元内部等值面的构造形式。算法要确定等值面立方体的相交情况,然后移动到下一个立方体,判断等值面是否与立方体相交:立方体的边的一端的值大于或等于等值面的阈值,而另一端的值小于等值面的阈值。因为每个立方体有 8 个顶点,每个顶点有两种状态,因此等值面与立方体的相交情况有 $2^8$=256 种,通过列举这 256 种情况,可以建立一张等值面与立方体各边相交情况的查找表。基于对 256 种情况的对称性和旋转性的分析,将 256 种情况减少为 15 种情况(图 6.38)。

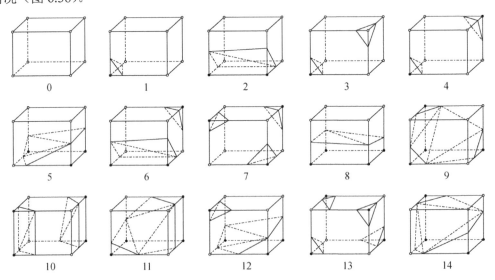

图 6.38　等值面连接模式

已知等值面与立方体各边的相交情况后,要计算出等值面与立方体各条边的交点,通过线性插值的方法，可以方便地求出交点的坐标值。设两点(0,0,0)和(1,1,1)的线性插值点可以通过下式计算：

$$\begin{cases} x = x_0 + \Delta x(s_{th} - s_0)/(s_1 - s_{th}) \\ y = y_0 + \Delta y(s_{th} - s_0)/(s_1 - s_{th}) \\ z = z_0 + \Delta z(s_{th} - s_0)/(s_1 - s_{th}) \end{cases} \quad (6\text{-}19)$$

标准移动立方体需要对三维数据场的所有六面体体素进行检查并计算，但通常等值面只与三维数据场的一部分体素相交，这就造成了运算时间的浪费，使效率低下，如果只处理与等值面相交的那部分六面体体素，则会加快算法的执行速度，如图6.39所示，其中"c"表示对图6.38中相应连接模式的扩展。

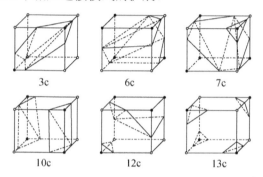

图6.39 增加连接模式的改进方法

图6.38所示的15种连接情形中，有些存在二义性，可能导致所生成的相邻体素的等值面之间不连续，从而使最终生成的等值面存在"空洞"。目前有一些改进方法，如增加连接模式，使其能与相邻体素的状态相匹配以消除"空洞"；将六面体体素分解为四面体单元，并将等值面抽取限制在四面体单元中进行（图6.40）；采用双曲线渐近线交点来决定具有二义性的面交点的连接方式。

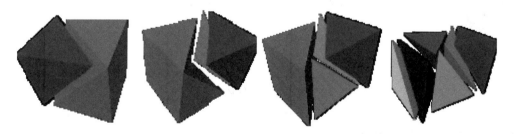

图6.40 六面体体素分解为四面体单元的改进方法

## 6.4.3 TIN模型的应用

TIN可以构造任意复杂的面对象或体对象，且具有模型的编辑和算法易于开发、不需要转换直接被经图形渲染的应用程序编程接口（application programming interface，API）函数使用等优点，广泛应用在多个领域，相关应用有动态显示技术、纹理叠加、地貌晕渲、三维仿真模型（图6.41）等三维显示及通视性分析、淹没分析、地形剖面分析、坡度坡向分析、土石方计算（图 6.42）等。

图 6.41　三维仿真模型

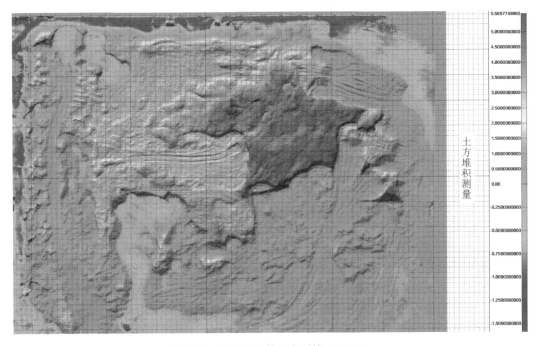

图 6.42　土石方计算（张磊等，2014）

土石方计算

## 6.5　结构实体几何

### 6.5.1　结构实体几何模型的定义

结构实体几何（CSG）也称构造实体几何，是一种通过各种体素进行布尔运算得到新的实体表达的方法。实体模型的构造常常在计算机内存储一些基本体素，常用的有长方体、球、圆柱、圆锥、锥台等，如图 6.43 所示。体素通过集合运算（并、交、差等布尔运算）生成复杂形体。

CSG 模型建模中的体素运算理论依据的是集合论中的交（intersection）、并（union）、差（difference）等运算，是用来把简单形体（体素）组合成复杂形体的工具。体素及体素间的交、并、差运算如图 6.44 所示。

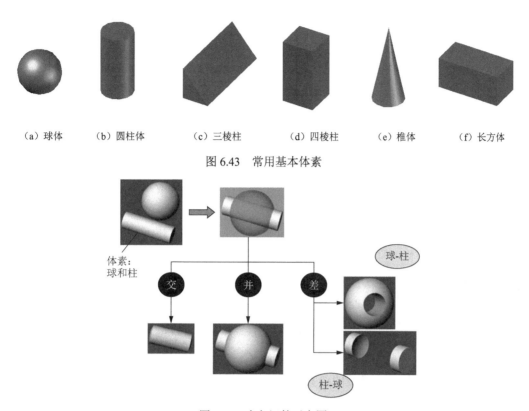

(a) 球体　(b) 圆柱体　(c) 三棱柱　(d) 四棱柱　(e) 椎体　(f) 长方体

图 6.43　常用基本体素

图 6.44　布尔运算示意图

### 6.5.2　体素的拟合

利用点云数据拟合基本几何实体，需先建立相应的数学模型，然后基于数值最优解法求解基本几何实体参数。可以利用半自动特征提取的办法在可视化点云中交互选择一个三维点，根据该三维点自动拟合几种体素模型（如平面、球面、柱面等几何特征）；也可以利用 RANSAC 改进算法结合线性最小二乘法提取并拟合二次曲面，对 RANSAC 算法中初始迭代点的选择方式进行改进，初次求解出二次曲面参数后根据空间点的扫描密度采用迭代的方法自动进行点云数据的区域分割，最后计算分割后二次曲面参数的精确值，采用线性最小二乘法对分割的二次曲面进行精确拟合。

下面详细介绍平面、圆柱、圆锥、球等基本体素的拟合方法。

1. 平面体素的求解

平面体素参数有 4 个，分别为 $a$、$b$、$c$、$d$，且满足 $aX+bY+cZ+d=0$。求解参数有很多种方法，可采用协方差函数的方法，也可以采用最小二乘平差、共轭梯度法、Levenberg-Marquardt 等。图 6.45 为一点云反求平面体素的实例。基于反求出的平面体素，可利用平面相交等计算方法反求立方体素的几何参数。

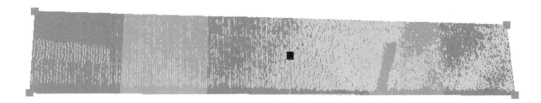

图 6.45 从点云中拟合平面体素

2. 圆柱体素模型的构建

圆柱体素的数学模型如下:

$$F(x,y,z) = \sqrt{[(x-x_0)m - (y-y_0)l]^2 + [(y-y_0)n - (z-z_0)m]^2 + [(z-z_0)l + (x-x_0)n]^2} - R = 0 \quad (6\text{-}20)$$

式中,$x_0$、$y_0$、$z_0$、$m$、$n$、$l$、$R$ 为圆柱面参数;$(x_0,y_0,z_0)$ 表示圆柱面轴线上一点;$\boldsymbol{a}=(m,n,l)$ 表示圆柱面轴线方向的单位矢量;$R$ 为圆柱面半径。利用圆柱上一系列点云三维坐标数据及最优值可求解参数最优值。

对于圆柱面基准面拟合,所采取的方法是首先建立柱面距离函数的参数化方程,然后分别利用局部抛物面法和高斯映射法获取拟合初值,最后采用 Levenberg-Marquardt 方法进行非线性最小二乘求解。球面基准面的拟合既可以采用几何距离函数参数化的非线性最小二乘法,又可以采用线性最小二乘法。圆柱面拟合包括以下几个步骤。

(1) 圆柱面几何距离函数的参数化

非线性最小二乘法是曲面拟合中最常用的方法,根据最小二乘法原理,使数据点到所拟合曲面的距离的平方和 $\sum_{i=1}^{m} d(S,P_i)^2$ 最小,其中 $P_i$($i=1,\cdots,m$)是三维数据点,$S$ 为曲面的参数。上述距离函数的表达形式直接影响非线性方程组的求解和最小二乘解的精确度。为了避免在求解非线性最小二乘方程组时出现奇异值,本节采用的拟合算法中采用了文献(Lukács et al., 1998)中的方法来建立圆柱面距离函数的参数化方程。

圆柱面的重新参数化如图 6.46 所示。

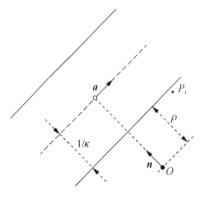

图 6.46 圆柱面的重新参数化

设圆柱面到坐标原点的最近距离为 $\rho|\boldsymbol{n}|$，其中 $\boldsymbol{n}$ 为圆柱的法向量，且 $|\boldsymbol{n}|=1$。设圆柱中心轴的方向矢量为 $\boldsymbol{a}$，且 $|\boldsymbol{a}|=1$，圆柱的半径为 $1/\kappa$，$\boldsymbol{n} \cdot \boldsymbol{a}=0$。将 $\boldsymbol{n}$ 用球面坐标表示，即 $\boldsymbol{n}=(\cos\varphi\sin\theta,\sin\varphi\sin\theta,\cos\theta)$，其中 $\varphi$ 为 $\boldsymbol{n}$ 与 $z$ 轴的夹角，$\theta$ 为 $\boldsymbol{n}$ 与 $x$ 轴的夹角。$\boldsymbol{n}$ 对 $\varphi$、$\theta$ 的偏导数分别为

$$\boldsymbol{n}^\varphi = (-\sin\varphi\sin\theta, \cos\varphi\sin\theta, 0) \tag{6-21}$$

$$\boldsymbol{n}^\theta = (\cos\varphi\cos\theta, \sin\varphi\cos\theta, -\sin\theta) \tag{6-22}$$

将 $\boldsymbol{n}^\varphi$ 标准化：

$$\overline{\boldsymbol{n}^\varphi} = (-\sin\varphi, \cos\varphi, 0) = \frac{\boldsymbol{n}^\varphi}{\sin\theta}$$

则 $\boldsymbol{n}^\varphi$、$\overline{\boldsymbol{n}^\varphi}$ 和 $\boldsymbol{n}$ 构成正交基，矢量就可参数化为

$$\boldsymbol{a} = \boldsymbol{n}^\varphi\cos\alpha + \overline{\boldsymbol{n}^\varphi}\sin\alpha$$
$$= (\cos\varphi\cos\theta\cos\alpha - \sin\varphi\sin\alpha, \sin\varphi\cos\theta\cos\alpha + \cos\varphi\sin\alpha, -\sin\theta\cos\alpha) \tag{6-23}$$

因此柱面就可参数化为 $S=(\rho,\varphi,\theta,\kappa,\alpha)$，可见，经过重新参数化后，圆柱面的参数由 7 个参数 $(x_0,y_0,z_0,m,n,l,R)$ 转变为相互独立的 5 个参数 $(\rho,\varphi,\theta,\kappa,\alpha)$，其中 $n$ 为 3 个旋转角度。设 $P_i$ 为空间任意一点，$P_i$ 到圆柱面的距离函数为

$$d(S,P_i) = \left\| \left[ P_i - \left(\rho + \frac{1}{\kappa}\right)\boldsymbol{n} \right] \times \boldsymbol{a} \right\| - \frac{1}{\kappa}$$
$$= \sqrt{\left| P_i - \left(\rho + \frac{1}{\kappa}\right)\boldsymbol{n}\right|^2 - \left\{\left[P_i - \left(\rho + \frac{1}{\kappa}\right)\boldsymbol{n}\right]\cdot\boldsymbol{a}\right\}^2} - \frac{1}{\kappa} \tag{6-24}$$

然后将形成

$$d(S,P_i) = \sqrt{g} - h$$

的距离函数用

$$d(S,P_i) = \frac{g-h^2}{2h} = d + \frac{d^2}{2h}$$

来近似，以避免对根式的求解，简化计算。对于柱面，距离函数（6-24）就可用

$$d(S,P_i) = \frac{\kappa}{2}(|P_i|^2 - 2\rho P_i\cdot n - (P_i\cdot\boldsymbol{a})^2 + \rho^2) + \rho - P_i\cdot n \tag{6-25}$$

来近似表示。将 $(\rho,\varphi,\theta,\kappa,\alpha)$ 代入式（6-25）得到

$$d(S,P_i) = \boldsymbol{A}(\rho,\varphi,\theta,\kappa,\alpha)\boldsymbol{P}^\mathrm{T}(P_i) \tag{6-26}$$

式中，

$$\boldsymbol{P}(P_i) = (x_i^2, y_i^2, z_i^2, x_iy_i, y_iz_i, x_i, y_i, z_i, 1)$$

$$A(\rho,\varphi,\theta,\kappa,\alpha)=\begin{bmatrix} \kappa/2\left[1-(\cos\varphi\cos\theta\cos\alpha-\sin\varphi\sin\alpha)^2\right] \\ \kappa/2\left[1-(\sin\varphi\cos\theta\cos\alpha+\cos\varphi\sin\alpha)^2\right] \\ \kappa/2\left[1-(\sin\theta\cos\alpha)^2\right] \\ -\kappa(\cos\varphi\cos\theta\cos\alpha-\sin\varphi\sin\alpha)(\sin\varphi\cos\theta\cos\alpha+\cos\varphi\sin\alpha) \\ -\kappa(\cos\varphi\cos\theta\cos\alpha-\sin\varphi\sin\alpha)(-\sin\theta\sin\alpha) \\ -\kappa(\sin\varphi\cos\theta\cos\alpha+\cos\varphi\sin\alpha)(-\sin\theta\cos\alpha) \\ -(\kappa\rho+1)\cos\varphi\sin\theta \\ -(\kappa\rho+1)\sin\varphi\sin\theta \\ -(\kappa\rho+1)\cos\theta \\ \kappa\rho^2/2+\rho \end{bmatrix}^T$$

对于柱面参数的拟合,可以采用 Levenberg-Marquardt 方法求解该非线性最小二乘解问题。

(2) 初值确定方法

基于 Levenberg-Marquardt 方法的非线性最小二乘求解的关键在于拟合初值的选取,即尽可能地将初值近似于真实解,否则会影响迭代求解速度和精度,甚至会导致迭代发散,得不到正确的解。本节针对传统局部抛物面构造法的不足,提出高斯映射法获取初值,以保证拟合结果的稳定性和可靠性。

高斯映射是指将曲面上任一点的单位法向量的起点平移到坐标原点的过程。圆柱体(不包括两个端部)的高斯图是高斯球上过坐标原点的一个平面与高斯球所交圆弧曲线上的点集,因此圆柱体轴线向量与其高斯图所在平面的法向量平行。为了获取较好的初值,利用圆柱体轴线方向向量与其高斯图所在平面的法向量平行的特性,首先,在高斯图上,通过求取过高斯图坐标系原点的平面,确定圆柱体轴线的方向向量;其次,在轴线方向向量已知的情况下,将点投影到过原点法向量为轴向方向的平面上,并利用基于 Hough 变换的圆检测方法对投影点集进行拟合,求取圆柱体轴线上一点的坐标及圆柱体半径。

(3) 圆柱面拟合实现方法

对圆柱状或似圆柱状物体扫描进行点云提取,然后建立圆柱面的参数方程后,就可以进行具体的求解计算,对于二次曲面的拟合都需要求解非线性最小二乘解。可采用 Levenberg-Marquardt 方法求解,通常这样的迭代方法都需要给定一个较好的初始值,本节所述柱面拟合算法的一般包括以下几个步骤。

1) 建立圆柱面几何距离函数的参数方程。

2) 采用高斯映射法,首先在高斯图上,通过求取过高斯图坐标系原点的平面,确定圆柱体轴线的方向向量;然后,在轴线方向向量已知的情况下,将点投影到过原点法向量为轴向方向平面上,并利用基于 Hough 变换的圆检测方法对投影点集进行拟合,求取圆柱体轴线上一点的坐标及圆柱的半径,从而确定距离函数参数化方程中的 5 个参数初始值。

3) 将以上求取的曲面各参数的初始值作为迭代初始值,采用 Levenberg-Marquardt 方法进行迭代计算,最后得到迭代最优解。

图 6.47 为一圆柱体素拟合求解的实例。

图 6.47 从点云中拟合圆柱体素

3. 圆锥体素模型的构建

圆锥体素模型的数学模型如下:

$$f(p) = \left[(x-x_0)^2 + (y-y_0)^2 + (z-z_0)^2\right]\cos^2\alpha \\ - \left[a_z(x-x_0) + a_y(y-y_0) + a_z(z-z_0)\right]^2 \quad (6\text{-}27)$$

式中,$x_0$、$y_0$、$z_0$ 表示圆锥的顶点坐标;$a_x$、$a_y$、$a_z$ 表示圆锥轴单位矢量;$a$ 为圆锥顶角的一半。利用圆锥上一系列点云三维坐标数据及最优数值可求解参数最优值。

4. 球体素模型的构建

球体素模型的数学模型如下:

$$f(p) = (x-x_0)^2 + (y-y_0)^2 + (z-z_0)^2 - R^2 \quad (6\text{-}28)$$

式中,$x_0$、$y_0$、$z_0$ 表示球心坐标;$R$ 为球半径。利用球上一系列点云三维坐标数据及最优数值可求解参数最优值。图 6.48 为一球体素求解的实例。

另外,在大规模点云场景中,可能需要判定在同一物体上的同一种特征点并将其合并,重新拟合新的基本体素。平面特征点云和柱面特征点云的合并策略为:两个或多个叶子节点中的平面合并规则为平面的法向一致(容许一定限差)和平面的边界点集连通;两个或多个叶子节点中的柱面合并规则为平面的法向一致(容许一定限差)和柱面的边界点集连通;球面特征点云的合并策略采用球心坐标匹配和半径匹配两种方式结合的办法解决,当球心坐标、半径数值相同时或在预设阈值以内时,两个或者多个球可以判定为同一个球。两个或两个以上的几何模型合并后将其对应点云进行合并,最后利用合并点云重新进行同类几何模型的拟合。

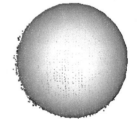

图 6.48 从点云中拟合圆球体素

### 6.5.3 CSG 模型的构造方法

CSG 模型的构造过程就是利用基本体素进行布尔运算生成复杂空间实体的过程。以一幢典型建筑的 CSG 模型构造过程为例，建筑物 CSG 建模方式可以分为两个过程：第一个过程是进行建筑物形态抽取及形体分解，其目的是分析得出建筑物三维模型的 CSG 体素；第二个过程是建筑物的 CSG 体素组建过程，这个过程是利用 CSG 体素进行空间变换和正则布尔运算构建建筑物的三维模型。构成几何体的原始特征和定义参数可以通过二叉树表示，也就是 CSG 树。CSG 树的叶结点是体素或变换参数，中间节结点是集合运算符号，树根是生成的建筑物实体。图 6.49（a）的构造过程可以表示成图 6.49（b）所示的 CSG 树。

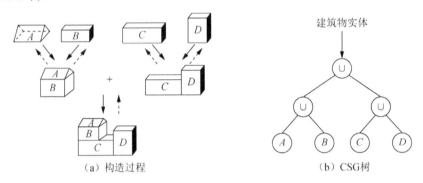

图 6.49　建筑物实体的构造过程及其 CSG 树表达

由激光雷达点云数据自动或半自动生成 CSG 模型的过程如下：首先在可视化三维点云上单击一点，半自动提取某一种规则几何模型（如平面、立方体、圆柱、圆球等）或全自动提取基本体素，再将规则几何模型向三维空间体素转换，由面模型构建体模型，将生成的体素三角化为多面体表达，即将体模型用多个三角面片表示。然后在体素集中任意选定两个三角网表达的基本体素，选择组合两个基本体素的集合运算方式（包括并、交、差等算子）进行两两运算，生成一个同样是三角网表达的 CSG 模型，利用基本体素和每一步新创建的 CSG 模型的算子组合，继续构造新的 CSG 模型，直至全部体素运算完成，最终构成一个以三角网模型表达的整体 CSG 模型。CSG 模型构建流程如图 6.50 所示。

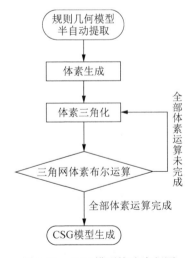

图 6.50　CSG 模型构建流程图

### 6.5.4 基本体素的三角网化

为了进行 CSG 模型的三维可视化工作,往往需要将逻辑上的布尔运算操作在物理上实现,这就需要将上述基本体素首先进行三角网化,利用三角网形式的基本体素进行布尔运算操作,最后在三维可视化阶段利用三角网形式的 CSG 模型进行渲染,也就是说,以布尔运算后的三角网模型来作为 CSG 模型的可视化模型。

1. 球体的三角化

从球面栅格点云中得到的参数是球心 $(x_0, y_0, z_0)$ 和球半径 $R$,这两个参数足以构建球体模型。具体方法如下:

建立一个单位球的格网模型,球心坐标为 $(0,0,0)$,球半径为 1,以经线差 $\alpha=10°$、纬线差 $\beta=10°$ 构建球的经线和纬线,交点坐标的确定如图 6.51 所示,经线和纬线的交点就是近似球面上的点 $(R\times\cos\theta\times\cos\alpha, R\times\cos\theta\times\sin\alpha, R\times\sin\theta)$。如图 6.52 所示,按照右手系将这些点按 Point1、Point2、Point3 的顺序从上到下依次连接就构成了球体的规则三角网模型。

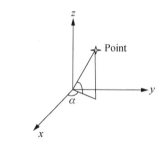

图 6.51 面经纬网交点坐标示意图

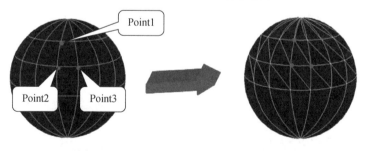

图 6.52 球经纬网模型及球体三角网模型

2. 长方体的三角化

从长方体栅格点云(图 6.53)中通过平面特征提取可以获取到所有属于平面的点集,这些点集可以拟合成标准的平面,通过相邻 3 个平面可以求出 3 个平面的交点,即所要构建长方体的一个角点 $P$,再根据这 3 个平面的点集计算出点集的最小外包盒,然而最小外包盒的中心也就是要构建长方体的中心,利用长方体的一个角点和中心便可以确定长方体的另外 7 个角点坐标,通过已知 8 个角点按照右手系的原则连接成长方体的三角网模型，如图 6.54 所示。

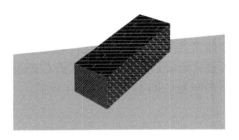

图 6.53 长方体栅格点云示意图

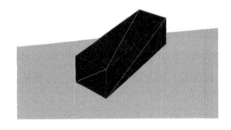

图 6.54 长方体三角网模型

3. 圆柱体的三角化

从栅格点云中通过圆柱面特征提取得到属于该圆柱面的点集，将这些点集拟合成标准的圆柱面。通过拟合的圆柱面可以获取到圆柱的半径和长度，圆柱两底面的圆心也可以确定下来［图 6.55（a）中 Point1 为顶面中心］，以一定的经线差将圆柱沿轴向进行剖分形成如图 6.55（a）中所示的 Line4 的垂直经线，将圆柱以一定的间距进行横向剖分得到像 Arc1、Arc2、Arc3 的纬线，经线和纬线相交得到圆柱的经纬网格。以圆柱一端圆心（Point1）为起点按照右手系原则从上到下将经纬线的交点连接起来便构成圆柱体的三角网表达，如图 6.55（b）所示。

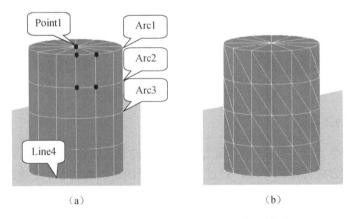

（a） （b）

图 6.55 圆柱经纬网模型与圆柱三角网模型

基本体素三角网表达由体素的顶点集、颜色集及连接顶点的边集组成，其数据结构和物理存储结构如图 6.56 所示，顶点集 vertices 由 Vertex 类型的顶点可变数组构成，颜色集 colors 由 Color 类型的颜色可变数组构成，边集 indices 由 int 类型标识动态数组类型表达，每个 int 类型标识顶点集 vertices 中三维点的 ID 号，以 ID 号来确定构成三角形的顶点。在物理存储结构内，首先存储三角网体素中包含的所有三维点总数，然后按序号依次存储所有顶点的三维坐标值，物理存储结构的第二部分记录三角面片信息，首先记录生成的三角网总数，然后也按序号依次存储三角形的 3 个顶点 ID，ID 定义自三维点集中存储的各个 ID 值。

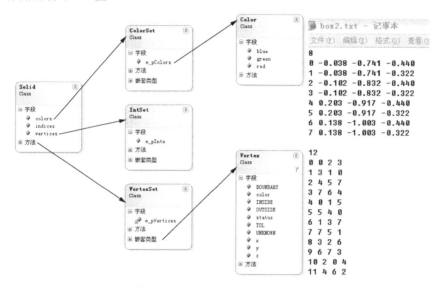

图 6.56　基本体素三角网的数据结构及物理存储结构

4. 模型生成与表达

CSG 模型生成是由已经建立好的球、圆柱和立方体的规则三角网模型进行布尔运算得到的。采用三维激光扫描仪获取由球、圆柱和立方体构成的一个测试模型，经本节算法测试效果较好，图 6.57 是一个由立方体和镶嵌在其中的球经过并运算后得到的实体，由一个放在立方体上的圆柱和立方体组成图 6.58 中所示的三维实体。

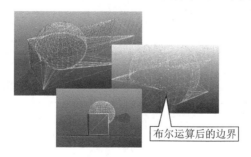

图 6.57　球和立方体并运算效果图

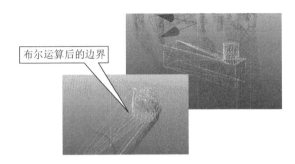

图 6.58 圆柱和立方体并运算效果图

生成的 CSG 模型数据仍采用三角网表达，此时表达 CSG 模型的三角网为 TIN，它由三维点集 vertices 属性、三角形面片 faces 和最小外包矩形体 boundingbox 构成，如图 6.59 所示。其物理存储格式与 TIN 的常用交换格式.wrl 类似，在此不再赘述。

图 6.59 CSG 模型数据结构示意图

### 6.5.5 建模实例

下面以故宫太和门大门结构的 CSG 模型的建立过程来说明激光雷达的建模方法。对于点云的数据缺失或者在无法半自动获取规则几何模型的情况下，可采用手动方式建模方法进行补充。下面以太和门 CSG 模型整体图右边的门柱为例说明建模过程（图 6.60）。

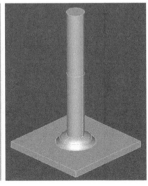

图 6.60 故宫太和门大木结构的 CSG 空间数据库存储过程（以门柱为例）

1）如图 6.61 所示，首先存储下部分的六面体 BOX。主要思路是：在默认的局部坐标系之下，利用点定义六面体底面 4 个角点的几何三维坐标，再由 4 个几何角点两两相连构成拓扑边，拓扑边再生成拓扑线框，最后把拓扑线框生成拓扑面；最终对生成的拓扑面进行拉伸，得到六面体。

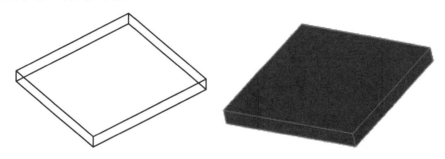

图 6.61 存储下部分的六面体 BOX

2）构造完下部分的六面体之后，再存储上部分的圆柱体，如图 6.62 所示。

图 6.62 存储上部分的圆柱体

3）布尔运算。对六面体和圆柱做布尔并运算，构成一个整体。

4）最后是存储构件中间部分的旋转体，如图 6.63 所示。主要思路是：先存储若干个几何点，将这些离散的几何点拟合为一条 B 样条曲线；再定义一个几何点，将这个几何点与 B 样条曲线的首尾相连，目的是通过两条拓扑边和一条 B 样条曲线生成的拓扑边构成拓扑线框，进而构成拓扑面，这样，这个拓扑面绕着事先定义好的旋转轴旋转 360°，得到旋转体，从而得到整个门柱的空间数据库。

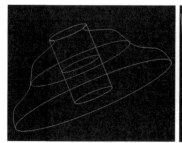 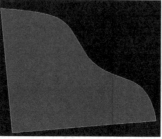 

图 6.63 存储构件中间部分的旋转体

## 6.6 深 度 图 像

为了对现实对象进行规则化表达，本节利用深度图像，即以 $x$、$y$ 轴作为坐标轴，建立点云的距离值矩阵表达方式。可分别以三维空间中的平面、柱面和球面作为参考基准框架，利用基于不同基准面的深度图像来表达现实对象。

### 6.6.1 深度图像的定义

深度图像是图像的一种，也遵从图像的基本格式，即由一组按照矩阵形式逐行逐列进行组织的像素构成（王晏民等，2013c）。

深度图像与灰度图像的区别在于（图 6.64）：灰度图像用数学来描述就是一个矩阵，矩阵的行与列分别代表图像平面坐标的横轴与纵轴，矩阵中每一点所处的行与列，分别代表像素在图像平面横坐标与纵坐标的位置，矩阵中每一点的元素值代表图像在该点的像素值 $g(x,y)$，也称灰度值或亮度值。深度图像也是一个矩阵，矩阵的行与列也代表图像平面坐标的横轴与纵轴，所不同的是矩阵中每点的数值不再代表图像的亮度，而是代表传感器焦平面到目标之间的距离 $d(x,y)$。

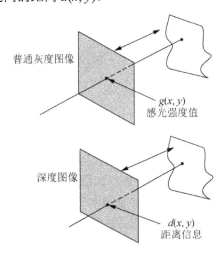

图 6.64 灰度图像与深度图像比较

Cantzler（2004）给出了深度图像（距离影像）比较全面的定义：距离影像是一种特殊的数字图像，图像每个像素表现为场景中当前点到已知参考基准的距离值。距离影像可以再现三维场景，也称为深度图像、深度地图、$xyz$ 图像、表面轮廓图或 2.5D 影像。

可以理解为：距离影像（range images）是数字图像的一种特殊形式。距离影像每一个像素值代表了场景中可见点到某已知参考框架的距离。因此距离影像可以生成场景的三维结构信息。距离影像也被称为深度图像（depth images）、深度图（depth maps）、$xyz$ 图（$xyz$ maps）、表面轮廓（surface profiles）或者 2.5 维图像（2.5D images）。

同时 Helmut 还指出，距离影像可以由两种基本形式来表达。第一种是利用在给定参考体系中的一系列无序的三维坐标串即点云来表示；第二种是以图像 x、y 轴作为坐标轴，用点的深度值矩阵来表达距离影像，距离值矩阵隐含了点的空间组织信息。

### 6.6.2 深度图像的基本思想

将地球上的错综复杂的场景逐步分解成相互联系的实体，将实体分割成若干个凸包，根据凸包的几何特性分别抽象成平面、柱面或球面基准面，凸包的细节由深度图像表达。深度图像是数字图像的一种特殊形式，它由基准面上的二维规则格网及其沿基准面法向到实体表面的距离值构成；反过来，以深度图像为一个基本数据元素，相邻的深度图像构成单个实体，多个实体构成组合实体，多个组合实体构成复杂场景。具体介绍如下。

（1）平面基准面深度图像

平面基准面深度图像用来表示参考基准面为平面的深度图像，包括古建筑中的平面光滑或有起伏面的建筑物表面。根据划分的格网点计算点到平面基准面的深度值，深度图像表现为点的深度值矩阵。如图 6.65 所示为以空间平面作为参考面的深度图像。

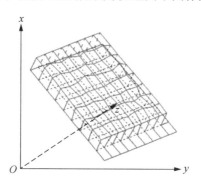

图 6.65　平面基准面深度图像示意图

深度图像是基于基准面的行列间隔的点，每个点存储扫描点到基准面的距离，并按照一定规则构成的三角网，如图 6.66 所示，点与右侧最邻近点和下一行最邻近点构建一个三角形，或者点与下一行最邻近点和下一行最近对角点构建三角形，依次构建所有的三角形，形成三角网，即为深度图像。

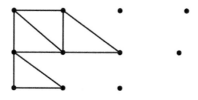

图 6.66　深度图像构网示意图

深度图像在构建精细三维模型方面具有显著的优势，并且能精细刻画模型的细节，本节利用平面深度图像理论，完成了故宫太和门屋顶精细三维模型的构建，如图 6.67 所示。

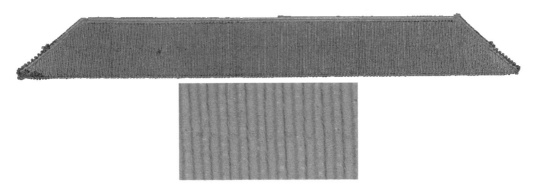

图 6.67 基于平面深度图像理论的太和门屋顶三维模型

（2）柱面基准面深度图像

柱面基准面深度图像用来表示参考基准面为柱面的深度图像（图 6.68）。古建筑中有很多对象外形是圆柱，但表面起伏不平，如华表，柱面基准面深度图像适合于表示这类对象。在古建筑群中数量较多的柱和梁也可以用此来表达。深度图像的表达方式是采用点的深度值矩阵，首先将柱面展开为二维平面，然后根据划分的格网点计算点到展开平面的深度值。如图 6.69 所示为以空间圆柱面作为参考面的深度图像。

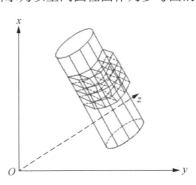

图 6.68 圆柱基准面深度图像示意图

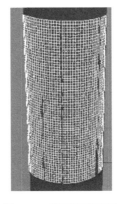

图 6.69 柱面深度图像

### （3）球面基准面深度图像

球面基准面深度图像用来表示参考基准面为球面的深度图像。有很多对象外形是球状的，但表面起伏不平，如人的头部等类似球的物体，球面基准面深度图像适合于表示这类对象。深度图像的表达方式也是采用点的深度值矩阵，首先按照经纬度划分的格网点，计算点到球面的深度值。如图 6.70 所示为以空间球面作为参考面的深度图像。

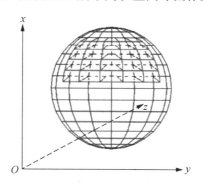

图 6.70 球面基准面深度图像示意图

## 6.6.3 生成深度图像的步骤

如前面所述，生成深度图像首先必须确定参考基准面，参考基准面包括平面、柱面、球面、圆锥、圆台等，这些均采用 6.3 节中所述的 CSG 模型的体素作为参考基准面。具体生成深度图像包括以下几个步骤。

（1）确定局部坐标系

首先要根据参考基准面获得基准面姿态，并确定参考基准面所在的局部坐标系。

确定基准面的姿态就是要根据基准面参数获取基准面的旋转、平移参数，对于平面基准面，可根据拟合平面的法向确定旋转角度，平移量则由平面新的原点 $O'_0$ 确定；对于圆柱面基准面，旋转角度可根据轴线方向确定，平移量则由柱面新的原点即 $O'_0 = \left(\rho + \dfrac{1}{\kappa}\right)n + O_0$ 确定；球面只需确定球心坐标即可确定球面姿态。

（2）投影到局部坐标系

将三维点云投影到参考基准面，得到二维的 $x$、$y$ 坐标并计算点到投影面的距离值；形成局部坐标系下的三维点云集合，同时确定点在投影面的坐标覆盖范围。

（3）内插及生成深度图像

按照内插格网间距，将坐标覆盖范围进行划分，生成等间距的规则格网；最终根据局部坐标系下的点云集合，内插这些格网点相对于基准面的距离值，从而生成深度图像。

内插之前为了得到需要内插的格网点，必须确定深度图像内插的格网大小。确定内插格网大小的方法有两种：第一种是直接在原始点云中取相邻的两点，计算两点间间距作为采样格网分辨率的大小；第二种（图 6.71）是先计算分割好的点云构件上水平方向（扫描行）上相邻两点与测站点的两条连线的夹角 $\theta$，再估算构件离测站的距离 $r$，从而确定采样格网分辨率大小 $r\theta$。另外，还可以人工指定格网大小。

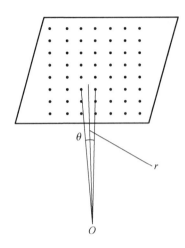

图 6.71 格网间距示意图

确定好基准面姿态和内插格网大小之后,便可通过内插生成深度图像。格网点内插的中心问题在于邻域的确定和选择适当的内插方法。

### 6.6.4 深度图像的内插

1. 平面基准面的深度图像内插

在确定了平面参考面的空间姿态后,需根据平面所在的新的坐标系,计算每一点相对于平面的新的坐标。设空间坐标点为 $P_i$,根据新的坐标轴姿态,由向量的数量积定义知, $P_i$ 在新坐标系下的坐标为($\overline{O'P_i} \cdot n'_x$、$\overline{O'P_i} \cdot n'_y$、$\overline{O'P_i} \cdot n'_z$),其中 $\overline{O'P_i} \cdot n'_x$ 为横坐标 $x$ 值,$\overline{O'P_i} \cdot n'_y$ 为纵坐标 $y$ 值,$\overline{O'P_i} \cdot n'_z$ 为点相对于基准面的高程 $z$ 值。在得到新坐标系下的点云集合之后,根据格网间距计算内插格网的行列数,然后对每一个格网进行内插。

规则格网的构建可以直接由空间离散点数据插值得到,也可以通过先建立 TIN 数据,然后由三角网内插得到。本节为减少计算量,采用从离散点直接生成规则格网的方法。从离散点生成规则格网一般采用逐点内插的方法,基本原理是以待插点为中心,定义一个局部函数来拟合周围的数据点(参考点),数据点的范围随待插点的位置变化而变化。目前有多种插值方法,如移动曲面拟合法、距离加权法、有限元内插法、锥构建法等,其中前两种方法应用更加广泛。

对于移动曲面拟合法,它的每个待插点可选取其邻近的 $n$ 个参考点来拟合一多项式曲面,一般选用 $M = Ax^2 + Bxy + Cy^2 + Dx + Ey + F$,其中,$x$、$y$ 为各参考点坐标值,$M$ 为其相应的属性值,$A$、$B$、$C$、$D$、$E$、$F$ 为待定参数,可以通过 $n$ 个参考点进行最小二乘法求解。

对于距离加权法,采用 $Z_P = \sum_{i=1}^{n} P_i Z_i \bigg/ \sum_{i=1}^{n} P_i$,其中 $Z_P$ 为第 $i$ 个待定点 $P$ 的高程,$Z_i$ 是第 $i$ 个参考点的高程值,$n$ 为参考点个数,$P_i$ 是第 $i$ 个参考点的权重。在移动拟合法中往往需要解求复杂的误差方程组,在实际应用中,更为常用的是距离加权法,该方法是移动拟合法的特例,它在解算待定点 $P$ 的高程时,使用加权平均值代替误差方程组。因此本节采用距离加权平均法。取离 $P$ 点最近的 10 个参考点来进行拟合。权值 $P_i=1/r_i^2$，其中 $r_i$ 为 $P$ 到邻域（10 个）各参考点的距离。在找最近点时需要遍历周围所有点，得到距离最近的 10 个点，称这种方法为遍历内插法。然而对于大规模的三维点云数据，这种方法效率很低。因此，采用格网索引方式查找最近点来提高效率。

2. 圆柱基准面的深度图像内插

在确定了圆柱参考面的空间姿态后，对于圆柱基准面的深度图像内插分为以下 3 个步骤。

(1) 点云圆柱参数计算

根据拟合得到的圆柱轴线向量及轴线上一点确定轴线方程，圆柱基准面姿态和圆柱局部坐标系确定后，计算点云在局部坐标系下的三维点云集合，然后按照圆柱参数方程

$$\begin{cases} x=r\cos\theta \\ y=r\sin\theta \\ z=h \end{cases} \quad (0\leqslant\theta<2\pi,-\infty<h<+\infty) \tag{6-29}$$

求得各点云的圆柱参数 $\theta$、$h$。

(2) 内插点的横、纵坐标及高程值计算

得到 $\theta$、$h$ 之后，将圆柱展开为平面，设 $\theta$、$h$ 最小，并且在圆柱面上的点为 $OP(\theta_{\min},h_{\min})$，设过 $OP$ 并平行于圆柱轴线的直线作为 $y$ 轴，设过 $OP$ 的母线展开后作为 $x$ 轴，则点的横、纵坐标及高程值 $(x_{\text{dem}},y_{\text{dem}},z_{\text{dem}})$ 的计算方法如下：

假设点到 $OP$ 的弧度大小作为展开柱面坐标的横坐标值，则 $x_{\text{dem}}=r(\theta_i-\theta_{\min})$，其中 $r$ 为圆柱半径，即圆柱拟合时得到的半径值 $1/\kappa$；新坐标系下点的 $z$ 坐标值作为展开柱面坐标的纵坐标值 $y_{\text{dem}}=z$；新坐标系下点到圆柱基准面的距离作为深度图像的距离值 $z_{\text{dem}}=\sqrt{x^2+y^2}-r$。

(3) 深度图像格网点距离值内插

根据以上计算得到的内插点的横、纵坐标，确定内插点的坐标覆盖范围即最小外包矩形，然后按照内插格网间距划分格网，并利用遍历内插法或格网索引内插法进行格网点距离值的内插，最后生成深度图像数据模型（图 6.69）。

3. 球面基准面的深度图像内插

在确定了球面参考面的空间姿态后，对于球面基准面的深度图像内插分为如下 3 个步骤：

(1) 确定点云在圆球的经纬度

将拟合得到的圆球中心点 $O_1(x_0,y_0,z_0)$ 坐标作为坐标原点，并以全局坐标轴方向作为球面坐标系 $X_1$-$Y_1$-$Z_1$ 的轴向。计算新坐标系下三维点云坐标，然后逐个计算点到圆心的直线 $O_1P_i$ 在平面 $X_1O_1Z_1$ 的投影 $O_1P_i'$ 与 $Z_1$ 坐标轴的夹角 $\lambda$，称之为经度，范围为 $-180°\sim+180°$；计算 $O_1P_i'$ 与平面 $X_1O_1Z_1$ 的夹角 $\varphi$，称之为纬度，范围为 $-90°\sim+90°$，如图 6.72 所示。

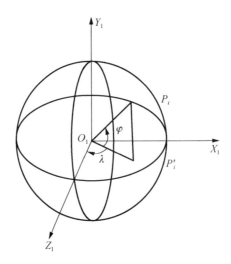

图 6.72 点的经纬度计算

(2) 内插点的横、纵坐标及高程值计算

设 $\lambda$、$\varphi$ 最小,并且在圆球面上的点为 $OP(\lambda_{\min},\varphi_{\min})$,则点的横、纵坐标及高程值 $(x_{\text{dem}}, y_{\text{dem}}, z_{\text{dem}})$ 的计算方法如下:

设 $O_1P_i$ 经度与 $\lambda_{\min}$ 的角度差为横坐标值,则 $x_{\text{dem}} = \lambda_i - \lambda_{\min}$;$O_1P_i$ 纬度与 $\theta_{\min}$ 的角度差作为纵坐标值,则 $y_{\text{dem}} = \varphi_i - \varphi_{\min}$;新坐标系下点到圆球基准面的距离作为深度图像的距离值 $z_{\text{dem}} = \sqrt{X^2 + Y^2 + Z^2} - r$,其中 $r$ 为拟合得到的圆球半径,$(X, Y, Z)$ 为坐标系 $X_1$-$Y_1$-$Z_1$ 下的坐标。

(3) 点云深度图像距离值内插

根据以上计算得到的内插点的横、纵坐标,确定内插点的坐标覆盖范围即所覆盖的球面经纬度的范围,然后按照内插格网间距对该范围划分球面格网,并利用遍历内插法或格网索引内插法进行格网点距离值的内插,最后生成深度图像。

### 6.6.5 深度图像建立实例

下面分别以表达不同特征的点云建立深度图像。给出两个实例:第一个实例是对太和门内部的某根梁的点云数据进行建模;第二个实例是对太和门内部的某根柱子的点云数据进行建模。最后对深度图像模型与 NURBS 曲面建模进行整体效果比较。

(1) 多面构件拟合

下面为利用一个太和门内部梁的点云数据建立深度图像的具体过程。

1)导入梁的原始点云并生成点云的最小外包盒,如图 6.73 所示。

2)将梁的点云分割为 3 个面的点云数据,对这 3 个面的点云数据进行拟合,得到 3 个深度图像,如图 6.74 所示为组成梁的 3 个面,图 6.75 所示为 3 个深度图像的渔网显示效果。

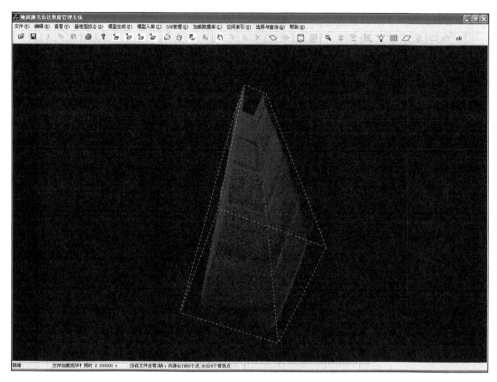

图 6.73 梁的原始点云

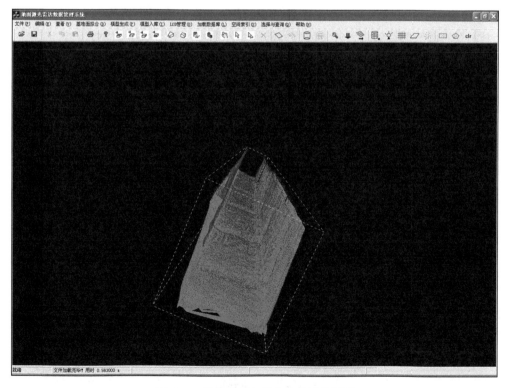

图 6.74 原始点云与拟合结果重叠显示

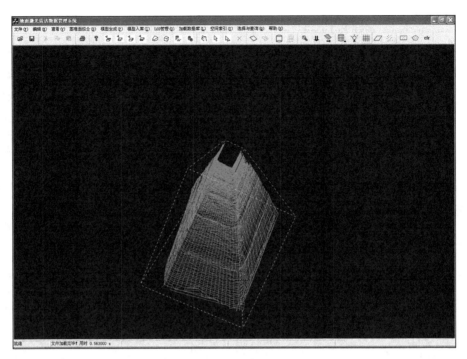

图 6.75 梁的深度图像渔网方式显示效果

（2）圆柱构件拟合

下面为利用一个太和门内部某圆柱的点云数据建立深度图像的具体过程。

1）导入圆柱的原始点云并生成点云的最小外包盒，如图 6.76 所示。

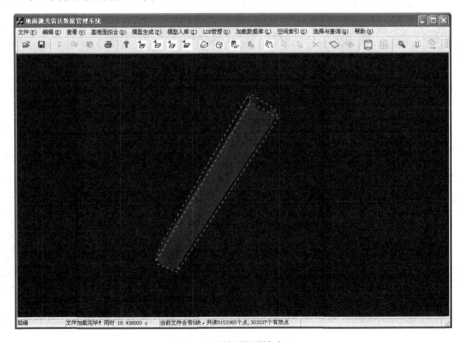

图 6.76 圆柱的原始点云

2）根据参考柱面生成深度图像，如图 6.77 所示为生成的深度图像，图 6.78 所示为圆柱基准面深度图像的渔网方式显示效果。

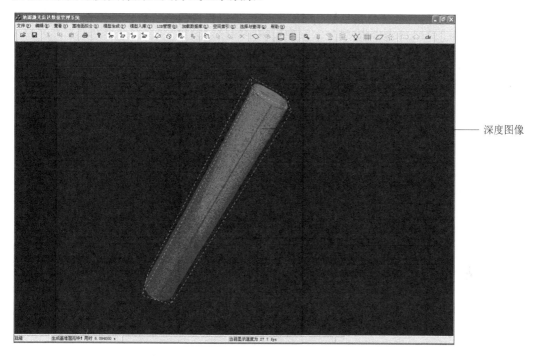
————深度图像

图 6.77　圆柱基准面深度图像与点云叠加显示

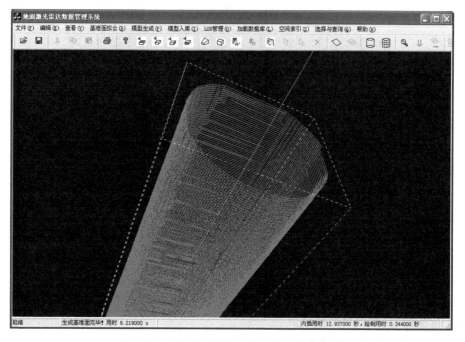

图 6.78　圆柱的深度图像渔网方式显示效果

（3）整体渲染比较

采用太和门的三维激光扫描数据进行深度图像的建模，主要是对太和门的柱和梁进行深度图像的建模并进行入库管理，最终实现快速的调度显示。图 6.79 为以深度图像建立的太和门屋顶和大木结构模型在本原型系统中的显示效果。

图 6.79　太和门屋顶及大木结构深度图像

为了与现有的点云建模软件进行比较，在同一台计算机上，利用 Imageware 软件为太和门的大木结构建立 NURBS 表面模型（图 6.80）。在进行渲染浏览时发现，Imageware 中的大木结构模型在实时交互式渲染时有明显的停顿，而在本系统中即使将所有深度图像模型导入内存并显示也不会出现明显的停顿。

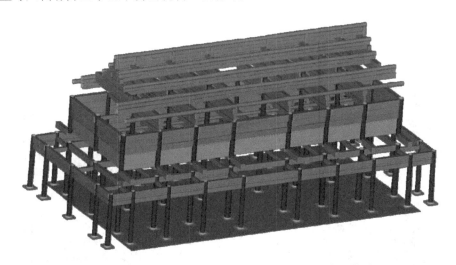

图 6.80　Imageware 中太和门大木结构 NURBS 表面模型

## 思 考 题

1．试简述 CSG 模型的基本定义。
2．CSG 模型的基本体素有哪些？
3．如何从点云中自动拟合 CSG 模型的基本体素？

4. 为什么要进行基本体素的三角化？
5. 试简述从三维激光点云构建 CSG 模型的基本流程。
6. TIN 的定义是什么？
7. 由点云构建 TIN 的方法有哪些？
8. 深度图像与灰度图像的区别和联系有哪些？
9. 深度图像是如何从点云生成的？

# 第7章 纹理重建

三维重建包括几何重建和纹理重建，第6章介绍了几何重建的相关内容，本章介绍应用激光雷达点云和纹理影像数据进行纹理重建的原理和方法，主要包括影像定向、纹理映射、纹理接边、纹理镶嵌等相关内容，重点学习影像与点云的配准方法、相邻影像纹理接边的解决方案。

## 7.1 影像定向

要把影像映射到几何模型进行纹理重建，就要确定影像在曝光时刻摄影机的空间位置和姿态，该过程被称为影像定向。影像定向的参数为6个，3个线元素，3个角元素，应用激光雷达数据和影像数据的同名点进行解算，在摄影测量中又称为后方交会。后方交会的数学模型为共线方程，但是共线方程对于小角度影像适合，对大角度影像失效。激光雷达数据可直接建立三维模型，不同方位的影像与点云坐标系之间很多情况下是大角度，本节介绍适合任意角度影像定向的罗德里格矩阵方法（王晏民等，2012c；王晏民等，2012d）。

罗德里格矩阵的定义和特性在第4章中已经进行了讲解，在此不再赘述。下面主要讲解影像定向的原理和具体步骤。

### 7.1.1 同名点获取

为了确定影像的定向参数，首先要确定影像上的特征点坐标及其同名物方点的三维坐标，在此，在点云上选取物方点同名坐标，选取同名点的结果如图7.1所示。目前大多数商业软件采取手动选点的方式，也有很多学者在研究自动选取同名点的方法。

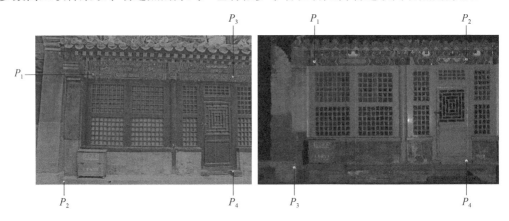

图7.1 影像与点云同名点选取示意图

## 7.1.2 影像定向模型

在摄影测量中,影像定向即通过影像像点坐标与物方同名点坐标,确定像空间坐标系相对于物方坐标系之间为一个空间相似变换模型,其变化的一般模型为

$$\begin{bmatrix} X \\ Y \\ Z \end{bmatrix} = \lambda \boldsymbol{R} \begin{bmatrix} x \\ y \\ -f \end{bmatrix} + \begin{bmatrix} X_S \\ Y_S \\ Z_S \end{bmatrix} \quad (7\text{-}1)$$

式中,$(X, Y, Z)$为空间点的物方空间坐标;$\lambda$为两个坐标系间的缩放系数;$\boldsymbol{R}$为两个坐标系间的旋转矩阵;$f$为数码照相机的焦距,为标称值,可以直接从影像中获取。$(x, y, -f)$为空间点在影像上的像点的像空间坐标系坐标;$(X_S, Y_S, Z_S)$为摄影时摄影中心在物方坐标系中的空间坐标。

为了减少坐标在计算过程中的有效位数,提高计算速度和精度,经常对坐标进行重心化处理。同时,坐标重心化还可以简化方程的系数,使个别项的系数为零。对于式(7-1),将物方空间点和相应的像点进行坐标重心化后,空间相似变换模型转换为

$$\begin{bmatrix} X_m \\ Y_m \\ Z_m \end{bmatrix} = \lambda \boldsymbol{R} \begin{bmatrix} x_m \\ y_m \\ 0 \end{bmatrix} \quad (7\text{-}2)$$

式中,$(X_m, Y_m, Z_m)$和$(x_m, y_m, 0)$为重心化坐标。因为像点的像空间坐标系坐标为$-f$,所以重心化后,像点在像空间坐标系中的$Z$轴方向的坐标为零。

## 7.1.3 缩放系数 $\lambda$ 的解算

对于传统摄影而言,整体地面模型相对于飞行高度可以近似看成平面,缩放系数应用摄影焦距和平均航高来计算。对于近景摄影,有的被摄物体的景深较大,每个点的缩放系数都不同,所以对于每对控制点,分别计算其缩放系数,代入解算方程进行解算。对式(7-2)两边取转置,再和式(7-2)相乘,由$\lambda > 0$及$\boldsymbol{R}$为旋转矩阵的特性,每对配准点的缩放系数为

$$\lambda_i = \frac{\sqrt{(X_{im}^2 + Y_{im}^2 + Z_{im}^2)}}{\sqrt{(x_{im}^2 + y_{im}^2 + 0)}} \quad (i = 0, 1, \cdots, n) \quad (7\text{-}3)$$

## 7.1.4 配准参数模型

式(7-2)配准模型中的旋转矩阵为正交矩阵,并且其元素为由两坐标系间的3个旋转角度的方向余弦构成。由于三角函数是非线性函数,给解算带来了一定的问题,如大角度问题解算错误等,因此要想办法对正交矩阵进行分解,使其分解成线性矩阵表达,以方便解算,提高解算的精度和速度。

设反对称矩阵为

$$S = \begin{bmatrix} 0 & -c & -b \\ c & 0 & -a \\ b & a & 0 \end{bmatrix} \quad (7\text{-}4)$$

$R$ 为正交旋转矩阵，正交矩阵和反对称矩阵之间有如下的关系：

$$R = (I+S)(I-S)^{-1} \quad (7\text{-}5)$$

把式（7-4）代入式（7-5），得到

$$R = \frac{1}{\Delta} \begin{bmatrix} 1+a^2-b^2-c^2 & -2c-2ab & -2b+2ac \\ 2c-2ab & 1-a^2+b^2-c^2 & -2a-2bc \\ 2b+2ac & 2a-2bc & 1-a^2-b^2+c^2 \end{bmatrix} \quad (7\text{-}6)$$

式中，$\Delta = \sqrt{a^2+b^2+c^2}$，此矩阵也被称为罗德里格矩阵。在传统的变换中，旋转矩阵由坐标系间旋转角度的方向余弦构成，是非线性约束，经过线性化步骤后表达式特别复杂，计算效率也比较低。而由反对称矩阵组成的正交矩阵只需要进行四则运算，计算速度快，应用最广。当求得了反对称矩阵的 3 个参数后，根据式（7-6）即可反求出影像摄影时的角度参数，此时两个坐标系间的角度变换参数是参数 $a$、$b$、$c$ 的函数。

将式（7-4）和式（7-5）代入式（7-2），推导出配准角度参数 $a$、$b$、$c$ 的模型方程式：

$$\begin{bmatrix} 0 & -Z_m & -Y_m - \lambda y_m \\ -Z_m & 0 & X_m + \lambda x_m \\ Y_m + \lambda y_m & X_m + \lambda x_m & 0 \end{bmatrix} \begin{bmatrix} a \\ b \\ c \end{bmatrix} - \begin{bmatrix} X_m - x_m \\ Y_m - y_m \\ Z_m - z_m \end{bmatrix} = \mathbf{0} \quad (7\text{-}7)$$

该模型简单，运算速度快，程序容易实现。当有多余观测时，关于 $a$、$b$、$c$ 的误差方程为

$$V = AX - L \quad (7\text{-}8)$$

式中，令

$$A = \begin{bmatrix} 0 & -Z_m & -Y_m - \lambda y_m \\ -Z_m & 0 & X_m + \lambda x_m \\ Y_m + \lambda y_m & X_m + \lambda x_m & 0 \end{bmatrix}, \quad X = \begin{bmatrix} a \\ b \\ c \end{bmatrix}, \quad L = \begin{bmatrix} X_m - x_m \\ Y_m - y_m \\ Z_m - z_m \end{bmatrix}$$

求解误差方程式可得

$$X = (A^\mathrm{T} A)^{-1} A^\mathrm{T} L \quad (7\text{-}9)$$

得到 $a$、$b$、$c$ 的参数后，按照式（7-6）计算旋转矩阵，应用旋转矩阵各个元素与旋转角度的关系，计算影像的摄影角度。角度计算公式如下：

$$\phi = \arctan \frac{a_3}{c_3}$$

$$\omega = \arcsin(-b_3)$$

$$\kappa = \arctan \frac{b_1}{b_2}$$

根据式（7-1）求解配准参数线元素：

$$\begin{bmatrix} X_S \\ Y_S \\ Z_S \end{bmatrix} = \begin{bmatrix} X \\ Y \\ Z \end{bmatrix} - \lambda \boldsymbol{R} \begin{bmatrix} x \\ y \\ -f \end{bmatrix} \qquad (7\text{-}10)$$

影像定向参数确定后，即可以根据共线方程，获取点云上每个点的纹理坐标的 RGB 值，并进行彩色点云渲染。图 7.2 为原始点云模型，图 7.3 为影像定向后经渲染后的彩色点云模型。

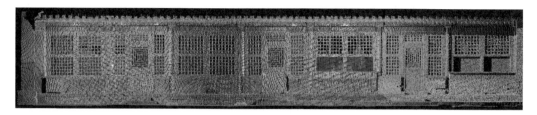

图 7.2  原始点云模型

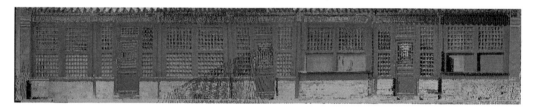

图 7.3  彩色点云模型

## 7.2  点 云 纹 理

三维激光扫描仪一般都带有数码照相机，能够获得彩色点云模型，但是其数码照相机的摄影方式、影像分辨率、色彩还原度、点云纹理的准确度等方面都不能满足后续应用的需求，故需要应用高分辨率的数码照相机对对象尽量进行正直摄影，并应用影像定向的结果生成高分辨率、高精度的彩色点云模型。本节主要讲解纹理映射的原理及激光雷达与影像处理数据的纹理映射。

### 7.2.1  纹理映射的原理

纹理是数据的简单矩阵排列，如颜色数据、亮度（流明）数据或者颜色和 Alpha 数据。它可以用不同的方式粘贴到物体表面上，既可以直接赋予纹理坐标（类似于表面贴花），也可以用于调整物体表面的颜色，或者将纹理颜色和物体表面的颜色进行混合。另外，纹理映射能够保证在变换模型时，模型上的纹理图案也随之变化。纹理不仅可以是二维的，也可以是一维或三维的。这些使纹理映射的应用显得更加灵活。更进一步，纹理还可用来模拟许多难以造型的光照效果，如聚光灯、阴影等光照效果。因而，纹理映射技术的使用将极大地降低场景的复杂性，这对实时绘制系统来说是非常重要的。

纹理数据是一种主要的场景数据。纹理映射过程融入了整个过程：绘制硬件、内存管理、主机到图形管道及硬盘到纹理内存的带宽等。一些系统把纹理做成一个完整的数据库以适合硬件纹理内存，便于有效地管理。对图形绘制来说，纹理映射是一种比较昂贵的操作。在许多仿真应用中，图像需要生成逼真的效果。对于非常庞大的场景，若仅用单幅纹理，则将出现重复、规则的绘制效果，除非采用大量的纹理和非常复杂的纹理管理机制来实现地表的纹理映射。此时将多幅图像压缩成单幅纹理或消除细小纹理等均可提高纹理内存的使用效率，提高绘制的实时性。

一般地说，纹理定义在一个二维的平面区域，它可以用数学函数解析式表达。该平面区域的每一个点，均定义有一个灰度值或颜色值，可称该平面区域为纹理空间。在图形绘制时，应用纹理映射方法可以确定三维景物表面上任一可见点 $P(x, y, z)$ 在纹理空间的对应位置 $(u, v)$，而 $(u, v)$ 处所定义的颜色值描述了三维景物表面 $P(x, y, z)$ 点的纹理属性。从数学的观点看，纹理映射 $F$ 可用下式来描述：

$$(u, v) = F(x, y, z) \tag{7-11}$$

式中，$(u, v)$ 为纹理平面上点的坐标；$(x, y, z)$ 为三维景物表面上点的坐标。

参数曲面定义了二维参数空间到三维参数空间的映射关系，因而，当将参数空间和纹理空间等同起来看时，映射 $F$ 等价于参数曲面自身定义的逆映射。对于简单的参数曲面，其纹理映射函数可以解析地表达出来，因而容易得到景物空间到纹理空间的映射表达式。例如，一个高为 $h$、半径为 $r$ 的圆柱面可用下面的参数面来表达：

$$x = r\cos\theta, \quad y = r\sin\theta, \quad z = h\psi; \quad 0 \leqslant \theta < 2\pi, 0 \leqslant \psi \leqslant 1 \tag{7-12}$$

可见由该圆柱面的参数表达式运算，易得纹理映射表达式。

而某些景物复杂的高次参数曲面，其逆映射往往难以确定，因此要将纹理映射表达成 $(u,v)=F(x,y,z)$ 形式将非常困难。下面介绍目前常用的两种纹理映射方法。

### 7.2.2 激光雷达与影像纹理数据的纹理映射

三维激光扫描仪扫描的原始数据模型是点云模型，其中包括点的三维坐标和反射强度。由于点云的分辨率较低，且没有真实的色彩，所以需要用点云数据来建成三角网模型或者深度图像，并且在此基础上进行模型和相应影像的配准，完成纹理映射，实现激光雷达与影像纹理的数据融合，生成真彩色仿真模型和正射影像。

运用基于罗德里格矩阵的影像定向方法解算出数码影像和点云模型的定向参数，其中包括影像的内外方位元素和畸变参数，根据这些参数列出共线方程，可确定点云模型与影像纹理之间的纹理映射函数。通过这个函数就能够计算出点云模型上每一个节点的纹理坐标值，实现点云模型和数码影像的配准。把配准后的每一个节点按照三维坐标值和纹理坐标值进行存储，其数据结构如下所示：

```
typedef struct{
    double dX;
    double dY;
    double dZ;
    double red;
    double green;
```

```
    double blue;
}Point3D;
```

其中，dX、dY、dZ 表示点的三维坐标；red、green、blue 分别代表点的 $R$、$G$、$B$ 值。数据配准后可通过彩色点云可视化体现两种数据的融合，试验结果如图 7.4 所示。

图 7.4 影像及映射彩色点云

## 7.3 基于深度图像的纹理映射

经过影像定向后，确定影像的外方位元素，通过共线方程，可计算物方任一点的纹理坐标。对于三角网模型而言，可根据三角网顶点三维坐标和相应影像的纹理坐标，通过纹理映射生成彩色模型；对于深度图像而言，可按照深度图像格网点三维坐标和纹理坐标值通过纹理映射生成彩色模型（胡春梅等，2015）。本节主要介绍深度图像纹理映射的原理和方法。

### 7.3.1 深度图像基准影像

深度图像的基准面类似于大地水准面，基准面影像的生成是一个数字微分纠正的过程，生成的基准面影像与正射影像一样，在此我们称之为基准影像。数字微分纠正是根据相关的参数和数字地面模型，应用相应的投影方程式或者按照一定的数学模型利用控制点解算，把原始的非正射投影的影像，按照微小区域逐一进行纠正，生成正射影像的过程。本节应用的模型是深度图像，应用的构像方程是用控制点解算的共线方程，纠正区域是按照深度图像基准面的格网区域逐一进行纠正而生成的影像。

本节应用反解法进行数字微分纠正获取基准影像主要包括以下几个步骤。

1）根据扫描分辨率设置深度图像格网点间距，一般与扫描分辨率一致。

2）设定基准面影像的分辨率，并计算每个格网点的像素数。基准影像分辨率一般与影像分辨率一致。

3）计算深度图像上每个格网点的平面坐标：

$$\begin{cases} X' = Ox + x\text{CellSize} \cdot X \\ Y' = Oy + y\text{CellSize} \cdot Y \end{cases} \quad (7\text{-}13)$$

式中，$(Ox, Oy)$是深度图像原点在深度图像基准面上的坐标；$(x\text{CellSize}, y\text{CellSize})$是格网的间距；$(x, y)$为格网点坐标；$(X', Y')$是$(x, y)$在深度图像基准面上的坐标。

4）根据$(x, y)$格网上存储的距离值和比例系数计算该点基于深度图像基准面的真实距离$Z'$，得到格网点的$(X', Y', Z')$坐标。

5）根据基准面的空间姿态和深度图像坐标系在物方坐标系的坐标，计算格网点真实的三维坐标。

6）根据精配准得到的参数和共线方程，计算每个格网点$(x, y)$的纹理坐标$(u, v)$：

$$\begin{cases} u - x_0 = -f \dfrac{a_1(X - X_s) + b_1(Y - Y_s) + c_1(Z - Z_s)}{a_3(X - X_s) + b_3(Y - Y_s) + c_3(Z - Z_s)} \\ v - y_0 = -f \dfrac{a_2(X - X_s) + b_2(Y - Y_s) + c_2(Z - Z_s)}{a_3(X - X_s) + b_3(Y - Y_s) + c_3(Z - Z_s)} \end{cases} \quad (7\text{-}14)$$

7）如果$(u,v)$没有在整像素点上，则根据双线性内插求取其纹理值$G(u,v)$。把该纹理值赋给基准面格网点$(x, y)$，双线性灰度内插公式如下：

$$\begin{cases} I(P) = W_{11}I_{11} + W_{12}I_{12} + W_{21}I_{21} + W_{22}I_{22} \\ W_{11} = (1 - \Delta x)(1 - \Delta y) \\ W_{12} = (1 - \Delta x)\Delta y \\ W_{21} = \Delta x(1 - \Delta y) \\ W_{22} = \Delta x \Delta y \end{cases} \quad (7\text{-}15)$$

8）根据每个格网的像素个数和格网顶点的纹理值，再根据双线性内插计算每个像素的纹理值，公式如下所示。如此遍历所有格网，可生成相应的基准影像。纠正单元内的坐标$(x_{i,j}, y_{i,j})$为双线性内插求得。

$$\begin{cases} x(i, j) = \dfrac{1}{n^2}\left[(n-i)(n-j)x_1 + i(n-j)x_2 + (n-i)jx_4 + ijx_3\right] \\ y(i, j) = \dfrac{1}{n^2}\left[(n-i)(n-j)y_1 + i(n-j)y_2 + (n-i)jy_4 + ijy_3\right] \end{cases} \quad (7\text{-}16)$$

图7.5为故宫乾隆花园某建筑单张影像和深度图像经过数字微分纠正生成的基准影像。

(a) 原始光学影像

(b) 点云深度图像

数字微分纠正

(c) 数字微分纠正

图 7.5 基准影像

### 7.3.2 深度图像基准影像

根据深度图像的格网及格网点信息，通过坐标系的转换可以获取对象的均匀表面三维坐标。基准影像不仅记录了影像的信息，还与模型间有着对应关系，因此不用把影像的信息放在模型上，利用基准影像与模型的关系就可进行纹理映射及其可视化（Guo et al.，2008）。同时，对于相邻影像间的纹理接边现象，此时可以把相邻影像投影到同一个基准面上，在基准面上对重叠区域进行几何纠正。此过程在基准面上对影像进行了纠正，并没有改变基准影像与模型的关系，方法简单，实用性强。

## 7.4 纹理接边

7.2 节中介绍的地面激光扫描点云与近景影像的配准方法，对点云进行纹理映射可以达到无缝。由于分辨率差异、选点误差、仪器误差等，对于模型的纹理映射还不能完全达到要求，会存在纹理接缝现象。本节应用相邻影像重叠区域的基准影像，通过影像匹配技术和小面元微分纠正进行几何纠正，可消除影像接边。当进行模型纹理映射时，根据基准面影像与模型间的关系，可反投影回深度图像表面进行可视化，生成无缝彩色模型。

## 7.4.1 基准影像密集匹配

由于相邻影像间的重叠范围不大，所以只对这一部分进行匹配，首先确定重叠影像的区域。如图 7.6 所示，基准面影像 A 和 B 重叠区域为一四边形，取其最小矩形为重叠区域 C，为两张影像重叠区域进行影像的匹配。

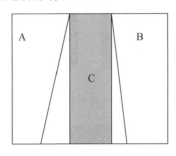

图 7.6　重叠影像示意图

为了保证整体区域几何纠正的均匀性，需要对重叠区域基准影像进行密集匹配，本节选用基于均匀网格的特征点的密集匹配，两张影像是纠正过的影像，匹配相对容易。为了得到准确的匹配点对，本节采用由粗到细的金字塔匹配，金字塔层数为 2 层，匹配策略如下：

1）在顶层金字塔影像上进行 SIFT 特征匹配，应用 RANSAC 方法进行粗差剔除，并进行反向匹配，应用得到的同名点计算仿射变换参数。

2）在底层影像上对左影像分网格进行 Harris 特征密集提取。应用仿射变换参数，预测左影像每一个网格点在右影像的大概位置，再应用影像相关确定右影像上的同名点。

3）匹配的结果中难免会有一些误匹配，在此，根据以下几何条件进行约束：

① 目标点的顺序与同名点的顺序一致。

② 同名点的横纵坐标突变处视为粗差点，要进行剔除。

③ 同名点左右横坐标相差应该不大。

根据相关理论分析，互相关是一种多峰值函数，其最大值不一定对应着同名点。对于一些纹理丰富的区域，影像相关的峰值即为匹配的结果，但是对于一些纹理匮乏的区域，非峰值则有可能是同名点。为了满足本节小面元的要求，对于一些相关性弱、不可靠的点，采用整体松弛法进行匹配。

影像匹配算法按照执行的顺序可以分为并行算法、串行算法与松弛算法 3 种。并行算法对每个像素的处理是独立的，相互之间不存在相关性，算法的效率较高；串行算法在处理某个像元时需要考虑先前已经处理过的临近点的结果，这种算法引入了预测，减小了搜索的范围，但是这种算法的结果与处理的顺序有关，当先前结果出错时会出现无法"拉入"的现象；松弛算法是一种并行和迭代的方法，并行处理的同时，根据迭代过程中周围点上的处理结果来调整其结果，是一种逐步逼近最优解的方法。

假设左影像上的点为 $j$，将 $j$ 视为类别，共轭备选点视为目标 $A_i$，对于左影像 $j$，确定 $r$ 个点作为 $j$ 的共轭备选点，则目标集合为

$$A = \{A_{11}, A_{12}, \cdots, A_{21}, A_{22}, \cdots, A_{i1}, A_{i2}, \cdots, A_{m1}, A_{m2}, \cdots\}$$

如果目标 $A_{i1}, A_{i2}, \cdots, A_{ir}$ 与左影像点 $j$ 的相关系数为 $\rho_1, \rho_2, \cdots, \rho_r$，则 $A_{ik} \in C_j$ 的概率为

$$P_{ik,j} = \rho_k / \sum \rho \tag{7-17}$$

如果 $h$ 为 $i$ 的相邻像素，$k$ 为 $j$ 的相邻像素，同样计算 $P(h,k)$，计算其兼容性 $C(i,j;h,k)$。确定了 $P(i,j)$ 和 $C(i,j;h,k)$，就可以根据下列公式进行松弛法运算：

$$\begin{cases} Q(i,j) = \sum_{h=1}^{n(H)} \left( \sum_{k=1}^{m(K)} C(i,j;h,k) \cdot P(i,j) \right) \\ P^{(r)}(i,j) = P^{(r-1)}(i,j) \cdot (1 + B \cdot Q(i,j)) \\ P^{(r)}(i,j) = \dfrac{P^{(r)}(i,j)}{\sum\limits_{j=1}^{m(J)} P^{(r)}(i,j)} \end{cases} \tag{7-18}$$

式中，$n(H)$ 为相邻目标点的个数；$m(K)$ 和 $m(J)$ 为图像匹配候选点的个数；$r$ 为迭代次数，如果 $P^{(r)}(i,j) > T$（阈值），则停止迭代，并确定可靠的对应点。

图 7.7 为重叠区域基准面应用上述方法进行影像密集匹配的结果。

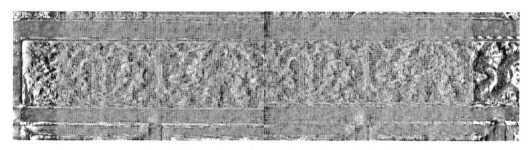

图 7.7 基准面影像密集匹配结果

### 7.4.2 小面元微分纠正

对上述得到的同名点建立三角网，对每一对同名的三角面片，应用小面元的仿射变换，计算变换关系式的参数，以每一个三角面片为单元进行几何纠正。仿射变换的公式如下：

$$\begin{cases} x' = a_0 + a_1 x + a_2 y \\ y' = b_0 + b_1 x + b_2 y \end{cases} \tag{7-19}$$

该方法应用得到的密集匹配点进行几何纠正，很好地解决了纹理接边的问题。

### 7.4.3 无缝纹理映射

点云深度图像类似于任意基准面的 DSM，对其进行纹理映射可以生成三维仿真模型。应用 7.1 节影像定向的结果，可以得到深度图像上三维点的纹理坐标；7.2 节将单张影像投影到基于深度图像的基准面上进行纠正，生成了基准影像，这样，深度图像上的点与基准影像间也建立了纹理坐标关系。深度图像影像经过三角面片的微分纠正只改变了纹理的几何接边，并没有改变深度图像格网点与基准影像的纹理坐标关系，此时可把基准影

像作为纹理图像，应用纹理映射技术，完成深度图像的纹理映射。本节以开放的图形程序接口（open graphics library，OpenGL）纹理映射方法为例，介绍纹理映射的步骤。

1. 指定纹理

在一般的情况下，纹理是指单个图像。本节以基准影像为纹理，并对相邻影像接边处进行纠正。

2. 纹理值的获取

基准影像和深度图像之间已经建立了一一对应的关系，深度图像模型上每个三维点已经有了基准影像上的纹理坐标，可以应用 OpenGL 的相应技术进行纹理映射。

3. 激活纹理颜色

在绘制场景之前需激活纹理映射。激活或取消纹理映射的函数是 glEnable()或 glDisable()，GL_TEXTURE_2D 代表二维的纹理图。

4. 利用纹理坐标和几何坐标绘制几何场景

在粘贴纹理之前，必须说明纹理相对于片元是如何排列的。也就是说，必须指定场景中物体的纹理坐标和几何坐标。本节中的纹理坐标和几何坐标根据影像配准已经计算出来，应用深度图像和影像纹理可以进行可视化。

图 7.8（b）为图 7.8（a）经过纹理纠正后纹理映射的效果图，从图 7.8（b）中可以看出，经过纹理接边几何纠正后的纹理映射达到了无缝，可以应用于实际生产和应用当中。

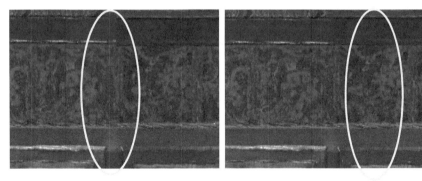

(a) 几何纠正前　　　　　　　　　(b) 几何纠正后

图 7.8　几何纠正前后纹理映射对比图

## 7.5　纹　理　镶　嵌

影像接边解决了相邻影像几何接缝的问题，使之不再存在几何错位现象，但是因为拍摄环境或者条件的变化，相邻基准图像之间会存在灰度反差、色调不一致的纹理接缝现象，本节对相邻影像进行调整，使拼接后的图像反差一致、色调相近，不明显的纹理接缝。

1. 镶嵌边搜索

先取基准影像图像重叠区域的 1/2 为镶嵌边，然后搜索最佳镶嵌边，即该边为左右图像上亮度值最接近的连线，搜索最佳镶嵌边的步骤如下：

1）选择 $K$ 列 $N$ 行的重叠区。

2）选定一维模板，其宽度为 $W$，从 $T$ 开始（即模板中心在左右图像的像元号 $T$）自左至右移动模板进行搜索，按一定的算法计算相关系数（如差分法、相关系数法），确定该行的镶嵌点，逐行进行搜索镶嵌点可得到镶嵌边。图 7.9 为镶嵌边搜索结果。

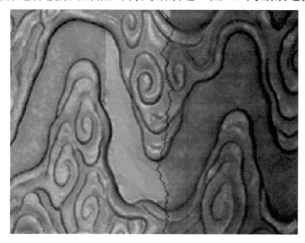

图 7.9 镶嵌边搜索结果

2. 亮度和反差调整

亮度和反差调整的过程如下：

1）求接缝点左右图像亮度平均值 $L_{ave}$、$R_{ave}$。

2）对右图像，按下式改变整幅图像基色：

$$R' = R + (L_{ave} - R_{ave}) \qquad (7\text{-}20)$$

式中，$R$ 表示右图像原始亮度值；$R'$ 表示右图像改变后的亮度值。

3）求出左右图像在拼接图上灰度的极值，即 $L_{max}$、$L_{min}$、$R'_{max}$、$R'_{min}$。

4）对整幅右图像做反差拉伸：

$$R'' = AR' + B \qquad (7\text{-}21)$$

式中，

$$\begin{cases} B = -AR'_{min} + L_{min} \\ A = (L_{max} - L_{min})/(R'_{max} - R'_{min}) \end{cases} \qquad (7\text{-}22)$$

3. 边界线平滑

经过上述调整，两幅图像色调和反差已趋近，但仍有接缝，必须进行边界线平滑。在边界线两边各选 $n$ 个像元，这样平滑区有 $2n-1$ 个像元，如图 7.10 所示。

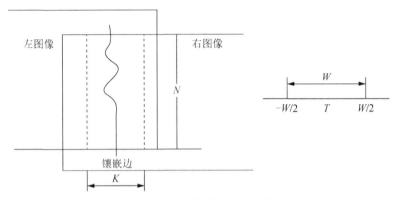

图 7.10 重叠区镶嵌边搜索及模板

按下式计算每一行上平滑后的亮度值 $D_i$：

$$D_i = \begin{cases} D_i^L, & if\, i < j - \frac{1}{2}(s-1) \\ D_i^R, & if\, i > j + \frac{1}{2}(s-1) \\ P_i^L D_i^L + P_i^R D_i^R, & if\, j - \frac{1}{2}(s-1) \leqslant i \leqslant j + \frac{1}{2}(s-1) \end{cases} \quad (7\text{-}23)$$

式中，$s = 2n - 1$ 为平滑区间；$j$ 为边界点在图像中的像元号（随每行而变）；$i$ 为图像像元号（平滑区内从左至右）；$D_i^L$、$D_i^R$ 为在 $i$ 处左右图像像元亮度值。

权 $P$ 按下式计算：

$$\begin{cases} P_i^L = \dfrac{j - i + (s+1)/2}{s+1} \\ P_i^R = \dfrac{(s+1)/2 - j + i}{s+1} \end{cases} \quad (7\text{-}24)$$

经过纹理镶嵌，相邻纹理间没有明显的接缝现象，纹理间自然过渡，图像完整性好，如图 7.11 所示。

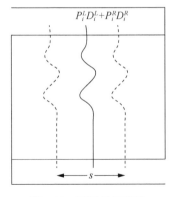

图 7.11 平滑的镶嵌边

## 思 考 题

1. 影像与点云配准的数学模型是什么？
2. 简述影像与点云配准的步骤及主要内容。
3. 简述纹理映射的主要原理。
4. 简述深度图像基准影像的生成过程。
5. 纹理接边产生的原因和解决的方案是什么？
6. 简述纹理镶嵌的目的及主要内容。

# 第 8 章　激光雷达与摄影测量三维重建软件

本章以全书技术路线及算法为核心，构建基于地面激光点云与摄影测量数据为基础的三维重建平台软件，从软件的总体构架方法设计、数据管理及可视化方面介绍三维重建的核心技术，最后介绍软件整体的界面及功能模块的情况。本章重点学习三维重建软件的构架设计和数据管理、显示方法，了解软件的相关的功能及应用。

## 8.1　软件总体构架

基于多源数据融合的精细三维重建系统（L&P3D），其海量精细三维空间数据具有信息量巨大的特点，是整个数据处理及重建的速度瓶颈，因此，设计高效的大数据引擎是系统的核心。基于精细三维空间数据的数据处理的算法专业性强且复杂，需要高度封装，建立以数据引擎为驱动的具备可视化功能的数据存储管理系统，实现高内聚、低耦合的系统集成。

系统总体构架如图 8.1 所示，由图形用户界面（graphical user interface，GUI）、基础类库、空间数据存储与调度（L&P3D_SDE）、3D 交互可视化（L&P3D_AV3D）、处理算法、数据模型、空间索引及三维重构构成。系统基础底层，即空间数据库存储与调度及 3D 交互可视化，主要功能是负责多源数据的存储调度，以及为数据处理提供操作灵活、图像质量逼真的三维交互可视化。系统处理与重建核心模块主要包括原始数据的处理算法、数据模型、空间索引及基于各种数据模型的三维重构。海量精细三维重建数据的海量特性，决定了在软件构架的时候必须充分考虑内存的划分。在本系统中，以点云作为代表性的精细数据源，处理后可产生由深度图像、TIN 模型、线框模型、表面模型、实体模型及 CSG 模型表达的空间对象，三维可视化时还需高精度纹理影像，如图 8.2 所示，系统由 L&P3D_SDE 模块负责创建、销毁共享数据内存，这种统一管理可有效利用内存资源，保证了数据处理的一致性及模块的相互协同工作。

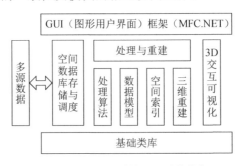

图 8.1　L&P3D 系统设计总体构架

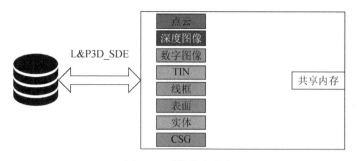

图 8.2 系统共享内存

系统开发软硬件环境：处理器为英特尔酷睿双核处理器，主频为 2.40GHz，硬盘为 SATA2 320GB（5400 转），内存为 2GB DDRII，显卡为 NVIDIA GeForce GT 610，支持 DirectX 11，开发工具为 VS2010、.Net4.0、DirectX11 SDK，以及数据库的 libpq 库。

服务器端配置：标配硬盘容量为 1PB，网络控制器为双端口千兆网卡，操作系统为 Linux Redhat -V5.5，数据库为 PostgreSQL-V9.3。

## 8.2 总体功能设计

### 8.2.1 重建流程

L&P3D 系统通过对多源数据的有效融合来实现精细三维重建。从数据源获取到数据融合数据处理，最后实现精细三维模型的重构，整个流程如图 8.3 所示。

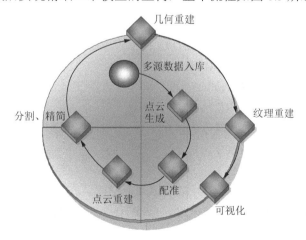

图 8.3 多源数据精细重建流程

具体重建步骤如下：
1）多源数据入库。
2）根据高精影像自动生成点云。
3）点云的逐站自动配准与整体配准。
4）以站为单位进行网格化管理，通过格网点云平滑、融合实现点云的重建。

5)在点云重建模型的基础上,对全局离散点云进行规则化处理,在三维环境中辅以交互手段实现对象化聚类,生成基准面或实体对象,即实现精简与分割。

6)在精简分割的成果基础上,以基准面构建深度图像,或局部构建 TIN、线框模型、表面模型、实体模型、CSG 模型,实现精细模型的几何重建。

7)模型重建后,对影像进行纹理重建。

8)重建的几何模型与纹理模型在三维交互可视化技术驱动下实现三维展示。

## 8.2.2 功能模块

根据软件总体架构设计及三维重构处理流程,系统采用面向对象方法和软件工程思想分析,进行总体功能设计。整个系统由 8 个功能模块组成,如图 8.4 所示。

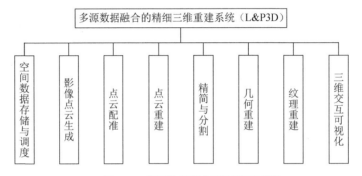

图 8.4 多源数据精细重建流程模块

具体功能模块如下:

1)空间数据存储与调度(L&P3D_SDE)。
2)三维交互可视化(L&P3D_AV3D)。
3)影像点云生成(L&P3D_IMGB)。
4)点云配准(L&P3D_REG)。
5)点云重建(L&P3D-PCRC)。
6)精简与分割(L&P3D_SPG)。
7)几何重建(L&P3D-GRC)。
8)纹理重建(L&P3D-TRC)。

系统内核即基础底层为 L&P3D_SDE 及 L&P3D_AV3D,它们包含于基础类库中。L&P3D_SDE 负责多源数据管理与调度,L&P3D_AV3D 则提供模型重建的可视化交互工具。

影像点云生成模块,主要实现将由非量测相机获取的影像自动生成影像点云的功能,包括影像进行连接点自动匹配、自由网平差、影像边缘提取、边缘匹配及密集点匹配等子模块。

点云配准模块,实现逐站点云与整体配准功能,包括球面标靶自动探测、激光点云与影像点云配准及基于约束验后方差迭代平差的多站点云整体配准子模块。

点云重建模块,实现由格网点云平滑、融合的功能。

精简与分割模块，包括基于距离优先权的精简、对象化聚类分。

几何重建模块，包括深度图像、TIN 模型、线框模型、表面模型、实体模型、CSG 模型的三维构建及正逆向建模子模块。

纹理重建模块，主要包括彩色仿真模型生成、深度图像和其基准影像的纹理映射模型及纹理映射算法子模块。

## 8.3　数据管理与可视化

数据管理首先要解决坐标系的问题，本系统以 3 种深度图像坐标系系统为基础，建立基于树结构的多基准坐标系统；结合坐标系统，研究针对精细空间数据的高效空间索引的构建；系统设计点云模型、影像数据、深度图像、线框模型、表面模型、实体模型及 CSG 模型的数据结构；最后重点研究海量精细三维模型基于 GPU 并行渲染的快速绘制，以及基于 GPU 可编程计算的曲面细分技术，实现三维图形的高质量绘制（王晏民等，2015；王晏民等，2012a，2012b；Wang et al.，2012）。

### 8.3.1　空间坐标系统

1. 三种深度图像坐标系统

（1）平面

平面基准面的坐标系统和笛卡儿坐标系一致，如图 8.5（a）所示。

（2）柱面

原点设置在圆柱的底面圆周上的一点，$Y$ 轴指向圆柱的轴向，对其进行展开，形成二维坐标系，每个格网对应相应的深度值，如图 8.5（b）所示。

（3）球面

原点定义在拟合的球心，其轴向为圆心与球的极点方向向量，采用大地坐标系的方式建立球面坐标系，每个经纬度值对应一个深度图像的深度值，如图 8.5（c）所示。

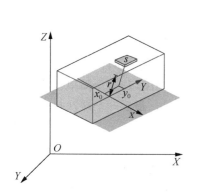 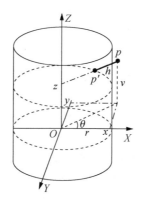 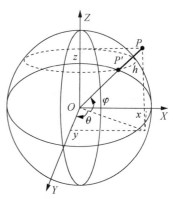

（a）平面深度图像坐标系　　（b）柱面投影深度坐标系　　（c）球面深度图像坐标系

图 8.5　深度图像坐标系统

## 2. 采用树结构实现多基准坐标系统

空间复杂实体可由简单实体分解而成，多基准坐标系主要采用树结构的形式来反映多基准坐标系统间的关系。坐标系统依附在实体上，实体叶子节点包含其局部坐标，整个坐标体系按树存放，针对对象嵌套的特点，叶节点的坐标可以按树的层次依次遍历变换矩阵，进行相乘，最终变换到根节点坐标系。如图 8.6 所示，根据复杂实体与简单实体构成关系，场景整个坐标系统由全局坐标、局部坐标与深度图像 3 个逻辑层次组成，并按实体树结构进行坐标系统的组织设计。

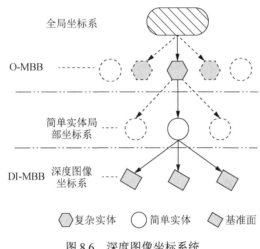

图 8.6　深度图像坐标系统

## 3. 二维、三维坐标一体化

反映实体细节的深度图像的基本坐标系为平面、柱面、球面 3 种二维坐标系，在基准坐标系中，格网行列号反映平面位置，深度值反映起伏形态。通过建立平面、柱面、球面二维坐标到三维直角坐标系的映射变换矩阵 $R$，即可快速映射到三维坐标系，反之，三维坐标可通过变换矩阵 $R$ 的逆运算 $R^{-1}$ 得到二维坐标。因此，本节通过原始深度图像数据及变换矩阵参数，实现二三维坐标一体化。

坐标系统转换分为深度坐标系与空间直角坐标系之间的转换，以及与对象空间直角坐标系及全局空间坐标系之间的映射转换。整体模型的坐标系统转换分为 3 个层次，第一个层次是深度图像内部坐标系变换与深度图像移动包围盒（deep image mobile bounding box，DI-MBB）的空间坐标变换，第二个层次是 DI-MBB 与整个简单实体移动包围盒（overall mobile bounding box，O-MBB）间的坐标转换，最后一个层次是全局坐标系与 O-MBB 之间的空间坐标变换，如图 8.6 所示。

（1）深度图像深度坐标系与直角坐标系之间的转换

1）平面基准深度模型坐标转换。平面基准深度图像坐标系与直角坐标系之间存在如图 8.5（a）所示的关系：深度图像上一点 $S(u,v,h)$ 在 DI-MBB 空间坐标系中的坐标为 $S(x,y,z)$，那么它们的正交变换关系可用下式表示：

$$\begin{bmatrix} x \\ y \\ z \end{bmatrix} = \lambda \boldsymbol{R} \begin{bmatrix} u \\ v \\ h \end{bmatrix} \tag{8-1}$$

式中，$\lambda$ 为尺度参数；$\boldsymbol{R}$ 为旋转矩阵。

2）柱面基准深度模型坐标转换。在图 8.5（b）中，设定柱面投影的点对 $p$ 及其对应的 $p'$，点 $p$ 的高度为 $h$，在柱面深度坐标中的坐标为 $(r,\theta)$，则柱面投影深度坐标与直角坐标变换表达如下：

$$\begin{bmatrix} x \\ y \\ z \end{bmatrix} = \lambda \boldsymbol{R} \begin{bmatrix} (r+h)\cos\theta \\ (r+h)\sin\theta \\ v \end{bmatrix} \tag{8-2}$$

式中，$\lambda$ 为尺度参数；$\boldsymbol{R}$ 为旋转矩阵。

（2）球面基准深度模型坐标转换

如图 8.5（c）所示，球面基准坐标类似传统的极坐标转换，假设球面一点 $p(h,\theta,\varphi)$，其对应的直角坐标变换表达如下：

$$\begin{bmatrix} x \\ y \\ z \end{bmatrix} = \lambda \boldsymbol{R} \begin{bmatrix} (r+h)\cos\varphi\cos\theta \\ (r+h)\cos\varphi\sin\theta \\ (r+h)\sin\varphi \end{bmatrix} \tag{8-3}$$

式中，$\lambda$ 为尺度参数；$\boldsymbol{R}$ 为旋转矩阵。

（3）DI-MBB 与 O-MBB 及全局坐标系之间的映射

DI-MBB 与整个 O-MBB 间及全局坐标系与 O-MBB 之间的空间坐标在计算机视觉中仅需进行映射变换即可，无须进行完全坐标转换，大大减少了数据运算量。

（4）坐标变换

坐标变换需要从空间数据拟合深度图像基准面，在此基础上进行深度图像局部坐标到对象模型的直角坐标系变换，最后由构成的对象模型进行坐标变换构成整体模型。

## 8.3.2 数据库数据模型设计

本系统数据模型总的关系图以三维线框、表面、实体模型为例进行说明，如图 8.7 所示，三维体的基本要素可以抽象为点、边、线、面、环、实体和复杂体，呈现出由简单到复杂的递进关系。其中，根据线框的特性，建立了线框模型（wireframe）、表面模型（surface）、实体模型。线框模型包含一系列顶点及由顶点连接的棱边；表面模型是在线框的基础上，加入环边的信息及边的连接关系；仅仅依靠表面模型，无法判别实体与表面的位置关系，实体模型（正则形体）主要是明确定义了表面的哪一侧存在实体，具体做法是，在表面模型的基础上增加了每个表面的外法矢信息。这 3 种模型可作为复杂体（compound）的 3 种表达方式，在以上基础上进行扩展，并增加实体间的空间算子，建立 CSG 模型。在图 8.7 中，面可以是拟合出的基准面，结合三维点，得到深度图像模型，由边线框闭合组成的面还可以剖分成三角形，因此，面也可以由 TIN 模型表达。

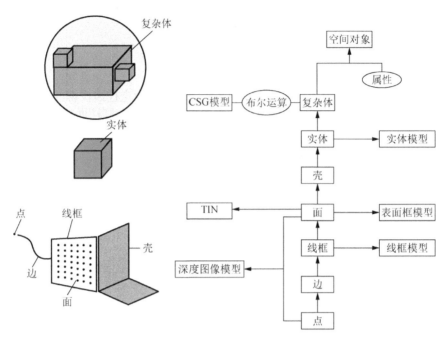

图 8.7 总体关系图

1. 点云数据模型

点云数据属于三维空间数据,具有海量离散的特点,分为原始点云与成果点云两类。原始点云数据是三维激光扫描仪在实地环境中对目标物进行扫描采集得到的,另外经过配准过程,得到完整的目标物体,后期再经过去噪、精简等过程,得到高质量的成果点云。

(1) 原始点云模型

图 8.8 中模型的详细参数内容如下:

1) 点云表 SurStation 包含编号 ID(唯一标识)、测站号 SID、分块号 BID、点行数 rows、点列数 cols、点云数据 XYZIRGBA(二进制),最小外包框用左下角点坐标 mins 和右上角点坐标 maxs 表示。

2) 全局变换矩阵信息表 SurStation_Register 存储测站配准信息,包含测站号 SID、参考站信息 BaseStation 和全局变换矩阵 Matrix。

3) 测站信息表 SurStation_Info 存储测站的其他信息,如编号 SID、测站名称 Name、扫描日期 DATEOFSCANNING、点云格式 FORMAT、入库日期 INPUTDATE、扫描仪 SCANNERTYPE、软件 SOFTWAREUSED、项目名称 PROJECTNAME。

4) 视图设计表 View_Name、ViewStation 和 ViewSurStation_Info 是根据点云表 SurStation,全局变换矩阵信息表 SurStation_Register、测站信息表 SurStation_Info 这 3 张表得到的视图设计,供查询需要。

（2）成果点云模型

成果点云的结构比较简单，只需记录点的数目、点的坐标颜色信息和最小外包框，本章设计了 tagCoordRGB2D3D 结构，存储点的 $X$、$Y$、$Z$ 坐标及颜色值，其中 $X$、$Y$、$Z$ 均使用 float 类型，其余都使用 BYTE，结构如图 8.8 所示。最小外包框则与原始点云记录的方式不同，不采用最左下角点和最右上角点，而是使用左下角点和边长来表示，数据类型均为 float 类型。

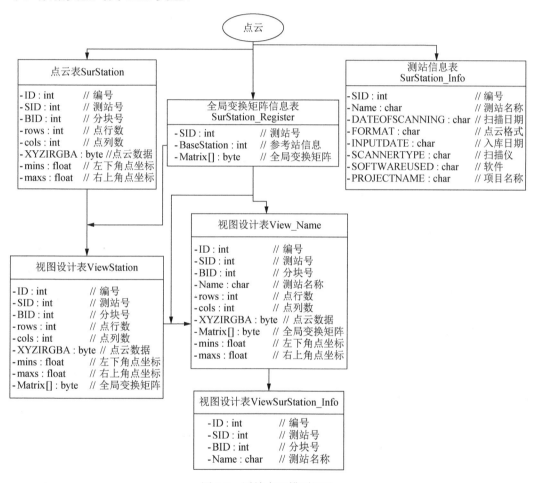

图 8.8　原始点云模型设计

```
struct tagCoordRGB2D3D
{
    float X;
    float Y;
    float Z;
    BYTE  R;
    BYTE  G;
    BYTE  B;
```

```
    BYTE   A;
    BYTE   SelID;
}
```

在数据库中,创建了 L&P3D_PCRC 表用来存储数据,此时数据已经经过配准,不再需要分测站式管理,而是直接分块使用二进制存储颜色信息和经过全局变换矩阵纠正后的坐标信息,其在数据库中的实体关系(entity relationship,ER)模型设计如图 8.9 所示。

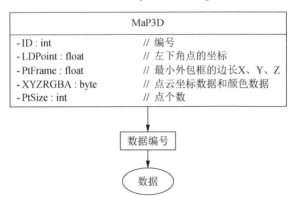

图 8.9  成果点云在数据库中的 ER 模型设计

模型中的参数内容如下:

ID 为数据库中唯一标识;LDPoint 存储左下角点的坐标,为 3 个 float 型数据组成一维数组;PtFrame 表示最小外包框的 $X$、$Y$、$Z$ 边长;XYZRGBA 为使用二进制存储坐标数据和颜色数据;PtSize 为点个数。

2. 影像数据模型

为真实展现精细三维模型的细节层次,需要高分辨率的数字影像。它包括概略图和详细图。概略图反映对象的整体概况,详细图反映对象的局部细节,在查询时,在概略图中通过框选得到像素坐标值,然后检索出局部范围的详细图的缩略图以提高效率。影像在数据库中的模型设计如图 8.10 所示,二者通过 PICINDEX 实现关联。

3. 深度图像模型

深度图像和点云数据类似,也是对物体几何形状的描述,只是记录的方式不同:点云数据是基于以扫描中心点为原点建立的三维直角坐标系基准获得的三维坐标;而深度影像是基于极坐标系基准,以记录距离值为主。另外,深度影像和传统的彩色数码影像也类似,实质上是一个二维矩阵,图像的横轴和纵轴由矩阵的行和列来表示,矩阵中点的横坐标和纵坐标可使用行列号来表示,即像素点的坐标,不同的是,传统的彩色数码影像像素点中存储的是目标点的颜色值,而深度图像中存储的是目标点到扫描中心点的距离值。

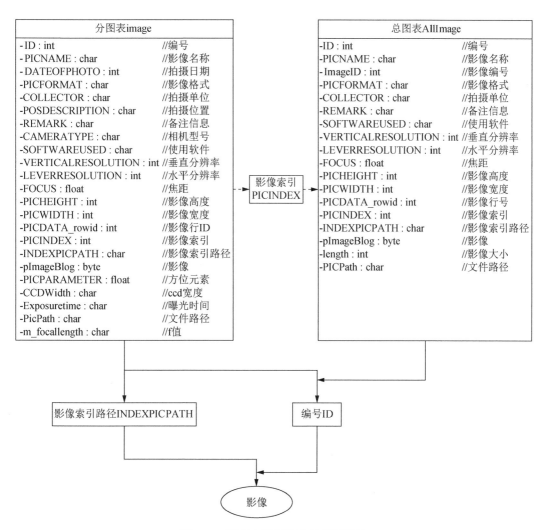

图 8.10　影像在数据库中的模型设计

以空间中的平面、柱面、球面作为参考来表达古建筑，将古建筑的特征对象（如柱、瓦片、梁、抖、栱）通过深度影像进行建模，这样可以很方便地对大规模建筑物构件进行管理，便于后期快速浏览和查询。

目前主流的三维激光扫描处理软件都没有对深度影像进行直接有效的存储管理，而是将重点放在点云数据上，因此，为了解决深度影像的存储管理问题，本章决定采用基于数据库的方式来完成。围绕深度影像的记录方式，本章设计了深度影像的存储结构，其主要记录的是对点云数据进行合理的三维网格划分，取网格中的中心点记录其坐标，然后记录网格行数、列数、法向坐标、最小外包框及深度值和图像。

采用的深度图像 ER 概念模型如图 8.11 所示。

为了建立有效的深度图像模型，本章设计了最小外包盒、深度图像、仿真深度图像、参考基准面、平面参考基准面、柱面基准面、球面基准面、三维双精度点、旋转平移矩阵等实体模型。

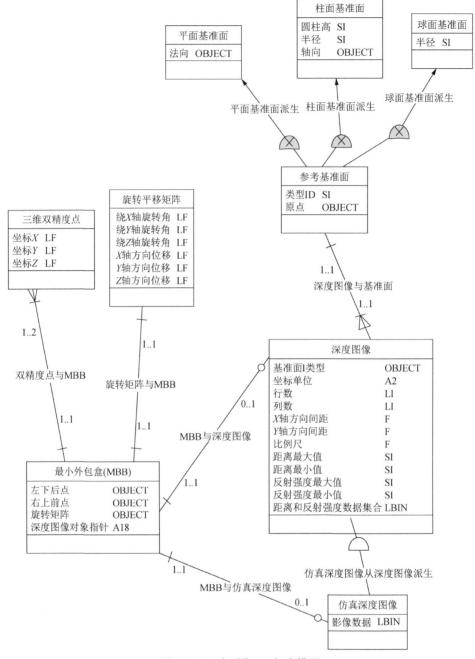

图 8.11 深度图像 ER 概念模型

### 4. TIN 模型

TIN 模型是最常见的三维模型，它包括顶点位置、纹理坐标、法线和材质等信息，几何结构包括顶点坐标、纹理坐标、法向等信息；具有相同材质信息的面片集合作为一个子集，子集的结构包括对应材质索引、对应顶点索引缓存的起始位置和索引数目，结构如图 8.12 所示；材质结构包含影像、材质环境光反射率、漫射光反射率、镜面光发射率和镜面光发射系数。模型的结构就是顶点结构、子集结构、材质结构和矩阵参数的数组和组件名称的集合。

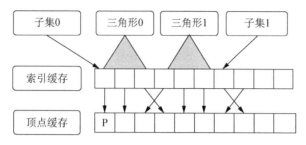

图 8.12 子集结构图

struct DBObjVertex：顶点数据结构，包含坐标、纹理及法向。
struct DBObjSubMesh：子集结构，包含对应材质索引、子集对应的索引及索引数目。
struct DBObjMaterial：材质结构，包含影像、材质反射率。
struct DBObjMatrix：变换矩阵。
struct DBComponentOfModel：模型构件结构，包含顶点集合、面片索引集合、子集索引集合、材质集合、矩阵集合、组件名称。

在数据库中，对于模型存储进行了设计，创建了 SubModelComponent 和 MeshImage 两张表，其结构如图 8.13 所示。

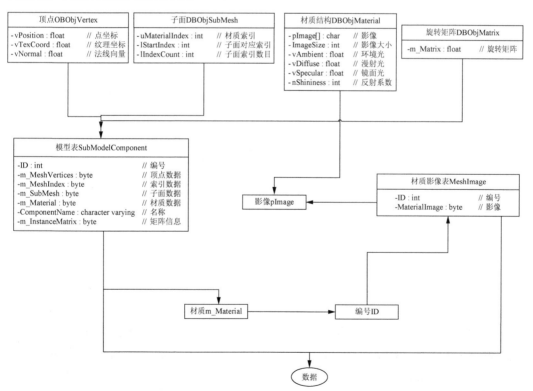

图 8.13 模型结构 ER 设计

图 8.13 中详细参数说明如下：

1）数据通过顶点 DBObjVertex、子面 DBObjSubMesh、材质结构 DBObjMaterial、旋转矩阵 DBObjMatrix 等基本结构存储在 DBComponentOfModel 中，一个 ID 对应一个基本的模型构件，如门、窗等。

2）模型表 SubModelComponent 的结构基本对应构件结构 DBComponentOfModel，添加了 ID 字段标识。其中，材质中的影像信息的存储是个特例，没有存储在模型表 SubModelComponent 中，因为一个构建可能存在多种影像，在一个字段里存储多张影像，在整体取出时会无法判断截断位置。所以，影像是通过使用二进制字段 MaterialImage 存储在材质影像表 MeshImage 中，影像对应的 ID 号存储在模型表 SubModelComponent 中对应材质的字段 m_Material 中。这样解决了使用一个属性存储多张影像的问题。

5. 线框、表面、实体模型

线框、表面、实体模型的数据结构如图 8.14 所示。

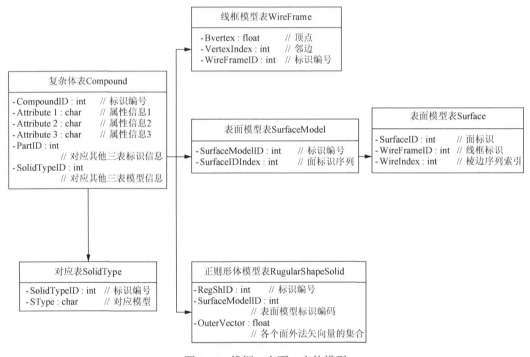

图 8.14 线框、表面、实体模型

该模型的具体内容如下：

1）复杂体表（Compound）包含一个标识编号 CompoundID，一些属性信息 Attribute1、Attribute2……PartID 对应线框模型表 WireFrame、表面模型表 SurfaceModel、正则形体模型表 RugularShapeSolid 这 3 张表中的标识信息，SolidTypeID 对应 SolidType 中的标识信息，对应表 SolidType 主要用于确定 SolidTypeID 对应的是线框模型表 WireFrame、表面模型表 SurfaceModel、RugularShapeSolid 中哪一种模型，具体如表 8.1 所示。

表 8.1 SolidTypeID 与模型的对应关系

| SolidTypeID | SType |
|---|---|
| 1 | WireFrame |
| 2 | SurfaceModel |
| 3 | RegularShapeSolid |

2）线框 WireFrame、表面模型表 SurfaceModel、正则形体模型表 RugularShapeSolid 这 3 张表分别存储线框模型、表面模型和正则形体模型。

① 线框模型表 WireFrame 使用顶点和邻边来表示形体，可以作为多面体的一种表达方式，用来确定多面体的形状和位置，这种方式被广泛用于工程图。线框表 WireFrame 使用二进制格式存储顶点 BVertex 和邻边 VertexIndex，邻边使用顶点的序列来构成，另外使用了一个标识编号 WireFrameID 来表示该线框模型。

② 表面模型表 SurfaceModel 通过有向棱边围成的部分来定义形体表面，由面的几何来定义形体，它在基于线框模型的基础上，增加了有关（环）信息、棱边的连接方向等内容，使用表面模型表 SurfaceModel 来存储，该表包含一个标识编号 SurfaceModelID 和面标识序列 SurfaceIDIndex，其中 SurfaceIDIndex 是标识在表面模型表 Surface 中存储的面的 ID 集合，表面模型表 Surface 存储形体的各个面信息，该表包含面标识 SurfaceID、线框标识 WireFrameID 及棱边序列索引 WireIndex。

③ 正则形体模型表 RagularShapeSolid 主要是明确定义了表面的哪一侧存在实体，在表面模型的基础上增加了每个表面的外法矢。因此正则形体模型表 RugularShapeSolid 中包含标识编号 RegShID、表面模型标识编号 SurfaceModelID，以及使用二进制存储的各个面外法矢向量的集合 OuterVector。

6. CSG 模型

CSG 模型是一种通过各种简单体素进行布尔运算得到新的实体表达的方法。简单体素主要包括长方体、柱体、锥体、球、环或封闭的自由曲面等，其运算为几何变换或正则布尔运算，通过对简单体素的交、并、差等正则布尔运算计算新的实体。

（1）模型几何元素定义

顶点：顶点具有基本的几何表示。

边（edge）：边是一种拓扑体，它对应于一维对象-曲线。它可以用来指定面的边界。例如，一个盒子有12条边，或者仅仅是悬空的边，即不属于任何面的边。属于面的边可以在两个或者更多的面之间共享。例如，印章模型中的边是面之间的连接线（或者可以只属于一个面），在印章模型中这种边属于边界边。

面：面是一种拓扑体，用于描述三维实体的边界部分。面是由底层的曲面及一个或者多个环来描述的。

其他拓扑类型［包括环（wire）、壳（shell）、体（solid）、复杂体（compound）］并不与几何属性直接相关。

环：包含边，是由有序、有向边（直线段或曲线段）组成的面的封闭边界。

壳：包含面，应该包含单个壳，壳中描述体的外边界。
体：包含壳，是由封闭表面围成的空间。
复杂体：可以包含任意类型。
上述几何元素关系如图8.15所示。

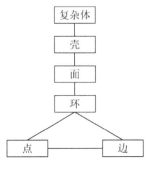

图 8.15　几何要素关系图

（2）数据储存结构

CSG 模型存储结构总共分为以下 8 个表：复杂体表、体素之间的计算关系表、体表、球体结构表、圆柱结构表、扫掠体结构表、拉伸体结构表、边类型表。

表结构与关系如图 8.16 所示。

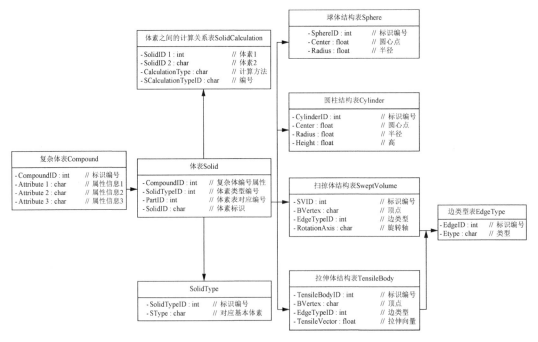

图 8.16　表结构与关系

1）复杂体表 Compound 包含一个标识编号 CompoundID 和一系列的属性信息。

2）体表 Solid 由复杂体编号属性 CompoundID、体素类型编号 SolidTypeID、具体的体素表（球体、圆柱、扫掠面体和拉伸体）中对应的编号 PartID 和该体素的标识 SolidID

组成。

3）SolidType 表描述基本体素的类型，如表 8.2 所示。

表 8.2 SolidType 表描述基本体素的类型

| SolidTypeID | SType |
| --- | --- |
| 1 | CyLinder |
| 2 | SweptVolume |
| 3 | Sphere |

4）圆柱结构表 Cylinder 表示圆柱的结构，用来存储所有的圆柱信息，包含标识编号 CylinderID、圆心点 Center、半径 Radius、高 Height。

5）扫掠体结构表 SweptVolume 表示扫掠体结构，用来存储所有的扫掠体结构，包含标识编号 SVID、顶点 BVertex、边类型 EdgeTypeID、旋转轴 RotationAxis。

6）拉伸体结构表 TensileBody 表示拉伸体结构，用来存储所有的拉伸体结构，包含标识编号 TensileBodyID、顶点 BVertex、边类型 EdgeTypeID、拉伸向量 TensileVector。

7）球体结构表 Sphere 表示球体结构，包含标识编号 SphereID、圆心点 Center、半径 Radius。

8）边类型表 EdgeType 表示边的类型，包含标识编号 EdgeID 和类型 EType，具体如表 8.3 所示。

表 8.3 EdgeType 描述边的类型

| EdgeID | EType |
| --- | --- |
| 1 | PolyLine |
| 2 | B-SPLine |

9）体素之间的计算关系表 SolidCalculation 表示体素之间的计算关系，由体素 1 SolidID1、体素 2 SolidID2、两个体素之间的计算方法 CalculationType 及该表的标识编号 SCalculationTypeID 组成。

7. 可视化

（1）可视化渲染流程

本系统选用 DirectX 11 作为三维引擎，充分运用 DirectX 11 的 GPU 的并行渲染、可编程通用计算技术进行渲染。基于 GPU 高速渲染管线的渲染流程如图 8.17 所示。

顶点着色器是一段执行在 GPU 上的针对模型顶点进行运算和处理的渲染程序，用来取代固定管线的顶点变换和光照计算等，完成顶点数据信息填充计算和顶点数据向统一的世界坐标空间、视图坐标空间与投影空间的转换。

DirectX 11 新添加了外壳着色器和域着色器的支持，它们与曲面细分器一起完成曲面细分建模功能。其中曲面细分器负责进行曲面细分建模，曲面细分器可以把一些大的无序的三维模型表面分成很多更小的图元，将小图元组合到一起，形成有序的几何模型，使几何模型更复杂，也更接近现实，从而既节省了原始模型的数据空间，又提高了模型表达的质量。

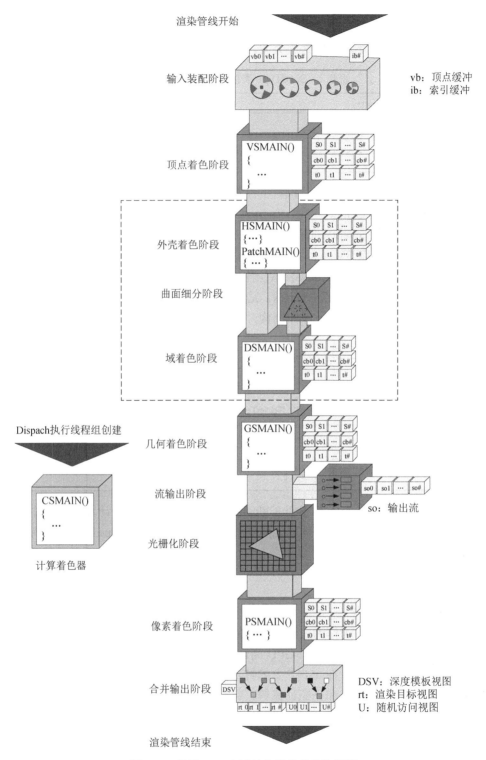

图 8.17 基于 GPU 高速渲染管线的渲染流程

（2）曲面细分技术

为生成高质量的图形，系统采用基于 CPU 可编程计算的曲面细分技术，将立方体曲面细分形成球面和圆柱，如图 8.18 所示。

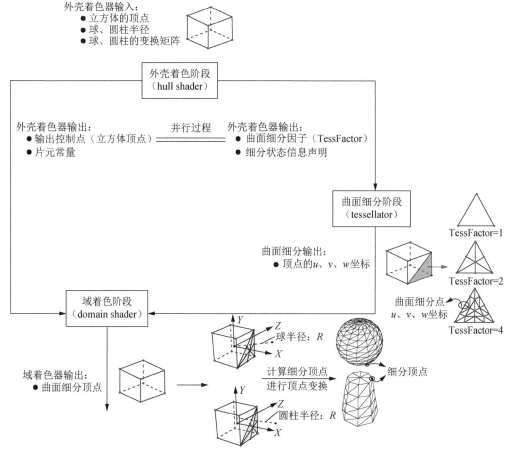

图 8.18　立方体曲面细分形成球面和圆柱

具体细分情况如下：

1）一个立方体由 6 个面构成，每个面的正方形绘制为两个三角形，共 12 个三角形，36 个顶点，创建顶点缓存（vertex buffer），将顶点数据绑定到渲染管线。

2）立方体进行曲面细分形成球时，立方体的中心为坐标原点，细分形成的球，球心为坐标原点；立方体进行曲面细分形成圆柱面时，以底面正方形中心为坐标原点，底面正方形中心与顶部正方形中心连线为 Y 轴正方向，也是细分形成的圆柱的轴线。在细分过程中需要球和圆柱的半径参数，细分完成后需要将细分形成的球、圆柱移动到目标位置，缩放、旋转形成目标球和圆柱，因此需要根据球、圆柱的半径和变换矩阵创建实例化缓存（instanced buffer），将半径和变换矩阵数据绑定到渲染管线。

3）曲面细分包括外壳着色阶段、曲面细分阶段、域着色阶段 3 个阶段。在外壳着色阶段，一方面将输入的顶点和用户定义的片元常量数据（包含曲面细分因子、球和圆柱的半径、球和圆柱的变换矩阵）输出给域着色器，另一方面将用户定义的曲面细分属性

（包括曲面细分因子，以及域属性、划分属性、拓扑属性等细分状态信息）传递给曲面细分阶段。

4）曲面细分阶段是一个固定渲染阶段，曲面细分阶段根据外壳着色器设置的细分状态信息和细分因子，将构成立方体的 12 个三角形划分成更多、更小的三角形，曲面细分器输出每个细分的三角形顶点的 $u$、$v$、$w$ 坐标供域着色器使用。

5）在域着色器中，根据外壳着色器输出的控制点和曲面细分器输出的 $u$、$v$、$w$ 坐标，进行插值计算，求得细分顶点的坐标。在立方体细分成球的域着色器中，需要对每个细分顶点进行变换，使顶点距离原点的距离为球的半径 $R$，顶点的方向为每个顶点法线方向；在立方体细分成圆柱的过程中，对每个细分顶点进行变换，使顶点距离轴线（$Y$ 轴）的距离为圆柱半径 $R$，顶点垂直轴线方向为每个顶点的法线方向。计算完成球、圆柱的顶点坐标和法线后，进行旋转、平移、缩放矩阵变换形成目标球和圆柱。

一个立方体通过曲面细分技术细分成球面或圆柱面，内存中只需要存储构成立方体的 12 个三角形的 36 个顶点，且整个细分过程在 GPU 上进行，不仅减轻了计算机 CPU 和内存的负担，也提高了渲染的速度。

## 8.4 软件界面设计

L&P3D V1.0 采用 VS2010 CLR 进行系统界面设计开发，快速开发了具有 Ribbon 风格的人机交互界面，界面友好，人机交互方便快捷。

### 8.4.1 总体界面

总体界面如图 8.19 所示，系统包括菜单栏（数据库、数据交换、数据处理、影像管理、三维重构、量测与分析、显示、钢结构点云、移动测量、工程应用）、工具栏（单击菜单后工具栏显示不同的工具按钮）、状态栏（交互操作提示信息），界面左侧图为数据导航（原始点云、成果点云、属性信息、参数设置及索引），中间为三维图形显示区，右侧为交互快捷工具条。

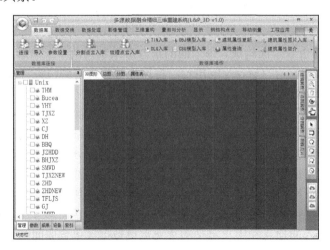

图 8.19　总体界面

## 8.4.2 核心功能

**1. 数据库管理**

L&P3D V1.0 系统提供了海量点云的数据库管理功能，包括数据库连接、各种数据（分割点云、纹理点云、TIN 模型、DLG 线画图、OBJ 模型及属性）入库及属性查询，如图 8.20 所示，空间与属性信息联动查询。

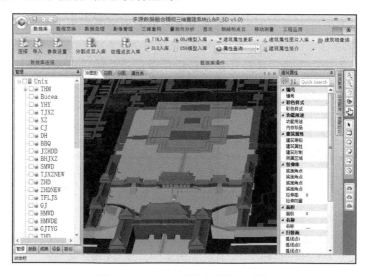

图 8.20　空间与属性信息联动查询

数据管理还包括影像管理，它主要完成纹理数字图像的数据管理，包括概略图及局部详细图，并建立索引以方便查询，如图 8.21 所示。

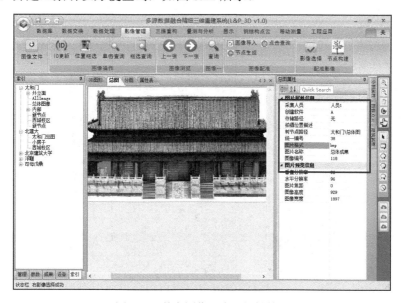

图 8.21　数字图像入库及属性管理

## 2. 数据预处理

由于通过扫描获取的点云数据具有冗余量大、存在误差及规则性弱等特点,直接处理原始点云将会耗费大量的时间和资源,因此一般要进行点云数据的预处理工作,其中包括点云精简,如图 8.22 所示。

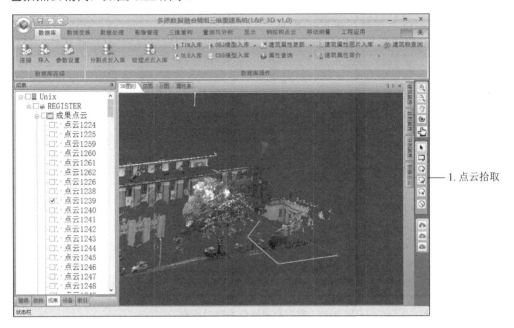

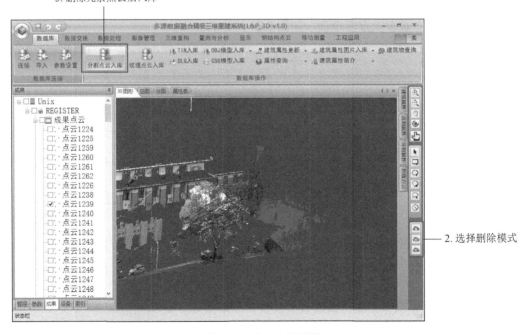

图 8.22　点云去冗精简

## 3. 点云配准

多站点云按照前面点云配准算法,通过寻找站间重叠区及同名特征点,自动实现逐站配准,如图 8.23 所示。

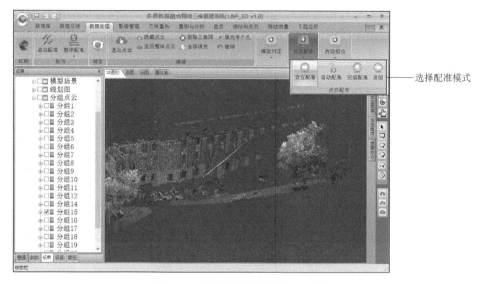

图 8.23 基于点统计特征自动配准

## 4. 三维几何重建

1)TIN:大规模离散点云按照 Delaunay 构网规则,采用分治三角形剖分法则,快速构建三角形面片,得到整体点云的 TIN 模型,如图 8.24 所示。

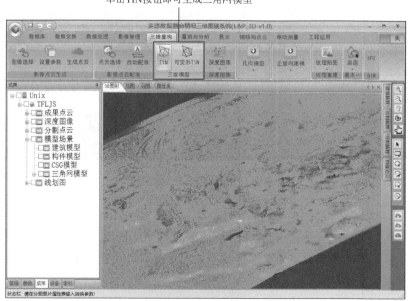

图 8.24 TIN 重建

2）CSG_Brep 模型：按照 CSG_Brep 建模理论与方法建立如图 8.25 所示的大木结构的门柱三维模型，包括上部分的圆柱、中间部分的旋转体、下部分的六面体。其过程如下：

首先建立下部分的六面体 BOX 模型，主要思路是，在默认的局部坐标系之下，利用点定义六面体底面 4 个几何角点的几何三维坐标，再由 4 个几何角点两两相连构成拓扑边，拓扑边再生成拓扑线框，最后把拓扑线框生成拓扑面。最终对生成的拓扑面进行拉伸，得到六面体。其次，对六面体和圆柱做布尔运算，构成一个整体 CSG_Brep 三维模型。

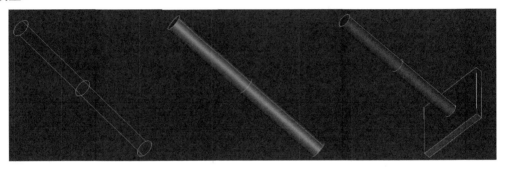

图 8.25　大木结构的 CSG_Brep 模型

5. 纹理重建

纹理重建过程是实现真实三维模型的关键环节，还原真实的三维实物还需要采用纹理映射技术对三维几何模型添加真实的色彩。纹理映射就是模拟实物表面纹理细节，用图像来代替物体模型中的细节，提高模拟逼真度，以区别形态相同而实际不同的物体。按照纹理重建原理与方法构建后的后母戊鼎的高精纹理贴图如图 8.26 所示。

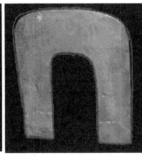

图 8.26　后母戊鼎高精纹理重建

6. 交互可视化平台

交互可视化平台实现了基于 GPU 加速的点云和 TIN 模型、具有 CSG 体素曲面细分的 CSG_Brep 模型的渲染、点云和网格模型的交互拾取等功能，满足了大规模数据的快速渲染绘制，如图 8.27 所示。

第 8 章 激光雷达与摄影测量三维重建软件

图 8.27 大规模数据场景的 GPU 绘制

7. 数据编辑

数据编辑中提供了针对三角网的删除、填充操作。当由于数据质量问题构建的三角形不合理时，可以通过删除操作去掉不合理的三角形，如图 8.28 所示。

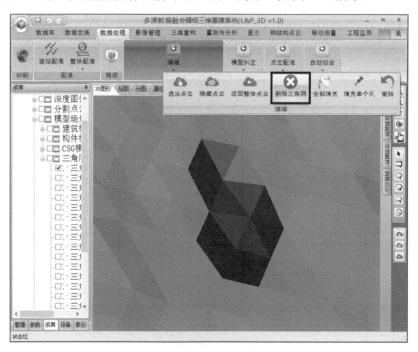

图 8.28 删除编辑操作

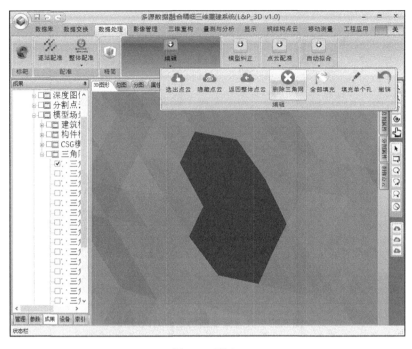

图 8.28（续）

出现空洞时，可以通过交互填充缺失的三角形。图 8.29 所示为空洞填充。

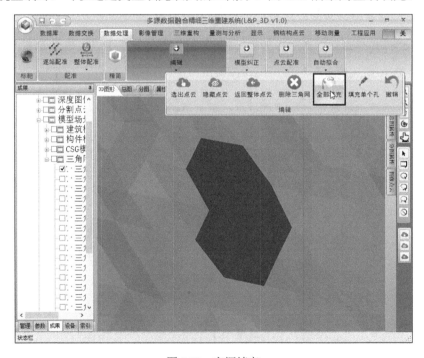

图 8.29　空洞填充

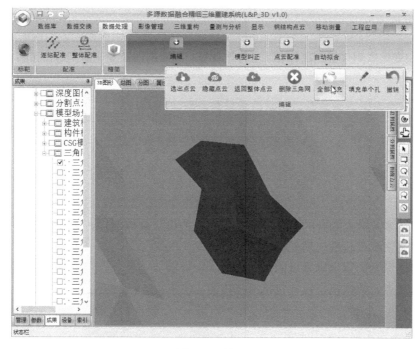

图 8.29（续）

8. 影像管理

影像管理主要完成纹理数字图像的数据管理，包括概略图及局部详细图，并建立索引以方便查询，如图 8.30 所示。

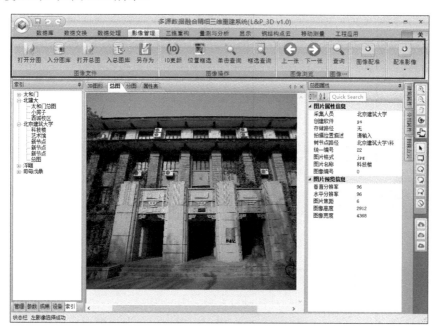

图 8.30　影像管理

9. 量测与变化监测

量测与变化监测包括距离计算、土方量计算、剖面剖切及变化监测等，如图 8.31 所示。

图 8.31　量测与变化监测工具栏

## 思　考　题

1. 简述多源数据融合的精细三维重建系统的设计总体架构。
2. 简述三维重建系统功能模块的组成。
3. 简述深度图像坐标系统的组成。
4. 简述点云数据模型设计包括哪些内容。

# 第9章 工程应用

激光雷达与三维重建技术目前在工业测量、三维城市建模、影视模拟制作等诸多领域都得到了广泛应用，在现代建筑施工监测及古建文化遗产保护领域应用尤其多，本章在这两方面给出几个实际的工程应用。

在现代建筑施工监测方面，本章给出了国家体育场与天津西站站房工程两个典型案例；在古建文化遗产保护方面，本章则给出了故宫博物院古建筑及后母戊鼎精细测量与三维重建的案例。本章重点通过实际工程案例的学习，了解实际工程中运用三维重建的一般流程、方法及常见成果，学习针对各种不同案例的特点解决三维测量与重建的方法。

## 9.1 国家体育场安装数字化测量与三维建模

国家体育场鸟巢工程是 2008 年奥运会的主体育场，外形设计独特，主体 25.8 万 $m^2$，建筑高度达 69m（从地表起），整体由巨大的钢架结构焊接而成，钢结构质量达 45000t，这些钢结构本身形状复杂，基本都是在地面逐块安装完毕后在高空拼接而成，需要精确的检测和测量控制手段才能保证鸟巢结构严格按照设计焊接而成。图 9.1 是部分钢结构的焊接安装现场。

图 9.1 鸟巢部分钢结构的焊接安装现场

用传统的测量手段检测钢结构焊接质量主要通过全站仪观测一部分钢结构特征部位，通过特征数据的比较检验钢件的焊接质量，工作量大，而且现场遮挡严重，一些设计的结构点，如钢件的角点，实际上并不存在也无法观测。用激光雷达方法对局部钢结构做质量检测，能保证快速和准确地检测其焊接质量。

### 9.1.1 现场扫描

用激光雷达对局部钢结构做质量检测,采用 Leica 公司的 HDS3000 扫描仪,其有效距离达 300m。实际钢结构空间跨度在 20m 左右,设计站点与目标的最远距离一般在 60m 以内,符合仪器扫描的距离。

因此在实地测量中,首先根据钢架结构和实地情况设立好扫描站点,对需要测量的特征部分做精细扫描(图 9.2)。为保证距离影像整体配准的精度,还需要在目标及其周围布设一定数量的标靶。站点布设遵循下面的原则:

1)通视,能够现场采集需要检测的数据,主要是所有的钢架端口。
2)站点数量既要能保证采集到所有需要检测的端口,又要尽量少。
3)设置合理的标靶控制点,保证控制边长度及几何控制网形状优化。

图 9.2 现场扫描

设置扫描密度一般要遵循数据利用与扫描效率兼顾的原则,根据经验设置 30m 处点间距为 7mm 就可以满足需要,实际扫描中一般 3 个人 2h 左右就可以完成扫描。

扫描完毕后把各站的数据连接起来,用标靶和基本的控制点条件及提取的几何条件构成整体的数据后,激光雷达数据采集完毕。激光雷达数据本身都是隐性的,直接通过数据采集的特征点精度比较低,但是数据成模精度很高(如 Leica 公司的 HDS3000 影像数据的成模精度为 ±2mm),因此一般通过几何特征提取求解对应的特征点。

### 9.1.2 钢结构安装

#### 1. 特征提取

钢架的主要特征为口部几何特征,槽钢的 4 个角坐标及其边界棱角的中点坐标具有设计坐标。我们在空间数据影像中单独提取目标的特征部位,几何目标提取主要是指角点。根据扫描的端口方向不同,每个端口的数据方向不同,需要采用不同的方法。

为了提取顶点的坐标,需要将端口的棱线提取出来,将棱线的交点作为端口的顶点。

棱线的提取可以采用直接提取边缘点拟合或者平面相交的办法。

钢结构的接口部分一般数据点多，设计的构件定点理论上在端口的平面上。首先采集数据首先拟合出端口面。钢结构的整体一般不规则，但是端口的局部基本都是长方体，侧面比较平整，所以可以将侧面局部的点提取后拟合为平面，通过平面相交可以求解部分棱线。然后得到如图 9.3 所示的 4 条线，求解直线的交点即为端口的 4 个设计角点。在拟合平面时，选择点集中会不可避免地存在一些噪声点，一般将几何体的拟合误差限定在 ±2mm 内。

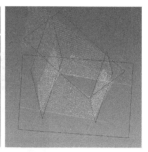

图 9.3 钢结构对接扫描及特征提取

2. 对比分析

通过局部坐标系的特征只能检测目标端口之间的相对位置，要检测具体的偏差，必须将采集的特征坐标和构件的设计坐标转换到同一基准坐标系下。

项目中采用的坐标系为基准坐标系，将整体提取的特征点和设计同名特征点在考虑参与配准点位的空间分布均匀基础上做对应的误差最小二乘匹配，这样得到的目标点就和设计坐标统一起来了。

在变换的坐标系中可以将提取的特征坐标和已有的设计坐标做比较（王晏民等，2013b）。图 9.4 为构件 S3 的端口误差分布图。

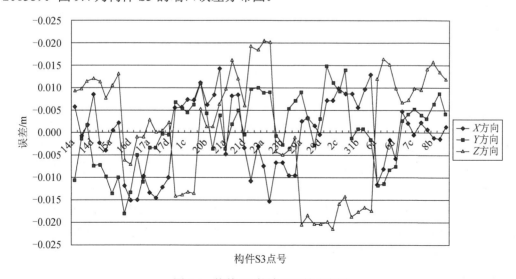

图 9.4 构件 S3 的端口误差分布图

从端口的比较数据可以看出，大部分的端口误差在 20mm 内，而且端口定点的正负偏差基本均衡，钢架焊接的误差在预定误差之内。

### 9.1.3 次结构监测

钢结构主结构安装完成，卸载支撑结构前要对钢结构屋顶结构［包括桁架柱内柱下弦杆（含）以上部分］进行全面的整体测量，分区块提供屋顶结构的实物数据，并给出与设计理论值的偏差，还需要在 GPS 控制网的基础上对整体钢架结构进行扫描测量。

鸟巢钢架建筑的特点是内侧钢件多为长方体，易于通过边界点相交来提取设计特征点（图 9.5）。

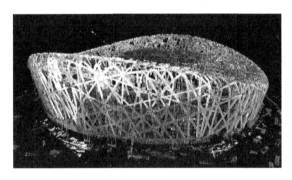

图 9.5　钢结构整体点云

首先在扫描的激光数据中分割出相关拐点的 3 个平面点云，然后拟合成 3 个相交平面，如图 9.6 所示，这样就可以计算得到设计点的测量值，交点即是 3 条棱线的交点。

 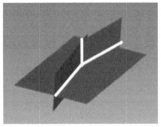 

图 9.6　平面相交

卸载支撑结构后重新在控制网基础上对鸟巢进行一次整体扫描，在实际中，随着施工的进行，由于鸟巢钢架及其外围悬挂护栏遮挡，原来能够观测到的相对应的端口比较少，不能进行有效的前后数据对比分析，因此要对两个时间段扫描的点云特征进行综合对比分析，最后对钢架次结构进行整体对比分析，以检测卸载支撑结构前后鸟巢钢架结构的变化。

图 9.7（a）是其中部分次结构点云图，对整个次结构各个拐角处拟合出 4 个点，拟合方法与牛腿肩部的次结构端口坐标方法相同。将前后两次数据的同一位置次结构数据点用相同方法提取出来后就可以做相应的对比分析。图 9.7（b）（c）显示了对比的位置及某节点结果。

 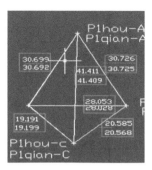 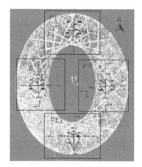

（a）次结构点云　　　　　　（b）结果对比　　　　　　（c）次结构位置

图9.7　次结构点云及其端口特征点

### 9.1.4　三维仿真模型构建

国家体育场的三维模型能够直观地反映出体育场宏伟的真实外观。同时，由于三维激光扫描具有精确的优点，又能够准确细致地表现出钢结构牛腿部分钢架的扭曲程度，并且可以在模型上进行直接量测，简单精确地测出钢结构上每一点的三维空间坐标，因此构建体育场的三维模型是钢结构安装数字测量必不可少的一部分。

根据实际采集数据分析，可以将钢架结构整体分为以下3种类型。

1）规则长方体。规则长方体主要是指钢架上下弦支撑结构部分，可以通过简单的集合体来直接拟合确定。

2）不规则平面结构。这部分结构主要是钢架连接部分，可以采用多个不规则平面片来构成其表面模型。

3）曲面结构。曲面结构主要呈扫掠面结构，可以通过NUBRS曲面来进行精确拟合表达。

我们将这部分模型主要分为上弦杆和下弦杆部分、上弦杆与下弦杆之间的支撑钢架部分和外侧弯曲钢架部分3个部分。

#### 1. 上弦杆和下弦杆模型的构建

上弦杆和下弦杆部分的初步模型为规则长方体，实际中因为扫描角度有限，所以不能获取关于构件的全部点云数据，往往通过分割出构件两面到三面点云，用长方体模型来模拟生成如图9.8所示的结构。下弦杆模型的做法和上弦杆模型的做法一样。

图9.8　上弦杆和下弦杆模型

## 2. 上弦杆与下弦杆之间的支撑钢架模型的构建

上弦杆与下弦杆之间的支撑钢架部分属于不规则平面模型,在实际模型中由 11 个平面构成,需要有 14 个边界控制点,再由这些控制点连接成边界线,由边界线生成 11 个曲面组成中间连接部分的模型,将连接部分模型与钢架支撑部分结合构成的支撑钢架模型如图 9.9 所示。

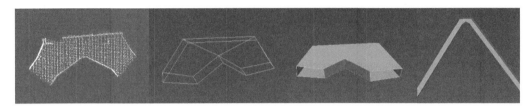

图 9.9 上弦杆与下弦杆之间的支撑钢架模型

## 3. 外侧弯曲钢架模型的构建

外侧弯曲钢架部分采用提取 4 条边界曲线的方法生成一根钢架的几个或几段表面。对于数据不全的部分,采用扫掠面的方法,只要提取出一段边界线作为扫掠轨迹,加上一条母线,即可经扫掠生成一个扫掠面,外侧弯曲部分钢架模型制作的过程如图 9.10 所示。

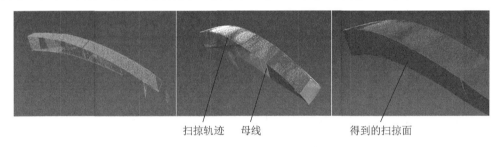

图 9.10 外侧弯曲部分钢架模型

将所有的模型整合到一起,采用线框模型显示就可以得到如图 9.11 所示的钢架模型。

图 9.11 鸟巢钢架整体线框模型

整体模型是对鸟巢钢架表面进行的精确表达，可以真实地反映并保存鸟巢钢架构建完成的现状。

## 9.2 天津西站站房工程三维建模

### 9.2.1 项目概况

天津西站站房工程（图9.12）是亚洲最大的铁路站房工程，是新建京沪高速铁路的重要节点工程。站房总建筑面积为22.9万$m^2$，屋架为大跨度箱形联方网壳钢结构，东西跨度114m，总长394.063m，总高度47m，结构总质量超过1800t。屋盖沿跨度方向分为两侧的拱脚散拼段和中间提升段3部分，提升段沿屋面长度方向又分为3段。提升段采用整体卧式在10m高架层楼板上进行拼装，然后用液压千斤顶群同步控制整体提升，最终完成屋面结构合拢的施工方法。

图9.12 天津西站站房工程现场

为保证站房屋顶对接质量和对接后卸载前后的整体变形，本节主要测量内容分为以下两个部分。

1）对天津西站站房屋盖中间提升段提升前特征点进行激光扫描测量。首先，根据现场情况布设控制点进行高精度控制测量，为激光雷达数据提供测量控制网。其次，根据现场情况、需量测的提升段端口及对接处端口进行激光雷达扫描。最后，通过数据处理，应用相应的软件提取各对接端口点的坐标。应用此时量测的特征点坐标与设计坐标对比，对对接前情况进行质量检测。

2）对对接后卸载前和卸载后的网壳节点进行激光扫描测量。应用卸载前后的坐标对比，进行整体的变形监测。

### 9.2.2 控制测量

1. 控制网布设

天津西站为大跨度钢结构整体吊装对接结构，采用的CAD技术具有跨度大、精度高、使用三维坐标系统等特点。为了保证钢架整体结构的施工质量，需要对施工过程中各个环节进行几何尺寸和空间位置的精确测量；为了将实测几何尺寸和空间位置与设计参数进行比较，需要将实测坐标纳入三维建筑设计坐标系。结合天津西站钢架对接的工程实际情况和三维扫描的特点,采用 Leica TDA5005 三坐标工业测量系统布设三维控制网。控制点均匀覆盖天津西站施工北区、中区和南区所构成的整个测区,并布设用于和施工坐标进行坐标转换的公共点 6 个,实现三维控制网和施工坐标系坐标对接。

在图 9.13 中,W1、W2 为施工控制点,为三维控制网提供起算坐标和起算方位角;P1~P4 是利用工业全站仪从施工控制点引出的 4 个控制点,作为三维网的起算点;T1~T7 为三维网控制点;S1~S4 为仪器安置点,每一测站均后视 4 个已知点,前视 2 个待定点,由 S1~S4 构成闭合线路。

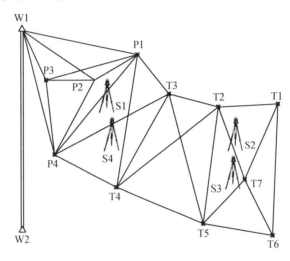

图 9.13 控制网布设示意图

2. 激光扫描与控制联测

控制点坐标为靶球三维坐标,控制点布设采用测区整体控制、均匀分布的方法,同时考虑测量坐标系整体向施工坐标系转换所需布控的公共转换点。为三维激光扫描布设的精密控制点的主要作用为:一是模型连接,二是坐标转换。常用的控制点标识为仪器厂商提供的各种标靶(标牌),如图 9.14 所示。

(a)控制标靶　　　　　　(b)设计球标　　　　　　(c)普通球标

图 9.14 部分连接标识

采用球状标识不仅可以提高工作效率,而且精度也可保证。问题是球状标识的球心坐标测量很难保证精度,为此设计者设计并制作了一种专用标识,有效地解决了这一问题。专用标识设计要求棱镜相位中心与球状标识几何中心严格重合,加工制作精度要求确保二心严格重合，经试验验收，精度满足设计要求，在天津西站项目中广泛应用，效果很好。

### 9.2.3 数据获取

由于扫描要求时间短，任务量大，本章采用近程和远程扫描仪配合控制测量进行的一体化扫描方案来完成。在进行整体控制测量的基础上，结合远近扫描仪器优点，综合现场情况采用以下两种扫描策略。

1）上面端口：在整体控制网基础上，采用远程扫描仪 ScanStation2 扫描（图 9.15）。

图 9.15　ScanStation2 扫描现场

2）下面端口：在控制网基础上，采用近程扫描仪 HDS6000 完成三维激光扫描工作（图 9.16）。

图 9.16　HDS6000 扫描现场

扫描密度设置一般要遵循数据精度与扫描效率兼顾的原则，根据经验设置 60m 处点间距为 7mm 就可以满足需要。现场钢梁纵横交错，使扫描设站有很大的难度，所以事先对扫描站点进行了现场踏勘和图上设计，扫描设站点分布如图 9.17 所示。

图 9.17 扫描站点设计

图 9.18 为现场扫描点云数据配准结果。

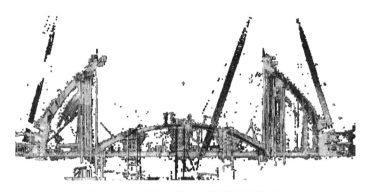

图 9.18 现场扫描点云数据配准结果

### 9.2.4 特征提取

确定端口的三维坐标是质量检测的主要目的。由于扫描距离和扫描场景的复杂性，端口扫描点的精度较低，有时会造成数据缺失。但是端口面和其外围 4 个面的点云数据相对比较健全，所以用端口面和其外围 4 个面的点云拟合成平面，通过平面相交提取端口点的三维信息，可以得到高精度、完整的端口坐标（赵有山等，2014）。

钢结构端口点云角点经拟合提取后，就要将得到的角点坐标提取出来（图 9.19），以供调节人员对端口的位置进行调节。由于整个钢结构是个整体的刚性构件，如果一个端口出现问题，就会导致整个吊装失败，所以整个过程要求定位精度限制在毫米级。

图 9.19 端口坐标提取

## 9.2.5 成果分析

**1. 端口对接分析**

将提取特征点返回点云模型上,在点云模型中也可直观地看到上下端口之间的差异,概略检核点提取的效果,最后通过提取的端口点,对同名点做互差分析,通过获取的各端口角点坐标分析上下各端口东西向和南北向的变化情况,如图9.20所示。

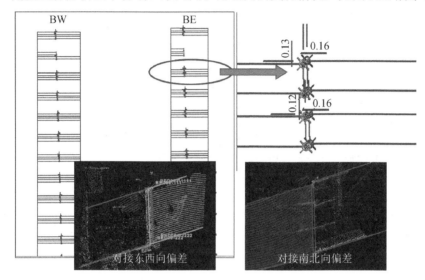

图 9.20　上下各端口变化情况分析

图9.21以时序图的方式来表达接口对接测量结果,除去突变因素,其上下对准误差最大为65mm,焊接端口一般要求的对接误差为40mm,其余端口的变动规律均匀。将超限的端口根据测量结果进行相应的调整完成安装。

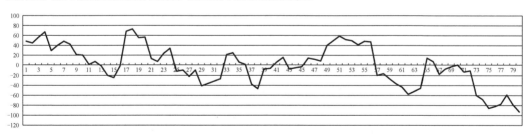

图 9.21　东侧 5-24 角点接口对接测量结果

**2. 弦长对比分析**

为了监测支撑结构卸载后网壳结构的具体变形状况,需要进一步对节点相对变化情况进行分析,本节取其中间三排网壳节点东西及南北轴向相对长度做变化分析,如图9.22所示。

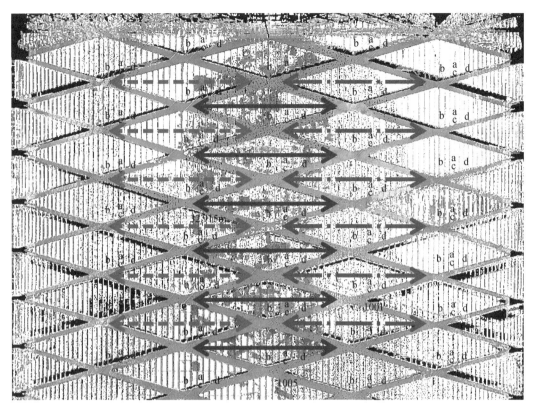

图 9.22 弦长分布位置示意图

通过对上述 3 列弦长的对比，得到对比结果，对能够观测采集的弦长数据得到如图 9.23 所示的变化分析规律，在东西向上最大偏差约为 7cm，偏差在 ±4cm 以内，可见局部网壳有微小变动。

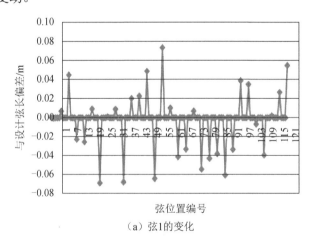

（a）弦1的变化

图 9.23 弦长变化分析

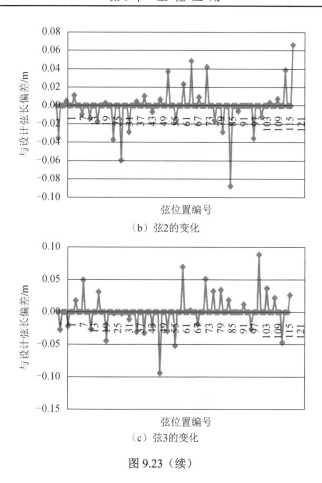

(b) 弦2的变化

(c) 弦3的变化

图 9.23（续）

图 9.24 显示了南北向网壳轴线的计算图示，通过与平均轴向长度对比，得到 5 个轴向变化，除了西 2 轴向最大有一个接近 10cm 的偏差网壳节点外，其余南北轴向变化基本在 ±4cm 以内，与东西轴向变化规律类似。

图 9.24 南北向网壳轴线示意图

### 3. 整体节点变形监测

通过整体分析可以直接查看节点的变化概略情况，确定各个节点的变化概略情况，这样可以有针对性地对节点进行分析。

支撑结构卸载前后点云叠加结果如图 9.25 所示。

图 9.25　支撑结构卸载前后点云叠加结果

由于监测点云密度有限，一般将卸载支撑前的点云构建 TIN 模型，通过计算两期点云到模型的变化情况来反映整体的监测变形。图 9.26 所示为北区支撑结构卸载前后整体变形分析。

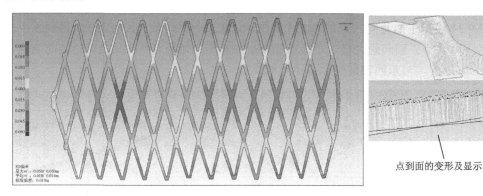

图 9.26　北区整体变形分析

图 9.26 显示了北区支撑结构卸载前后变形分析概况，可见支撑结构卸载后拱形整体下沉，最大部位在拱形中间位置，最大值在 16~20cm。

北区整体变形分析

为了反映整体变形状况，项目选择中间 3 排网格分 13 段进行剖切，分析相关节点的变形值，具体剖切位置如图 9.27 所示，将切割的单个部分按照多点投影取均值的方法表示该点的沉降值，最后得到整体变形状况的具体值。

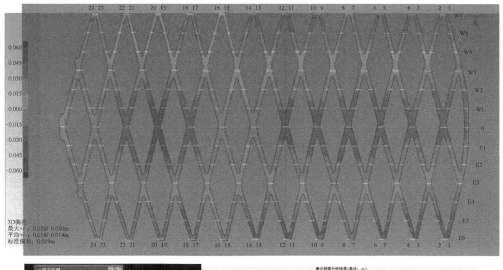

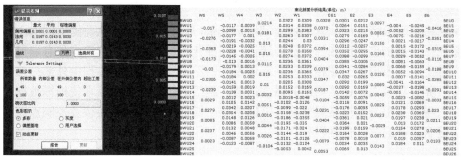

图 9.27 变形监测多点剖切分析

变形监测多点剖切分析

## 9.3 故宫古建筑三维重建

### 9.3.1 项目背景

北京故宫集中反映了中国传统礼制思想，其建筑布局、形式、装饰等无不体现出中国所特有的建筑特色，它不仅是中国建筑历史和东方艺术史的典型例证，也是研究我国政治经济、社会历史、哲学思想的文化宝库。故宫自 2002 年以来就一直不断进行修缮工作，大修以保存历史真实性和完整性为原则，对文物建筑中的木质损坏、琉璃彩画脱落腐蚀及栏杆风化等进行修复，同时增加了一些新的开放区。在维修之前，为了保证建筑文物的历史真实性并为维修方案提供参考，故宫博物院联合北京建筑工程学院（现更名北京建筑大学）针对故宫太和门（图 9.28）、太和殿、寿康宫、神武门、慈宁宫等重要建筑物及其构件进行完全尊重实物的三维数字化测量与建模，用于重建建筑物的数字化档案，这些档案包括彩色数字正射影像图，大木结构 NURBS 模型，整体点云模型，三角网模型，彩色三角网仿真模型，传统的平、立、剖面图等，在深度和广度上为下一步修复与保护工作提供准确的第一手资料，即使发生地震、战争等破坏活动也能完成文物修复、文物重建等工作，并且对将来的古建筑理论研究提供重要依据。

图 9.28　故宫太和门

故宫古建筑的特点：故宫的古建筑结构复杂，包含复杂的斗拱及密集的大木梁架结构，殿内摆设器物也会造成部分数据遮挡，扫描死角较多；单体建筑内外有墙壁分隔，建筑内部上下一般也由天花相隔，获取难度大，不易连接；扫描过程中外部扫描干扰因素诸多，如参观游人、建筑周围的树木植被、施工遮挡等，这些因素使扫描数据会有噪声及缺失现象；部分建筑格局紧凑，空间狭窄，增加了站点之间连接及控制点布设，部分高大建筑顶部的数据也难以获取。

### 9.3.2　建筑控制测量

建立故宫精密三维控制网是三维激光扫描技术应用的一个重要环节，其目的是为五大处古建筑建立一个基准框架，其主要用途是：①作为建筑物三维立体模型坐标归化的基准；②用于建筑物保护修复的定位；③作为以后建筑物形变监测的基准。

由于故宫为文物保护区，古建筑分布密集，游人干扰大，通视条件差，仪器安置及点位标识不能影响文物保护等，因此，该网在点位精度、点位密度、点位分布及标识埋设等方面都进行了综合考虑。

1. 整体控制

整体控制采用的标准如下：

（1）技术依据

1)《全球定位系统（GPS）测量规范》（GB/T 18314—2009）。

2)《城市测量规范》（CJJ/T 8—2011）。

3)《国家一、二等水准测量规范》（GB 12897—2006）。

（2）坐标基准

1) 1980 年西安坐标系、北京城市坐标系。

2) 1985 年国家高程基准。

3) 故宫独立坐标系和独立高程系。

测量时保证每栋建筑能够至少有两个可通视控制点进行控制测量引入即可，沿主要中轴线建筑及需要联测的寿康宫、慈宁宫、乾隆花园、西六宫等依次布设首级 GPS 控制网（图 9.29）。

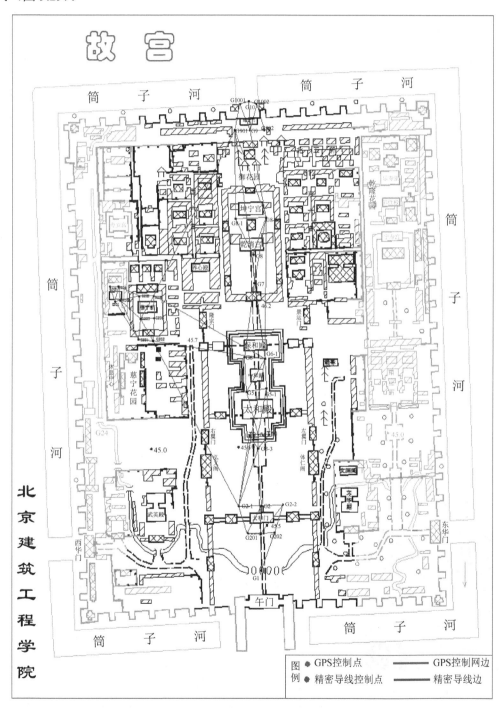

图 9.29 故宫整体控制

## 2. 天花与地面联系测量

天花与地面阻隔，天花内控制起算数据需要从大殿内的地面控制传递上去，需要进行坐标及高程联系测量。

由于大殿内气流稳定，采用垂球传递坐标是可行的。如图 9.30 所示，在天花顶上两端适当的位置选择两个天花格并拆除天花板。同时在两端安置全站仪，作为天花顶控制起算基线 $Q'_{13}$、$Q'_{14}$，利用垂球将仪器中心投至地面，待垂球稳定后在地面金砖上作 $Q'_{13}$、$Q'_{14}$ 标记。

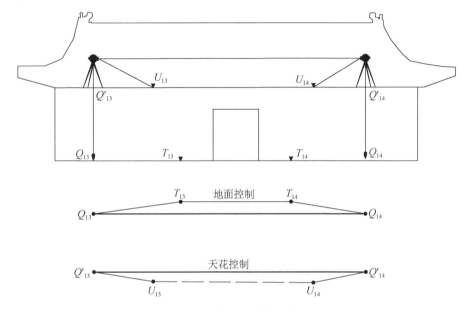

图 9.30 太和殿联系测量图

在大殿内地面上布设包含 $Q_{13}$、$Q_{14}$ 的二级导线，观测并解求点 $Q_{13}$、$Q_{14}$ 的坐标，作为天花顶内控制的起算数据。平差后大殿内二级导线相对闭合差为 1/16700，满足二级 EDM 导线 1∶10000 的精度要求。

图 9.31 天花上下的衔接点图

为了进行坐标传递检核，在坐标传递时，对天花顶两点间的水平距离进行了检核。利用钢尺进行高程传递，将地面高程传递至天花顶，作为天花顶内的高程起算依据。传递时地面与天花同时变化仪器高，重复观测 3 次，最大差值为 ±2mm。

## 3. 上下联系测量

球标或者平面标靶联系测量是常用的联系测量方法，将需要的球标安装在天花上，这样上下都可以扫描到，具体如图 9.31 所示，球标拟合的误差一般在 2mm，可以满足坐标转换需求。

## 9.3.3 数据获取——扫描方案设计

### 1. 扫描数据获取

依据故宫建筑特点,将扫描部分分为室内与室外两部分,其中室外部分主要扫描室外的门窗及屋顶外围部分,扫描距离一般在 100m 左右,适合用远程扫描仪,图 9.32 显示了太和殿外围站点布设情况;室内部分则又分为天花以下及天花以上梁架部分,最远扫描距离为 50m 左右,适合用中短距离扫描仪。根据故宫实际测量精度及数据重叠等需求,在实际扫描中采用了 Leica HDS3000、HDS4500 两种扫描仪,扫描平均密度为 5mm,扫描仪的精度为 3mm。

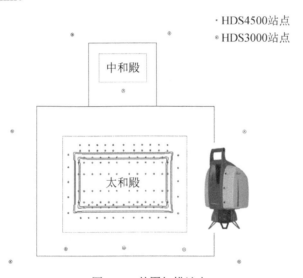

图 9.32 外围扫描站点

在太和殿用 HDS3000 扫描仪共扫描了 15 站原始点云数据,使用中短程扫描仪共扫描了约 200 站原始点云数据,其中外围扫描站点分布如图 9.33(a)所示,内部的扫描站点分布如图 9.33(b)所示。

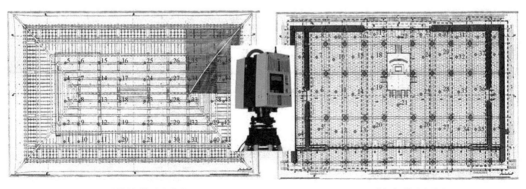

(a)外围扫描站点分布　　　　　　　　(b)内部扫描站点分布

图 9.33 外围及内部扫描站点分布

2. 影像数据获取

影像数据考虑数据拍摄的分辨率、照相机幅面等问题，为了获得一定比例尺下的正射影像，需按照这个比例尺预先计算出单张数码照片的分辨率，而单张数码照片的分辨率不仅与正射影像的比例尺有关，而且与古建筑物立面的划分方式有关，所以在进行实地拍摄之前要对所要拍摄的建筑物立面做一个整体的划分。以保和殿南立面为例（图9.34），拍摄距离为3m，拍摄的分辨率为1mm，图幅为5m×3m，最下面一行拍摄了8张照片，最上面一行拍摄了6张照片。

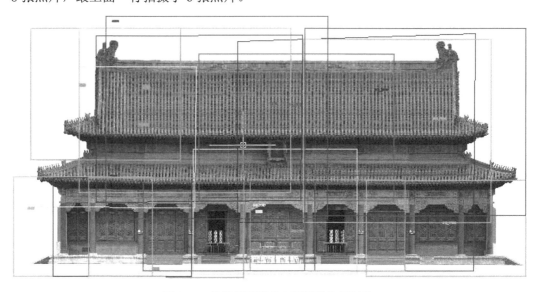

图 9.34 故宫保和殿南立面影像拍摄划分

除了考虑平、立面的拍摄方式外，还需考虑景深对正射影像某一位置分辨率的影响。例如，建筑物的瓦片部分景深为10m，也即瓦片最上部和最下部相距10m，用一张照片拍摄，映射到三角网模型上时瓦片最上部和最下部像素的差别较大，为了解决此类问题，保证整张正射影像分辨率的统一性，可对景深差异较大的位置分多区拍摄替代原有影像。

### 9.3.4 数据处理及成果分析

故宫博物院数字化成果包含点云模型、三角网模型、线画图及正射影像图等多种成果。

1. 三角网模型

三角网模型依据点云的密度不同及平滑度不同可以构建高密度及低密度三角网或者是平滑与非平滑三角网，一般来说，密度越高，平滑度越低，三角网精度越高。由于三角网数据量大，构建时间长，所以一般是通过原始点云将三角网分割为数据量较小的块，然后由分块处理的。图9.35为局部三角网模型。

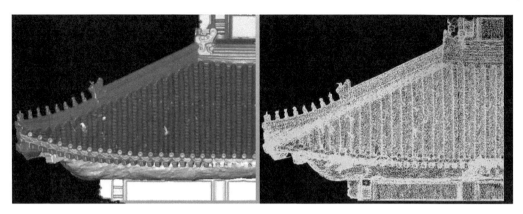

图 9.35　局部三角网模型

图 9.36 为多块三角网模型拼合成的整体三角网模型。

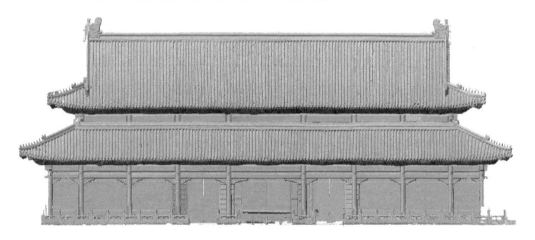

图 9.36　整体三角网模型

2. 线画图

一般线画图是点云模型、三角网模型及 NURBS 模型通过剖切与整饰生成的,生成的技术路线如图 9.37 所示。

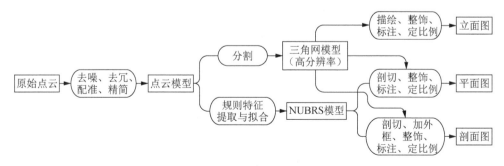

图 9.37　生成古建筑测绘工程图技术路线

主要线画图类型及说明如下。

（1）剖面分布图

剖面一般都是沿着柱子轴线剖切生成的，因此其分布图是通过剖切支撑柱的三角网模型得到其空间位置，然后根据一定命名规则将剖面分布绘于图上得到的。图9.38为太和门剖面位置分布图。

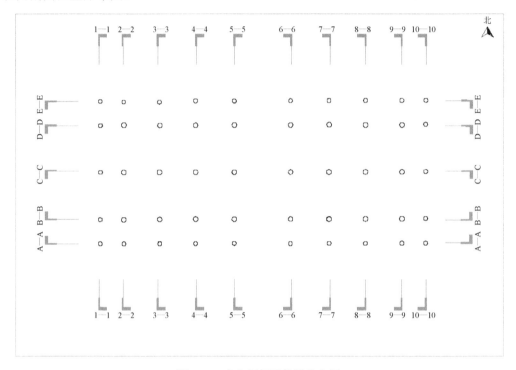

图9.38　太和门剖面位置分布图

（2）支撑结构分析图

对各殿大木结构做剖面图，主要是为了对柱子进行变形分析。做剖面图主要对柱头和柱脚进行剖切。首先对每根柱子的柱头、柱脚进行剖切，得到的切割成果如图9.39所示。

图9.39　柱子的柱脚剖切

然后将两个圆心连接以后得到空间轴线，对圆柱的轴线在平面的走向做出标注即可，最后得到的倾斜分析结果如图9.40所示。

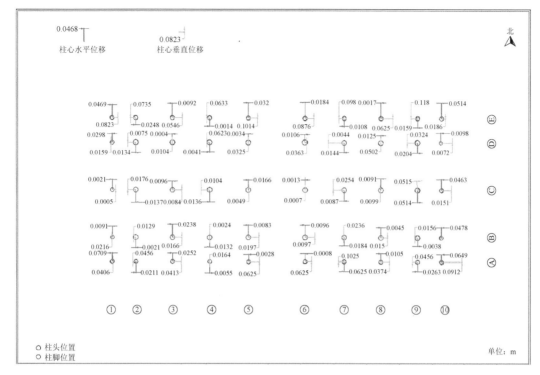

图 9.40 支撑结构偏移分析

（3）大木结构模型

太和门曲面模型由天花以上与天花以下两部分构成，天花以下的地面部分包含房屋 11 间，主要为支撑柱及底部梁架；天花以上共 9 间，中部包含藻井，结构比较复杂，主要构件包含梁柱、檩子、支撑结构等。将全部构件拟合完毕合并得到的模型如图 9.41 所示。

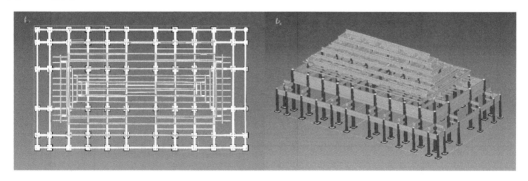

图 9.41 太和殿大木结构模型图

图 9.42～图 9.44 分别为太和门平面图、太和殿南北向剖面图、太和殿南立面结构图。
线画图主要通过剖切以上几类三维模型得到主要线画图框架，缺失的部分数据通过直接量测和拟合的方法补充完整即可。

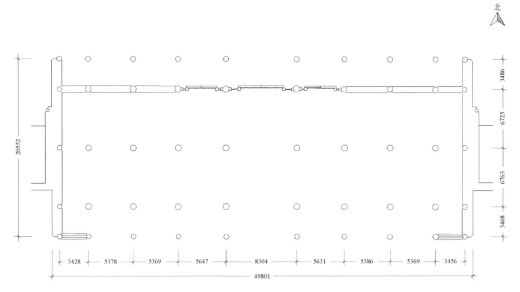

图 9.42　太和门平面图

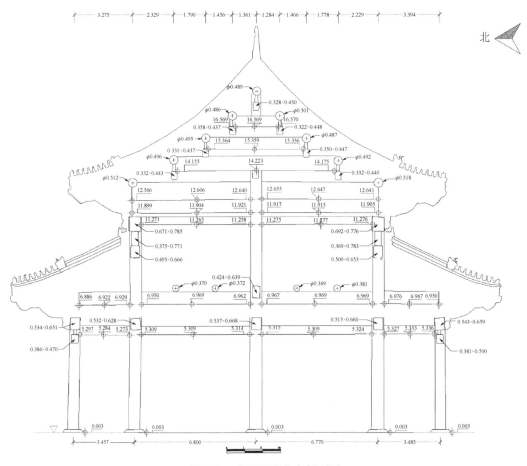

图 9.43　太和殿南北向剖面图

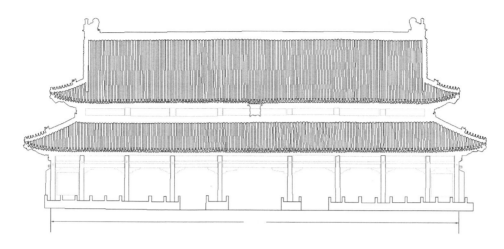

图 9.44　太和殿南立面结构图

3. 正射影像图

单块的彩色三角网模型生成后,将各块彩色三角网模型合并到一起显示,经修剪后正射,由软件中的模块设置所需分辨率,然后直接获取输出正射影像。所需分辨率较大时可分块输出,将导出的多张影像在 Photoshop 中逐一拼接起来就构成了一张完整的正射影像。至于"摄影死角"造成的正射影像空白,一般根据点云数据及缺失部分周围的材质状态来填补。图 9.45 所示是太和殿南立面正射影像。

图 9.45　太和殿南立面正射影像

## 9.4　后母戊鼎精细三维重建

青铜器文物以其珍贵的铭文、精美的纹饰、奇特的造型而著称于世,如国家博物馆里展列的后母戊鼎(图 9.46),其冶金、加工及表面处理技术之高超,更为世人所称道。青铜器具有极高的历史价值、艺术价值和科学价值。然而由于长久埋藏于地下及出土后存储条件的限制等,古代青铜器面临着严峻的腐蚀防护问题。危害极大的一类特殊腐蚀现象是青铜病,即青铜器上的有害锈与空气和水分相互作用的循环腐蚀过程。在这个循环腐蚀的过程中,青铜器逐步粉化,文物考古界形象地称之为青铜器的"癌症"。

图 9.46　后母戊鼎

随着社会的发展,沉淀于数千年的中华传统文化正在渐行渐远,也许在不久的将来,这些珍宝将会绝迹于人们的视野,所以实施文物保护,对文物进行精密测量与建模、建立文物档案和可视化有着非常重要的意义。但是如何实现可视化及建立较为完备的、不可移动的档案,以记录文物现状一直是个比较棘手的问题。青铜器文物是不可再生的,但也不能是永生的,青铜器文物保护的最终目的是运用现代技术最大程度地维持文物的状态,无限延长其寿命。对于后母戊鼎保护分析的研究,最主要的一个任务就是在最小干预的前提下尽可能多地获取后母戊鼎包含的原始信息,在这点上,三维激光扫描技术以其非接触式测量的特点将为后母戊鼎等青铜器文物的保护、分析起到非常重要的作用。

### 9.4.1　数据采集

1. 扫描数据获取

激光雷达数据采集前期主要使用七轴关节臂测量机获取后母戊鼎的表面点云数据,这些数据包含鼎的外立面、内里面及底面,后期操作根据前期数据的情况使用结构光扫描仪来补充前期缺失的数据。数码影像采用 Canon EOS 5D Mark II 照相机采集。图 9.47 为后母戊鼎扫描现场。

图 9.47　后母戊鼎扫描现场

三维激光数据能最精细地反映后母戊鼎的细节构造和病害分析,因此要有完整的扫描数据才能进行正确细致地分析。因此扫描时要遵循以下原则。

1）扫描时要保证不同的扫描段之间保持 5cm 左右的重叠度,不同扫描块在边界连接处应进行完全重叠扫描,以便点云模型连接。

2）要在每一个观测角度扫描数据,尽量使获取的表面数据完整。

3）遇到特征复杂或损坏严重的地方,扫描行间距要适当加密,以保证获取完整数据。

按照上述原则,后母戊鼎每个面都能获取较为完整的数据,以便于后期数据的处理。根据前期数据的处理结果,可利用手持扫描仪进行漏洞的修补。

2. 影像数据获取

影像数据直接反映后母戊鼎的表面病害状况,并反映其自然色彩。拍摄的影像有多种用途,可以作为后母戊鼎保护的过程资料和历史资料。在拍摄时应尽可能地使镜与器物表面平行,将单张照片相幅设置到照相机的最大分辨率,相邻照片之间保证不小于30%的重叠度。高分辨率影像在拍摄中既要保证相幅合适,还要使用尽量高的分辨率来拍摄,但是要保持用同样的焦距进行拍摄,以免在后续贴图过程中发生配准误差。

拍摄时应逐幅进行,拍摄的照片编号按照拍摄顺序进行记录,Canon Eos 5D II 照相机按照单块壁画分 3 幅（或者更细）拍摄可以完全覆盖,并对后母戊鼎的单块壁的整体进行拍摄,尤其是碎部细节应进行专门拍摄,以便于后期数据的分析。

### 9.4.2 分级 TIN 建模

因为数据量大,在建模初期,将整个鼎划分为如下几部分:鼎身外壁分为东、南、西、北各 1 块（以内壁有铭文一侧为北）,鼎槽内、鼎底,以及四足各 1 块,共计 10 块。各块建好的精细模型如图 9.48 所示。

图 9.48 后母戊鼎三角网模型

在用相应软件对数据精简时,选择保留线性特征,这样可以极大地保留数据的原始特征。三角网模型很好地保留了鼎的线性特征,并且在预览时,能有效地减小内存的开支,提高效率与速度,为模型演示、贴图、正射影像制作打下基础。

### 9.4.3 正射影像制作

在已制作的按照片、模型划分图生成的高、低分辨率模型的基础上,结合外业获取的高分辨率数码照片，我们就可以进行纹理映射，生成鼎的彩色三角网模型。

首先在较高分辨率模型和数码照片中选定至少 4 对同名点，通过映射可以得到映射的彩色模型，最终获得的彩色三角网模型是由低分辨率模型和数码照片生成的。

图 9.49 是鼎北的同名点选取，其他分块也按照此方法进行同名点的选取。将 8 块数据合并到一起，最终整体效果如图 9.50 所示。

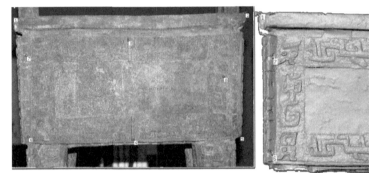
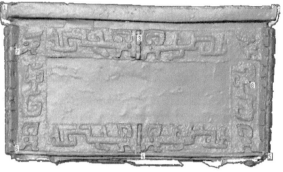

图 9.49　选定同名点

图 9.50　整体效果图

将彩色模型按照要求的立面投影输出正射影像即可，部分正射影像图如图 9.51 所示。

图 9.51　后母戊鼎正射影像

### 9.4.4 厚度及造型分析

由于铸鼎时的技术限制，后母戊鼎不可能像现代的工艺制品那样精准。例如，四壁的厚度中间厚、两侧越来越薄，并且外壁呈现很明显的弧形。再如，4条腿的长短不一，东西两侧的宽度也不尽相同。鉴于以上种种原因，人为地手工测量，难以量取到比较满意的结果。为了更好地体现鼎的真实构造，也消除人们对鼎的一些错误理解，可以通过剖面来了解鼎在某个纵面上的实际情况。

1. 剖面分析

对于鼎的外形，研究者通常都是通过观察和局部测量，以及其他分析来推断的，分析数据的不连续性等因素往往会导致对鼎的认识不全面。可以通过以下方法对鼎的形状和结构加以分析和研究。

通过三角网模型，可以制作横纵及水平方向的剖面，对鼎的形状做进一步分析。通过设置剖切间距来判断鼎壁的变化情况，以此来判断分析鼎的形状结构。如图9.52所示，图9.52（a）为剖面位置图，从左边第一条剖线开始，剖面间隔为200mm；图9.52（b）为图9.52（a）图中对应各点处的壁厚示意图，可以看出对于同一水剖面上不同位置的厚度呈现中间厚、两侧薄的规律。

（a）

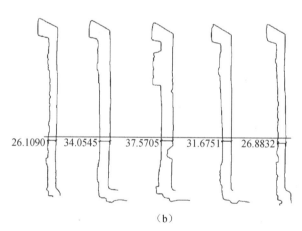

（b）

图9.52　剖面厚度示意图（单位：mm）

同样可以利用折线图更直观地体现这一规律，如图9.53所示。从各折线图中我们可以看出，水平剖面上都呈现出中间厚、两侧薄的趋势。其中图9.53（a）和图9.53（d）中部薄的原因主要在于剖切到了内壁的凹槽。图9.53（e）是4条折线图的叠加图，从中可以清楚地看到壁厚的变化规律是从上至下、从中间到两边变薄，因此可以推断出壁厚的最大值出现在中部靠上的部位，通过量测发现，最大值和最小值的差值超过了16.8mm。

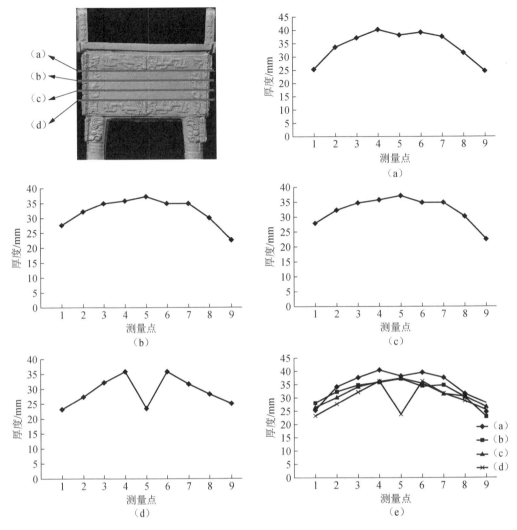

图 9.53 后母戊鼎壁厚分析

通过横纵剖切面的分析看出，鼎身南壁的厚度不均匀，主要变化趋势是在水平方向上呈现中间厚、两侧薄的规律；在竖直方向上呈现出上厚下薄的规律。

2. **局部造型图解**

造型图解法依据给定基准参考平面，使其与要进行造型图解的壁面最高点或最低点相切（或便于分析的位置），并保持平面与壁面整体平行，然后将壁面投影到平面上，根据壁面距离平面的距离赋予不同的颜色值，这样能直观地看出壁面的造型变化情况。本节对后母戊鼎外部底面造型图解时所给定的基准参考平面是平行于内部底面、比外部底面最低点（中间位置）高 20mm 的平面。如图 9.54（a）所示为三角网模型正射图，图 9.54（b）所示为底部外侧的造型图解。通过造型图解我们可以清楚地看到底部铸造痕迹的变化情况：整个外底面最高点和最低点的差值在 30mm 左右。通过图解发现在西北（右上）处变形比其他部位小，但是通过进一步分析发现东北（左上）、西北（右上）、西南(右下)、东南(左下)的高度差值均保持在 17.5mm 左右,而西北比其他部位变形小的原因是:西北角较其他 3 个位置整体高差偏差保持在 12.5mm 左右。同样可以根据此方法对其他壁面进行分析。通过造型图解法,可以形象地反映出壁面在铸造过程中的变形情况,为鼎的铸造方法研究提供有力证据。

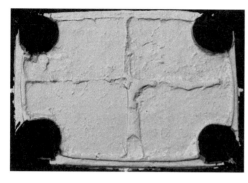
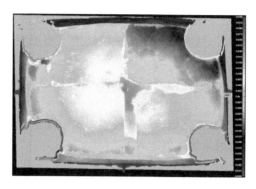

(a) 三角网模型正射图　　　　　　　(b) 底部外侧的造型图解

图 9.54　鼎底部外侧造型

3. 青铜器病害调查

在制作的正射影像图基础上,将影像输入 AutoCAD 中按照三维数据量测的尺度缩放到 1∶1 的比例,在此基础上通过手工方法圈定病害面积,并分开设置不同的图层显示,图 9.55 显示了部分青铜器病害的图示及其在实物正射影像图上的表达。

| 病害类型 | 面积/cm² | 占统计比例/% |
|---|---|---|
| 层状堆积 | 8.93 | 2.48 |
| 层状剥离 | 9.20 | 2.6 |
| 点腐蚀 | 3.36 | 0.93 |
| 瘤状物 | 6.58 | 1.8 |
| 孔洞 | 0.04 | 0.0011 |

图 9.55　局部病害调查示例

## 思 考 题

1. 常见的地面激光雷达在现代建筑施工的一般用途有哪些？
2. 地面激光雷达扫描技术用于现代建筑安装及质量检测的一般流程是什么？
3. 目前激光扫描在现代建筑施工测量应用中存在哪些问题？论述其可能存在的发展方向。
4. 地面激光扫描技术在文化遗产保护中一般有哪些类型的典型成果？描述其一般过程。
5. 文化遗产三维重建中，地面激光扫描与摄影测量技术各有哪些特点？针对相关的应用具体有何差异？
6. 简述文化遗产保护数字化的三维技术之间的关系及发展趋势。

## 参 考 文 献

陈秀忠，刘瑞敏，2007．测量机器人在标靶控制点测量中的应用研究[J]．测绘通报，(4)：20-22．
程效军，施贵刚，王峰，等，2009．点云配准误差传播规律的研究[J]．同济大学学报（自然科学版），37（12）：1668-1672．
戴静兰，2006．海量点云预处理算法研究[D]．杭州：浙江大学．
郭明，潘登，赵有山，等，2017．激光雷达技术与结构分析方法[M]．北京：测绘出版社．
胡春梅，李天烁，王晏民，2015．基于深度图像的地面激光雷达与近景影像数据无缝纹理映射研究[J]．测绘通报，(1)：66-69．
胡春梅，王晏民，2017．地面激光雷达与近景摄影测量技术集成[M]．北京：测绘出版社．
江万寿，2014．航空影像多视匹配与规则建筑物自动提取方法研究[D]．武汉：武汉大学．
李德仁，1984．利用选择权迭代法进行粗差定位[J]．武汉测绘学院学报，9（1）：46-68．
李德仁，袁修孝，2002．误差处理与可靠性理论[M]．武汉：武汉大学出版社：249-252．
李玉敏，2008．地面激光雷达数据的精确配准和去冗[D]．北京：北京建筑工程学院．
刘春，吴杭彬，2007．基于平面不规则三角网的DEM数据压缩与质量分析[J]．中国图象图形学报，12（5）：836-840．
缪志修，2010．基于机载LiDAR数据的DEM抽稀算法研究[D]．成都：西南交通大学．
倪小军，2010．点云数据精简及三角网格面快速重构技术的研究与实现[D]．苏州：苏州大学．
石宏斌，王晏民，杨炳伟，2013．一种标靶球的自动探测方法[J]．测绘通报，(S1)：58-60．
孙剑，徐宗本，2005．计算机视觉中的尺度空间方法[J]．工程数学学报，22（6）：951-962．
王国利，2010．大型复杂场景地面激光雷达点云模型生成技术研究[D]．武汉：武汉大学．
王国利，王晏民，郭明，2015．复杂建筑场景地面激光点云孤立噪声滤除[C]．上海：第三届全国激光雷达大会．
王晏民，郭明，2012a．大规模点云数据的二三维混合索引方法[J]．测绘学报，41（4）：605-612．
王晏民，郭明，2012b．一种面向海量激光雷达点云模型的三维空间索引方法：201210134641．7[P]．
王晏民，郭明，黄明，2015．海量精细点云数据组织与管理[M]．北京：测绘出版社．
王晏民，胡春梅，2012c．一种地面激光雷达点云与纹理影像稳健配准方法[J]．测绘学报，41（2）：266-272．
王晏民，胡春梅，王国利，等，2012d．一种地面激光雷达数据纹理影像配准方法：201110250748．3[P]．
王晏民，石宏斌，2013a．一种基于球标靶探测的激光点云数据自动配准方法：201310746219．1[P]．
王晏民，王国利，2013b．地面激光雷达用于大型钢结构建筑施工监测与质量检测[J]．测绘通报，(7)：39-42．
王晏民，危双丰，2013c．深度图像化点云数据管理[M]．北京：测绘出版社．
熊辉丰，1994．激光雷达[M]．北京：宇航出版社．
姚吉利，韩保民，杨元喜，2006．罗德里格矩阵在三维坐标转换严密解算中的应用[J]．武汉大学学报，31（12）：1094-1097．
张磊，王晏民，王国利，2014．基于地面激光雷达技术计算复杂区域土方量[J]．测绘通报，(S1)：155-158．
张丽艳，周儒荣，蔡炜斌，等，2001．海量测量数据简化技术研究[J]．计算机辅助设计与图形学学报，13（11）：1019-1023．
张瑞菊，2006．基于三维激光扫描数据的古建筑构件三维重建技术研究[D]．武汉：武汉大学．
张瑞菊，宋代学，2006a．一种新的室内中国古建筑三维激光扫描数据配准方法[J]．激光杂志，27（6）：93-95．
张瑞菊，王晏民，李德仁，2006b．快速处理大数据量激光扫描数据的技术研究[J]．测绘科学，31（5）：63-65．
赵有山，郭明，段向胜，2014．大跨钢结构施工过程整体变形监测技术研究[J]．工程质量，32（1）：3-7．
周启鸣，刘学军，2006．数字地形分析[M]．北京：科学出版社．

ACKERMANN F, 1984. Digital image correlation: performance and potential application in photogrammetry [J]. The Photogrammetric Record, 64(11):429-439.

AKCA D, 2007. Matching of 3D surfaces and their intensities [J]. Journal of Photogrammetry and Remote Sensing, 62(2): 112-121.

ANDREETTO M, BRUSCO N, CORTELAZZO G M, 2004. Automatic 3D modeling of textured cultural heritage objects [J]. IEEE Transactions on Image Processing, 13(3): 354-369.

BERGEVIN R, SOUCY M, GAGNON H, et al.,1996. Toward a general multi-view registration technique [J]. IEEE Transactions on Pattern Analysis and Machine Intelligence, 18 (5) :540-547.

CANTZLER H, 2004. An overview of range images[EB/OL]. [s.n.]. http://homepages.inf.ed.ac.uk/rbf/CVonline/LOCAL_COPIES/CANTZLER2/range.html.

DAVID G L, 2004. Distinctive image features from scale-invariant keypoints [J]. International Journal of Computer Vision, 60(2):91-100.

DESBRUN M, MEYER M, SCHRÖBDER P, et al., 1999. Implicit fairing of irregular meshes using diffusion and curvature flow[C]. Proceedings of the 26th Annual Conference on Computer Graphics and Interactive Techniques. Los Angeles: ACM

Press: 317-324.

DESBRUN M, MEYER M, SCHRÖDER P, et al., 2000. Discrete differential-geometry operators in nD[J]. Preprint, 70 (4) :85-110.

FLORIANI L D, PUPPO E,1992. An on-line algorithm for const rained delaunay triangulation[J].Graphical Models and Image Processing, 54 (4) :290-300.

FÖRSTNER W,1994. A framework for low level feature extraction[C]. Stockholm: Proceedings of the 3rd European Conference on Computer Vision, 383-394.

GODIN G, BOULANGER P, 1995. Range image registration through viewpoint invariant computation of curvature [C]. Zurich: Proceedings of ISPRS intercommission workshop: From Pixels to Sequences: 170-175.

GUEHRING J, 2001. Reliable 3D surface acquisition, registration and validation using statistical error models [C]. Quebec City: Proceedings of the 3rd International Conference on 3D Digital Imaging and Modeling, 220(2): 224-231.

GUO M, WANG Y M, 2008. Management and visualization of huge range images and digital images[J]. The International Archives of the Photogrammetry, Remote Sensing and Spatial Information Sciences，34: 273-278.

HARRIS C G，STEPHENS M J, 1988. A combined corner and edge detector[C]. Manchester: Proceedings of the 4th Alvey Vision Conference，Manchester: 147-151.

HAWKINS D M, 1980. Identification of outliers[M]. London: Chapman and Hall.

KASE K, MAKINOUCHI A, NAKAGAWA T, et al., 1999. Shape error evaluation method of free-form surfaces [J]. Computer-Aided Design, 31(8): 495-505.

KOENDERINK J J,1984.The Structure of image[J]. Biological Cybernetics, 50(5): 363-370.

LEE K H, WOO H, SUK T, 2001. Point data reduction using 3D grids[J]. International Journal of Advanced Manufacturing Technology, 18 (3): 201-210.

LIJIMA T, 1962. Basic theory on normalization of pattern [J]. Bulletin of the Electrotechnical Laboratory, 26: 368-388.

LINDEBERG T, 1994. Scale-space theory: a basic tool for analysing structures at different scales [J]. Journal of Applied Statistics, 21(2): 224-270.

LIU Y H, 2006. Automatic registration of overlapping 3D point clouds using closest points [J]. Image and Vision Computing, 24 (7): 762-781.

LUKÁCS G, MARTIN R, MARSHALL D, 1998. Faithful least-squares fitting of spheres, cylinders, cones and tori for reliable segmentation[C]. London: ECCV '98 Proceedings of the 5th European Conference on Computer Vision, 1406: 671-686.

MARTIN R R, STROUD I A, MARSHALL A D, 1996. Data reduction for reverse engineering[C]. Dundee: Proceedings of the 7th IMA conference: 85-100.

MIKOLAJCZYK K, 2002. Detection of local features invariant to affine transformations[D]. Grenoble: Institut National Polytechnique de Grenoble.

MORAVEC H P, 1977. Towards automatic visual obstacle avoidance[C]. Cambridge: Proceedings 5th International Joint Conference on Artificial Intelligence, 2: 584-596.

RUSINKIEWICZ S, LEVOY M, 2001. Efficient variants of the ICP algorithm[C]. Quebec City: Proceedings Third International Conference on 3-D Digital Imaging and Modeling, 17(3): 145-152.

SCHMID C,MOHR R,1997. Local grayvalue invariants for image retrieval[J].IEEE Transactions on Pattern Analysis and Machine Intelligence, 19(5):530-534.

SHARP G C, LEE S W, WEHE D K,2002. ICP registration using invariant features [J]. IEEE Transactions on Pattern Analysis and Machine Intelligence, 24(1): 90-102.

SLOAN S W,1987. A fast algorithm for constructing delaunay triangulations in the plane[J]. Advances in Engineering Software, 9 (1) :34-55.

SMITH S M, J. BRADY J M, 1997. SUSAN-a new approach to low level image processing[J], International Journal of Computer Vision, 23(1): 45-78.

TAUBIN G, 1995. A signal processing approach to fair surface design[C]. New York: Conference on Computer Graphics & Interactive Techniques, 29: 351-358.

TURK G, LEVOY M, 1994. Zippered polygon meshes from range images[C]. New York: SIGGRAPH '94 Proceedings of the 21st Annual Conference on Computer Graphics and Interactive Techniques: 311-318.

VOLINO P, THALMANN N M, 1998. The SPHERIGON: a simple polygon patch for smoothing quickly your polygonal meshes[C]. Philadelphia: Proceeding of International Conference on Computer Vision: 72-78.

WANG Y M, GUO M, 2012. An integrated spatial indexing of huge point image model[C]. Beijing: International Archives of the Photogrammetry, Remote Sensing and Spatial Information Sciences, 39: 397-401.

WANG Y M, WANG G L, 2008. Integrated registration of range images from terrestrial LiDAR[C].Beijing: ISPRS Archive: 361-365.

WITKIN A P, 1983. scale space filtering[C]. Karlsruhe: Proceedings of the 8th International Joint Conference on Artificial Intelligence 42 (3): 1019-1022.

ZHANG R J, WANG Y M, LI D R, et al., 2006a. 3D Reconstruction of wooden member of ancient architecture from point clouds[C]. Proceedings of SPIE, 6419: 64191P-64191P-6.

ZHANG R J, WANG Y M, LI D R, et al., 2006b. Segmentation of wooden members of ancient architecture from range image[C]. Proceedings of SPIE, 6419: 64191K-64191K-8.

ZHANG R J, WANG Y M,SONG D X, 2009. Research on 3D reconstruction using laser scanning data acquired from ancient architecture[C]. First IEEE International Conference on Information Science and Engineering: 2145-2148.

ZHANG R J, WANG Y M,SONG D X, 2010. Research and Implementation from Point Cloud to 3D Model[C]. Sanya: Proceedings of the $2^{rd}$ International Conference on Computer Modeling and Simulation.